本书为国家社会科学基金青年项目"现代化与生态文明建设的协同推进研究"（项目编号：18CKS033）最终成果。

人与自然和谐共生现代化的学理探察

陈云 ◎ 著

中国社会科学出版社

图书在版编目（CIP）数据

人与自然和谐共生现代化的学理探察 / 陈云著.
北京：中国社会科学出版社，2025.6. -- ISBN 978-7-5227-4855-9
Ⅰ．X321.2
中国国家版本馆CIP数据核字第2025A1J177号

出 版 人	季为民
责任编辑	黄　晗
责任校对	禹　冰
责任印制	张雪娇

出　　版	中国社会科学出版社
社　　址	北京鼓楼西大街甲158号
邮　　编	100720
网　　址	http://www.csspw.cn
发 行 部	010-84083685
门 市 部	010-84029450
经　　销	新华书店及其他书店
印刷装订	北京市十月印刷有限公司
版　　次	2025年6月第1版
印　　次	2025年6月第1次印刷
开　　本	710×1000　1/16
印　　张	22
插　　页	2
字　　数	293千字
定　　价	138.00元

凡购买中国社会科学出版社图书，如有质量问题请与本社营销中心联系调换
电话：010-84083683
版权所有　侵权必究

目 录 | Contents

导 论 · 1
  第一节　研究缘起及意义 · 1
  第二节　研究现状及述评 · 2
  第三节　研究思路及概要 · 6

第一章　人与自然和谐共生现代化的核心要义
    ——现代化及其生态性辨析 · 12
  第一节　现代化及其必然趋势 · 12
  第二节　西方资本主义现代化及其生态批判 · 24
  第三节　中国式现代化：人与自然和谐共生的现代化 · 35

第二章　人与自然和谐共生现代化的文明叙事
    ——生态文明及其价值观照 · 47
  第一节　生态文明概念考论 · 47
  第二节　科学把握社会主义生态文明观 · 73
  第三节　资本主义"生态文明"矛盾修辞之辨 · 102

第三章　人与自然和谐共生现代化的机理诠释
    ——从"去增长"论的问题说开 · 121

第一节 "去增长"论及其反现代化倾向 …………………… 121

第二节 "去增长"论的"绿色"叙事及其辨疑 ……………… 130

第三节 超越"去增长"论：人与自然和谐共生现代化的
机理 …………………………………………………………… 140

第四章 人与自然和谐共生现代化的理念深化
——对"绿水青山就是金山银山"的深层分析 ………… 153

第一节 "绿水青山就是金山银山"的基本内涵 ……………… 153

第二节 从自然资源价值论看"绿水青山就是金山银山" …… 158

第三节 自然资源价值论与马克思主义劳动价值论的
交汇与辨正 …………………………………………………… 172

第五章 人与自然和谐共生现代化的话语考辨
——新时代生态经济学话语体系的学术史生成 ………… 183

第一节 新古典环境经济学的"环境"之思及其实质 ………… 183

第二节 生态经济学对新古典环境经济学的批判及其主张 …… 194

第三节 新时代生态经济学的话语体系构建及其基本论域 …… 209

第六章 人与自然和谐共生现代化的模式探索
——从 A 模式到 B 模式再到 C 模式的构思 ……………… 218

第一节 A 模式与 B 模式及其问题 ……………………………… 218

第二节 C 模式的提出及其评析 ………………………………… 225

第三节 对 C 模式的拓展性建构及其诠释 …………………… 231

第七章 人与自然和谐共生现代化的动力机制
——以"引力—压力—推力"为着力点的阐析 ………… 247

第一节　人民利益需求的牵引使然 …………………………… 247
　　第二节　"政—企"内外压力的叠加倒逼 …………………… 255
　　第三节　"党"之势能与"群"之动能的连转发力 ………… 260

第八章　人与自然和谐共生现代化的策略提升
　　　　——以"双碳"目标为导向的突破之路 ……………… 271
　　第一节　全球气候变化与"双碳"目标的提出 …………… 272
　　第二节　"双碳"目标与经济发展对立论的批判性审视 … 277
　　第三节　"双碳"目标与经济高质量发展的协同推进之策 … 286

第九章　人与自然和谐共生现代化的正义之途
　　　　——作为生产方式正义的生态正义引释 ……………… 309
　　第一节　"生产性正义"抑或"生产关系正义"之辨 …… 309
　　第二节　"生产方式正义"的出场：一个生态叙事理路 … 315
　　第三节　作为"生产方式正义"的生态正义之理论建构 … 322

结　语　建设人与自然和谐共生的现代化 ………………… 329

参考文献 ……………………………………………………… 332

后　记 ………………………………………………………… 344

导　论

第一节　研究缘起及意义

党的二十大报告强调，中国共产党的中心任务就是团结带领全国各族人民全面建成社会主义现代化强国、实现第二个百年奋斗目标，以中国式现代化全面推进中华民族伟大复兴，而中国式现代化的特征之一便是人与自然和谐共生的现代化。① 其中蕴含两层意思：一是现代化仍然是我国当前的重要任务，而且是重中之重；二是现代化同样顾及生态环境问题，观照着人与自然和谐共生。那么，在此背景之下，值得思考的问题是，我们该如何辩证看待和积极应对西方某些绿色思潮认为的现代化的反生态性观点？现代化及其生态叙事何以能够兼容？我们又该如何增强人与自然和谐共生现代化的理论及实践解释力？等等。对这些问题的学理探察正是本书的立意所在，凸显了以下意义。

从理论层面看，具有以下两点意义。一是有利于深化对现代化以及生态文明的社会主义特质理解。我们之所以要对人与自然和谐共生的现代化进行研究，一方面是基于对西方某些绿色思潮相关观点进行回应和

---

① 《习近平著作选读》第一卷，人民出版社2023年版，第19页。

澄清；另一方面是基于对人与自然和谐共生现代化作进一步的自主知识体系诠释，这必然要站在社会主义的视角来布局。二是有利于拓展现代化及其生态叙事的理论视野。学界对二者的探讨大多局限于现代化究竟是促进还是阻碍人与自然和谐共生这一问题，较少关注二者兼容意义上的学理探究问题，所以我们认为对这一问题的研究有一定的学术价值。

从实践层面看，该研究的主题词是"和谐共生的现代化"，这就意味着必然要探讨现代化如何作用于人与自然和谐共生、人与自然和谐共生又如何赋能于现代化建设这两个大问题。对前者的探讨意义表现为，能够更加稳妥地把我国建设成为富强民主文明和谐美丽的社会主义现代化强国；对后者的探讨意义表现为，可以避免在建设生态文明的过程中忽视对政治、经济以及民生等现代化问题的关注。总而言之，研究这一课题有助于较好地统筹推进人与自然和谐共生的现代化建设。

第二节 研究现状及述评

对人与自然和谐共生现代化的学术史梳理应始于学界对现代化与生态环境失联性的关注。20世纪60—70年代，蕾切尔·卡逊（Rachel Carson）的《寂静的春天》和罗马俱乐部的《增长的极限》引发了人们对生态环境问题的极大关注和深切忧虑，人们开始反思现代化与生态环境问题的关联性，国内外学者因而也对此进行了深入讨论。

就国外的研究动态来看，比较有代表性的探讨及主要观点如下。

第一，关于现代化与生态环境问题内在关系的探讨，概括起来主要有三种观点，即乐观论、悲观论和协调论。乐观论认为现代化发展能够以技术、资金和市场的手段解决环境问题，所以无须对现代化过于担忧。例如，阿尔文·托夫勒（Alvin Toffler）的《第三次浪潮》，以及约翰·奈斯比特（John Naisbitt）的《大趋势——改变我们生活的十个新方向》等都对美国的现代社会发展充满乐观情绪，认为现代社会的环境问题完全可以通过高新技术解决。悲观论认为只有经济的零增长才能恢复生态、保护生态，现代化衍生经济主义、技术主义，自然资源和生态环境受到威胁。例如，安德烈·高兹（Andre Gorz）、萨拉·萨卡（Saral Sarkar）等学者受《增长的极限》的影响，主张"稳态经济"或经济的零增长，认为现代化不可能实现人与自然的和谐共生，所以要放弃现代化、放弃发展。协调论认为现代化与生态环境可以兼容，强调我们不能没有现代化，也不能没有好的生态环境，二者可以协调发展。例如，莱斯特·R. 布朗（Lester Russel Brown）在《B模式：拯救地球 延续文明》一书中，把人类现在的经济发展模式称为A模式，而需要新的社会经济模式称为B模式，也就是生态经济互动双赢的模式，认为这种模式能做到现代化与生态环境保护的协调推进。

第二，关于该"立足现代化"还是"超越现代化"的生态理论范式探讨，主要有两种理论，一种是生态现代化理论，另一种是建设性后现代理论，这两种理论的目的都是保护生态环境，但是着手方式却不一样。生态现代化理论，主要代表人物是马丁·耶内克（Martin Jänicke）、约瑟夫·胡伯（Joseph Huber）等。这一理论认为传统的现代化模式破坏了生态环境，需要对这一模式进行社会经济体制、科学技术政策和思想意识形态等方面的生态化转向，其核心要点在于，要克服环境危机，实现经济与环境的双赢，只能在资本主义制度下，通过进一步的现代化来实现，并在这一理念的指导下进行经济重建与生态重建。建设性后现代主义理论，主要代表人物是小约翰·柯布（John B Cobb Jr.）、大卫·雷·格里芬（David Ray Griffin）赫尔曼·E. 戴利（Herman E. Daly）[①]，以及菲利普·克莱顿（Philip Clayton）和贾斯廷·海因泽克

[①] 赫尔曼·E. 戴利和赫尔曼·E. 达利为同一人，正文中统一用赫尔曼·E. 戴利，脚注则按译本标注。

(Justin Heinzekehr)，他们认为要超越现代化并摒弃传统的现代性价值体系，通过倡导有机整体的思维方式、合作与和谐的核心价值以及对传统文化的汲取来建设后现代生态文明。

第三，国外学者关于中国的现代化与生态环境问题的相关探讨，总的观点认为中国的现代化进程早期确实存在一些弊端，引发了生态环境问题，但如今已逐渐步入生态化转型的轨道，中国政府也正积极推进生态文明建设。例如，生态现代化理论代表人物阿瑟·摩尔（Arthur Mol）很早就开始关注中国的环保产业、环境治理和生态重建问题，并发表文章《转型期中国的环境与现代性：生态现代化的前沿》，指出中国正在发生一些与生态现代化取向较为一致的环境改革，认为中国的现代化能够推进生态文明建设。又如，尤里·塔夫罗夫斯基（Yuri Tavrovsky）在《神奇的中国》一书中阐述了中国的现代化进程虽然不可避免地带来了一些环境问题，但是中国政府为生态文明建设做出的努力是值得肯定的，他坦言在中国目睹了政府采取的环保措施。再如，日本学者梶田幸雄认为，在新常态下，中国已经摆脱了传统现代化的"GDP至上主义"，正在制定新的目标，他表示，对中国今后即将采取的生态文明建设具体措施充满期待。

就国内的研究动态来看，比较有代表性的探讨及主要观点如下。

第一，关于现代化及其与生态环境内在关系探讨。首先，关于何为现代化？学界一般认为它是一种由传统向现代转换的历史发展进程。例如，国内较早研究现代化的代表人物罗荣渠对现代化进行了广义和狭义的解释，认为广义的现代化是一种世界性的历史进程，狭义的现代化是落后国家迅速赶上先进工业国和适应现代世界环境的发展过程。再如，洪银兴认为现代化包含着目标和进程双重含义，如果把"化"理解为实现，就是目标，即实现现代化；如果把"化"理解为发展，就是指进程。其次，关于现代化与生态环境的内在关系主要有两种观点。一种观点认为现代化在某种意义上会导致生态危机,从而影响生态文明建设。例如,卢风认为,全球性生态危机的深层根源是西方的现代化思想,我国受此影响,物质主义、拜金主义、消费主义、GDP 至上主义、科技万能论盛行,从而导致了生态危机的凸显。另一种观点则认为现代化并不必然带来生态危机。例如,杜明娥和杨英姿认为,现代化完全可以有一个生态文明的核心内涵和发展方向,建设生态文明并不等于人类裹足不前以致物资匮乏,而是要有一个现代化的现实路径和战略依托,现代化进程中的生态文明完全可能。

第二,关于现代化转型与生态文明建设出路的探讨。一些学者基于对西方现代文明以及传统现代化模式的弊端审视,提出现代化转型是生态文明建设的出路,主要有"第二次现代化理论""现代化的环境伦理转型"和"生态导向的现代化"三种观点。例如,何传启提出"知识文明"的第二次现代化理论,认为第一次现代化理论是指从农业文明向工业文明转变,第二次现代化理论是指从工业文明向知识文明的转变过程,指出生态文明是知识文明的表现形式,中国建设生态文明应与第二次现代化衔接。李培超提出"现代化的环境伦理转型",认为现代化的发展必须以人的全面发展为宗旨,必须求得一种合乎代内公正和代际公正的发展,必须诉诸人的主观能动性的发挥并合理地运用科学技术,要加强对生产领域的伦理约束和人们选择生活方式的价值引导。陈学明提出"生态导向的现代化",他认为我们所要实施的现代化不是传统的现代化,而是"生态导向的现代化",实施传统的现代化必然一味地利用资本,而实施"生态导向的现代化"就不能完全拜倒在资本的脚下,在利用资本的同时还应限制资本,这才是生态文明建设的现代化出路。

第三,关于西方生态现代化、建设性后现代化的中国生态文明建设启示探讨。一方面,张云飞、郇庆治、包庆德、马国栋等学者都对西方生态现代化的基本理论问题及对我国生态文明建设的启示进行了论述，总体认为"生态现代化理论"是一种解决环境问题的新思路和新方法，对于促进当代中国经济社会的绿色变革具有重要意义；但又指出，在试图不改变资本主义制度的前提下以技术革新、市场原则和政府管治的手段来谈环境保护却显得过于理想化。另一方面，王治河、方世南、韩秋红、杨富斌、王雨辰、杨志华以及冯颜利等学者对小约翰·柯布等人倡导的建设性后现代化理论进行了梳理介绍，指出以有机整体的思维方式来看待人与人、人与自然的和谐关系具有重要意义。当然也有学者指出了一些不足之处，如建设性后现代生态文明观的宗教色彩性，对经典马克思主义的误解性，现实操作的可行性等问题。总而言之，对于西方的这两大理论，均应辩证地看待，要汲取所长，避其所短，这样才能较好地理解人与自然和谐共生现代化的问题。

综上所述，国内外学者对现代化与生态环境问题关联性的研究视角多样、见解独到、内容丰富，对本书的进一步研究具有重要意义。但是，也存在某些不足之处。一是对现代化的中西视角分野研究不够，以至于容易受西方现代化范式的影响而过于轻视现代化问题。二是对现代化及其生态叙事的兼容关系研究不够，以至于误以为现代化就是人与自然和谐共生的障碍或克星。三是对现代化及其生态叙事的中国视野研究不够，以至于学界的探讨大多局限于对西方生态现代化理论的咀嚼。正是由于以上三个问题的研究不够，在某种程度上忽略了对人与自然和谐共生现代化的深层次研究。

第三节　研究思路及概要

中国式现代化是人与自然和谐共生的现代化。对这一重要论断的阐释不仅要有充分的宣传性解读，更要有深度的学理性分析。习近平总书记指出，学理化"是理论创新的内在要求和重要途径。马克思主义之所以影响深远，在于其以深刻的学理揭示人类社会发展的真理性"①。本书坚持以马克思主义为指导，站在中国特色社会主义现代化建设以及生态文明建设的战略部署高度，着重对人与自然和谐共生现代化这一核心议题展开学理探察。具体思路框架如图0.1所示。

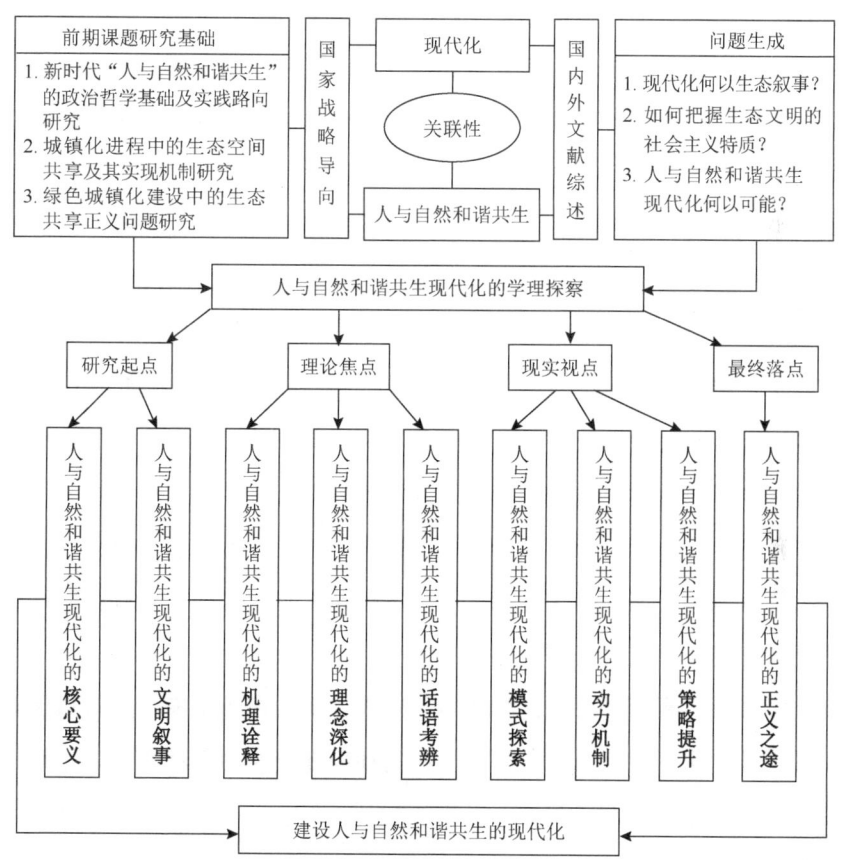

图0.1 本书研究思路框架

---

① 习近平：《开辟马克思主义中国化时代化新境界》，《求是》2023年第20期。

就以上思路框架来看，本书主要将"人与自然和谐共生现代化的学理探察"设计为四大模块和九大章节。第一模块是研究起点的反思，侧重探讨人与自然和谐共生现代化的核心要义和文明叙事问题。第二模块是理论焦点的阐释，侧重探讨人与自然和谐共生现代化的内在机理、理念深化和话语体系问题。第三模块是现实视点的透析，侧重探讨人与自然和谐共生现代化的主要模式、动力机制和策略提升问题。第四模块是最终落点的揭示，侧重探讨人与自然和谐共生现代化的价值旨趣问题。而与之相对应的九大章节即对上述四大模块问题的具体分析，各章概要如下。

第一章主要探讨人与自然和谐共生现代化的核心要义。一些国外学者认为生态问题是以工业文明为主轴的现代化进程造成的，所以他们主张反现代化。这种观点或立场显然站不住脚。一是现代化是人类社会发展的必然趋势。二是所谓的现代化"反生态性"问题，本质上是以资本逻辑为宰制的西方资本主义现代化带来的严重结果。三是中国走出来的现代化是中国式现代化，其中尤为明显的特征就是"人与自然和谐共生的现代化"，这已然表明我们对西方资本主义现代化道路的深刻反省与生态觉醒，凸显了中国式现代化的生态向度，为建设人与自然和谐共生现代化奠定了重要政治基础。

第二章主要探讨人与自然和谐共生现代化的文明叙事。人与自然和谐共生现代化是在社会主义生态文明的叙事视野中加以展开的。一是将从学术史上考察生态文明这一概念的生成脉络，并探讨作为"战略说"意义上的生态文明的概念之蕴。二是通过对"资本主义"的概念史梳理，特别是透过"资本""资本家""资本主义生产""资本主义生产方式"以及"资本主义的私有制"等概念的阐析，将驳斥资本主义"生态文明"的矛盾修辞。三是从党性与人民性的内在统一、继承性与发展性的逻辑衔接、问题性与战略性的相互契合以及民族性与世界性的共生发展等层面论述社会主义生态文明观的理论特质，从而彰显人与自然和谐共生现代化的文明叙事优势。

第三章主要探讨人与自然和谐共生现代化的内在机理。从当代资本主义"去增长"论这一话题说开，揭示"去增长"论的反现代化倾向，批判"去增长"论的绿色神话，提出建设生态文明或生态可持续性社会单纯依靠"去增长"是不可行的，也不切实际，甚至会适得其反。基于对这一问题的讨论，本章最后立足于"系统论""协同论"以及"和解论"的理论基础，从作为人与自然和谐共生现代化的政治引领性、美好生活需要实现的客观指向性，以及现代工业化生产的绿色驱动性等机理层面论证人与自然和谐共生现代化的理论可能性与现实必然性。

第四章主要探讨人与自然和谐共生现代化的理念深化。人与自然和谐共生现代化以"绿水青山就是金山银山"为理念遵循。本章突破常规性的政策性解读范式，拟从学理层面深入分析"绿水青山就是金山银山"的深刻内涵。对此，本章从自然资源价值论的视角分析"绿水青山"何以是"金山银山"。当然，本章也将其与马克思劳动价值论交汇，回应相关质疑，阐释劳动价值论本质上并未忘却自然资源的价值，劳动价值论客观上蕴含着自然资源的潜在价值以及劳动价值论事实上还反映着自然资源虚拟价值的观点。通过这种学理性分析，使得"绿水青山就是金山银山"的理念能够更充分地引领人与自然和谐共生现代化建设。

第五章主要探讨人与自然和谐共生现代化的话语体系。人与自然和谐共生现代化的基础性话语应该是如何看待"生态—经济"之间的关系问题。沿着这样一种线索，我们将论述新古典环境经济学和西方生态经济学话语体系中的"生态—经济"关系问题，试图发掘出作为一种"浅绿"的新古典环境经济学和作为一种"深绿"的西方生态经济学的某些独特观点,并指出它们在对待"生态—经济"内在关系上的极端化问题。因而我们提出要构建作为"红绿"话语体系的新时代生态经济学,形成生态经济学研究的中国风格,为人与自然和谐共生现代化建设赢得国际话语权。

第六章主要探讨人与自然和谐共生现代化的模式。首先指出 A 模式本质上是一种经济中心论视域中的生态环境末端观照模式,B 模式本质上则是一种生态中心论视域中的生态环境始端观照模式,这两种模式存有各自不足,不利于人与自然和谐共生现代化建设。因此,本章拟探寻一种能够克服二者不足的"一体三翼四驱动"的升级版 C 模式。"一体"指的是广义上的绿色发展,"三翼"主要指循环经济、低碳经济和绿色经济,"四驱动"主要指生态现代化推动、生态致富路开辟、生态经济带贯通和生态试验区引领,这三大向度共同构成升级版 C 模式的拓展样态,对于建设人与自然和谐共生现代化具有重要意义。

第七章主要探讨人与自然和谐共生现代化的动力机制。以"引力—压力—推力"为着力点,将从人民利益诉求的牵引使然这一维度探讨引力发生机制问题,阐明人民对美好生活的向往驱动着我们必须充分发挥主观能动性助力人与自然和谐共生现代化建设。将从"政—企"内外压力的叠加倒逼这一维度探讨压力传导机制问题,阐明无论是行政系统存在的压力还是生产企业存在的压力,二者的交织叠加共同发挥着倒逼人与自然和谐共生现代化的动力效应。将从"党"之势能与"群"之动能的连转发力这一维度探讨推力作用机制问题,阐明中国共产党的高位推动和人民群众的积极参与使人与自然和谐共生现代化的动力响应得以进一步深化。

第八章主要探讨人与自然和谐共生现代化的策略提升。从以国家"双碳"目标为导向的重点突破之路展开探讨,首先对"双碳"目标与经济发展对立论的观点进行驳斥,并阐明"双碳"目标完全能够与经济高质量发展做到协同增效，当然这离不开有效对策的作用。因此，本章将提出通过降低绿色溢价助力化石能源向清洁能源转型、通过构建资源循环型产业体系助推循环经济发展、通过盘活碳汇交易市场助益林业碳汇经济价值实现、通过重大卫生事件的启示着力打造绿色经济增长点，以及通过构筑智慧环保平台提升生态环境信息化水平等对策，期许能够从策略上提升人与自然和谐共生现代化建设水平。

第九章主要探讨人与自然和谐共生现代化的正义之途。人与自然和谐共生现代化的价值旨趣便是对生态正义的追寻。那么，究竟如何理解生态正义？本章首先探讨基于"人与自然"关系层面的"生产性正义"和基于"人与人"关系层面的"生产关系正义"之解读进路，并指出二者的不足。为此，本章拟提出一种作为"生产方式正义"的生态正义解读进路，强调必须科学把握"大自然—人—实践活动"的有机整体性、"生产性正义"与"生产关系正义"的内在统一性以及从"自然的解放"到"人的解放"的目标指向性，只有这样才能在建设人与自然和谐共生的现代化过程中看清问题之源、找到应对之策，并逐步实现生态正义。

第一章 人与自然和谐共生现代化的核心要义

——现代化及其生态性辨析

现代化真的具有生态性吗？凡持这一质疑的学者大多坚持反现代化的立场。在他们看来，现代化必然引发人与自然的紧张关系，必然导致全球生态危机，如高兹、戴利等学者就主张"稳态经济"或经济的零增长，认为现代化不可能实现人与自然的和谐共生。这种对现代化的诟病其实并不妥当，我们认为现代化是人类社会发展过程中的必然趋势，现代化过程中的生态问题虽难以避免，但这并不意味着就要否定现代化，对于现代化我们必须辩证看待。

第一节 现代化及其必然趋势

对现代化的理解，我们首先应厘清现代性这一概念。当然，无论是现代化还是现代性，其中的一个核心词语是"现代"。据考证，"现代"（modern）一词最早源自4世纪的拉丁语"modemus"，意思是当前、目前或现时代，当时这一词语的出现或运用主要是为了区别古罗马异教的"传统"，以突出已经基督教化的"现时代"，拉丁作家卡西奥多尔（Cassiodore）对此有着最早的使用记载。① 同时，根据《拉丁语言宝库》中的界定，"现代"指向的确实是"在我们时代的，新的，当前的……"之意，其反义词是"古的，老的，旧的……"②，从这个意义上说，作为一个共同词根的"现代"，最早的内涵表征只是一个代表着时间阶段或状态的概念，后来，这一词语的概念之意却超越了过去或传统的时间阶段或状态。"现代"一词很早就出现了，相较而言，"现代性"一词的出现就晚了很多。1672年的《牛津英语词典》对此有最初的记载，并在后续逐渐被一些学者使用，如霍勒斯·沃波尔（Horace Walpole）提出了"语调现代性"以及夏尔·皮埃尔·波德莱尔（Charles Pierre Baudelaire）探讨了"审美现代性"等。

那么，"现代性"究竟何意？其实，既然"现代"一词是作为时间阶段或状态的概念，那么加上后缀"-ity"而生成的"现代性"（modernity）的概念就代表该时间阶段的某种性质或价值观诉求之意，其含义更加侧重于以形容词的形式表达出来。哲学意义上的"现代性"，其深刻之处或本质内涵在于对中世纪蒙昧主义的超越，倡导一种理性主义。人不是懦弱的，也不是无欲无求的，而是有着欲望和美好追求、有着巨大潜力和创造力的世界万物主体，这就是一种必须激发的启蒙理性。"现代性的基本观念来自启蒙运动的精神，是启蒙精神哺育了现代性的产生"③，而启蒙运动，正如康德所说"就是人类脱离自己所加之于自己的不成熟状态"④，也就是要树立理性主义精神，让自己成为人，"要为大自然立法"。欧洲中世纪是宗教黑暗期，

---

① 河清：《现代与后现代——西方艺术文化小史》，（香港）三联书店1994年版，第17页。
② [美]马泰·卡林内斯库：《现代性的五副面孔》，顾爱彬、李瑞华译，商务印书馆2002年版，第19页。
③ 陈嘉明：《现代性与后现代性十五讲》，北京大学出版社2006年版，第5—6页。
④ [德]康德：《历史理性批判文集》，何兆武译，商务印书馆1990年版，第22页。

人的主体地位和尊严是被忽略的，人性是被神性所取代的，人只是任上帝随时宰制的"羔羊"。欧洲的文艺复兴和启蒙运动先后展开了与中世纪宗教神学的斗争，试图复活古希腊时期的人文理性精神，这两场思想解放运动给了宗教神学当头一棒，撕开了宗教的神秘面纱，摘除了宗教神学附加在人之上的枷锁，恢复了人性的尊严和理性的光辉。在近代西方哲学史上，理性主义之父笛卡尔以"我思故我在"的论断建构了现代性的主体性原则，提出了"正确判断、辨别真假的能力，也就是我们称之为良知或理性的那种东西，本来就是人人均等的"[1]重要观点。巴鲁赫·德·斯宾诺莎（Baruch de Spinoza）将理性与自由联系起来，认为人应该遵循自然法则行动，且这种行动是在理性的指导而非欲望或激情的控制下进行的才是自由的，"只要是在理性指导下生活的人，我便称他为完全自由的人"[2]。戈特弗里德·威廉·莱布尼茨（Gottfried Wilhelm Leibniz）将理性主义发展成了一种正义法则，认为"一个人应该允许（别人）在同样情境下做出选择，既不能宣称享有特权、违背理性，也不能把自己的意志硬说成理性"[3]。伊曼努尔·康德（Immanuel Kant）尝试为理性主义寻求道德哲学的基础，而贯穿其中的一个主线就是理性与自由意志的内在张力，他提出"纯粹理性决定的选择行为，构成了自由意志的行为"[4]，而这种自由意志的纯粹理性是一种有别于自然法则的道德法则，人类社会应该在这种道德法则之下安排好政治秩序，以及处理好公权与私权之间的关系。康德之后的黑格尔更是理性主义的集大成者，他认为

---

[1] ［法］笛卡尔：《谈谈方法》，王太庆译，商务印书馆2000年版，第3页。
[2] ［荷］斯宾诺莎：《政治论》，冯炳昆译，商务印书馆1999年版，第16页。
[3] ［美］帕特里克·赖利编：《莱布尼茨政治著作选》（原书第二版），张国帅、李媛、杜国宏译，中国政法大学出版社2014年版，第75—76页。
[4] ［德］康德：《法的形而上学原理——权利的科学》，沈叔平译，商务印书馆1991年版，第13页。

理性统治的世界"是一个光辉灿烂的黎明,一切有思想的存在,都分享到这个新纪元的欢乐。一种性质崇高的情绪激动着当时的人心,一种精神的热情震撼着整个世界,仿佛'神圣的东西'和'世界'的调和现实在首次完成了"①。可见,黑格尔已经把理性融入了整个宇宙世界,认为理性是人类灵魂和世界万物的主宰,是一切事物的内在本质,是一种绝对精神并呼吁理性自身矛盾的自我和解。对此,德国当代哲学家尤尔根·哈贝马斯(Jürgen Habermas)指出,黑格尔是第一位清楚地阐释现代性的哲学家,他开启了以理性主义为核心或话语的现代性叙说方式,并且确立了认知主体自我关联的主体性原则。他说:"黑格尔不是第一个现代性的哲学家,但是他却是第一个意识到现代性问题的哲学家。"② 然而,遗憾的是,在哈贝马斯看来,此前大部分哲学家(特别是康德和黑格尔)关于现代性的理解都只是停留在"先验理性"的精神层次并以主客二元结构为前提,这就必然会导致一系列矛盾和纷争。为了克服并避免这种局限,哈贝马斯认为"只有转向一种新的范式,即交往范式,才能避免作出错误的抉择"③,于是他提出了一种"交往理性",他说:"理性构成了哲学的基本论题……哲学所使用的原理必须到理性中去寻找,而无须与彼岸世界的上帝打交道,甚至也不用对茫茫宇宙的自然基础和社会基础刨根问底。"④ 换言之,其所言的交往理性不是神秘的、排他的甚至至高无上的抽象理性,而是立足于具体的社会有着对话性、程序性、可错性以及包容性

---

① [德]黑格尔:《历史哲学》,王造时译,生活·读书·新知三联书店1956年版,第498页。
② [德国]于尔根·哈贝马斯:《现代性的哲学话语》,曹卫东等译,译林出版社2004年版,第51页。
③ [德国]于尔根·哈贝马斯:《后形而上学思想》,曹卫东、付德根译,译林出版社2001年版,第41页。
④ [德]尤尔根·哈贝马斯:《交往行为理论》(第一卷·行为合理性与社会合理化),曹卫东译,上海人民出版社2004年版,第1页。

等特征并在商谈中旨在达成某种共识和理解的具体理性。基于以上论述，无论是作为一种先验理性主义表达抑或是一种经验理性主义阐扬的现代性，实际在我们看来都有一个共同点，那就是受启蒙理性的影响而坚决反对神性，主张人的主体性，至于各自的理性主义最终是否又走向某种信仰是另外一回事。

沿着这样一种哲学致思路向，现代性（理性主义）缔造了现代西方工业文明及其人类崭新成果，"现代性强调人的理性高于宗教神性、高于自然物性的至高无上的地位，强调现代文明的一切成果都是理性化思维的产物"①。如果哲学的致思对现代性功劳的揭示稍微显得有些抽象，那么社会学意义上的现代性阐释则对此给出了更加清晰和具象化的呈现。例如，英国学者安东尼·吉登斯（Anthony Giddens）认为，现代性映射的其实就是一种组织模式或社会生活样态。他说："在其最简单的形式中，现代性是现代社会或工业文明的缩略语。比较详细的描述涉及：（1）对世界的一系列态度、关于现实世界向人类干预所造成的转变开放的想法；（2）复杂的经济制度，特别是工业生产和市场经济；（3）一系列政治制度，包括民主国家和民主。基本上，由于这些特性，现代性同任何从前的社会秩序类型相比，其活力大得多。"② 显然，从社会学的角度看现代性，其侧重的是从社会变革的进程中特别是工业文明社会的发展中所呈现出来的有别于传统社会的某些"属性"，这些属性主要是以社会经济发展和政治制度建构为主轴的系列呈现，诸如表现为工业化、法治化、资本化、福利化、商品化、科技化、世俗化、都市化以及制度化等。对此，我们大体上可将吉登斯社会学意义上的现代性看作一种"工业化的世界"或"工业文明体系"的特征显现，所以这

---

① 周穗明等：《现代化：历史、理论与反思——兼论西方左翼的现代化批判》，中国广播电视出版社2002年版，第166页。
② ［英］安东尼·吉登斯、克里斯多弗·皮尔森：《现代性——吉登斯访谈录》，尹宏毅译，新华出版社2001年版，第69页。

就不难理解哲学意义上的现代性或理性主义所奠定的现代工业文明的价值观基础了。

基于以上对现代性的阐释及其特征显示,其注定与现代化有着某种紧密的联系。C. E. 布莱克(C. E. Black)对二者的关系做了这样的界定:"从上一代人开始,'现代性'逐渐被广泛地运用于表述那些在技术、政治、经济和社会发展诸方面处于最先进水平的国家所共有的特征。'现代化'则是指社会获得上述特征的过程。"① 一般而言,言及现代性与现代化的联系,二者都意味着对传统和旧俗的变革或超越,都向往着一种更好的人性基础和生活状态;与此同时,二者最为本质的差异在于现代性意味着一种属性或特质的彰显,现代化表明基于这些特质融贯的人类社会发展过程、状态或阶段。此外,在某种意义上,现代性更加侧重哲学层面的探讨,现代化更加侧重经济学、社会学或政治学层面的述说,前者折射的是时代的精神或本质,后者阐明的是基于生产力的发展而引起的社会结构变迁和文明整体进步。当然,即便有时候现代性与现代化也没有那么严格的区分,甚至在一些场合可多见二者交叉使用;但我们还是要强调二者的异质性,即现代性就是一个描述属性或特征的范畴,而现代化则是一个描述状态或过程的范畴,以下通过我们对现代化的梳理阐释或许就能够更清楚地理解这一核心区分点。

现代化一词的出现要晚于现代性,1770 年,该词(modernization)在欧美国家才正式产生,主要意思是"实现现代化的过程"和"实现现代化后的状态"。② 这个过程或状态一般来说都是进步的。塞缪尔·P. 亨廷顿(Huntington Samuel P.)在《导致变化的变化:现

---

① [美] C. E. 布莱克:《现代化的动力:一个比较史的研究》,景跃进、张静译,浙江人民出版社1989年版,第5页。
② 何传启:《现代化概念的三维定义》,《管理评论》2003年第3期。

代化、发展和政治》一文中对现代化这一概念做了全面系统而又深刻的界定，认为现代化揭示的是一个从传统社会向现代社会转变的革命性过程，体现的是一种一切社会领域中的整体性、时代性、阶段性和不可逆转性的变化，其最终呈现的过程虽然很艰辛、痛苦，从长远结果上看却能够增进人类物质和文化幸福的进步状态。另一位学者艾恺（Guy S. Alitto）更是言简意赅地说："'现代化'一词的用法通常都是正面的，指的是'好的'东西。"① 我国也有研究现代化的相关重量级专家，他们对现代化的界定和阐释也大同小异。一位是罗荣渠先生，他从广义和狭义两个方面对现代化进行了界定，广义层面的现代化是以工业化为推动力的农业社会向工业社会转变的世界性过程，其中工业主义渗透到人类生活的方方面面；而狭义层面的现代化指的是落后国家通过学习先进技术或其他先进要素以赶上先进工业国并适应世界发展的过程。② 另一位是何传启先生，他从现代化的基本词义、理论含义和政策含义三个维度作了诠释，分别表达了一个有着现代先进水平特征，18世纪工业革命以来，人类社会所发生的深刻变化以及不同国家推进现代化的各种战略和政策措施的过程之意，他最后总结道："'现代化'既可表示一个成为具有现代特点的发展过程，也可表示在这个过程中新发生的变化，或者最新变化（最先进水平）……一般而言，现代化指进步的变化。"③ 此外，我国吴忠民先生还梳理了当前另外四种较为典型的"现代化"概念界定方式。一是认为现代化就是工业化社会；二是认为现代化是一种社会发展动力源的比例增长及其不可回转程度；三是认为现代化可以等同于西方化；四是认为现

---

① ［美］艾恺：《世界范围内的反现代化思潮——论文化守成主义》，贵州人民出版社1991年版，第1页。
② 罗荣渠：《现代化理论与历史研究》，《历史研究》1986年第3期。
③ 何传启：《现代化概念的三维定义》，《管理评论》2003年第3期。

代化只是一个时间概念,并不是一个特定的历史阶段,任何时候只要出现了新的东西都属于现代化探讨的范围。① 对此,笔者比较认同第一种和第二种的界定方式,因为第三种抹杀了各国的具体国情,第四种缺乏逻辑上的确定性,其并无多少探讨的意义。对于现代化的理解,正如前面所言只需抓住几个关键信息即可。例如,第一种界定方式中的工业化社会,说明其必然是区别于传统社会的;再如,第二种界定方式中的动力源的比例增长,说明其必然是基于某种要素(如科学技术等)而渐渐推进的。综合言之,学界对现代化概念的界定虽众说纷纭,但万变不离其宗,其核心意涵还是有着某种基本共识,即揭示的是一种相对于传统社会的前进变化或进步状态。当然,这里的传统社会在西方大体指的是1500年前,在中国大体指的是1919年前。② 因此,我们认为,现代化其实可以看作基于工业文明而发轫的任何国家都有可能推进或已经进行着的整个社会结构要素的大变革过程或稳步前进状态,而这个过程或状态根据具体情况有着比较明显的柔性指标。所谓柔性指标,指的是不同国家根据国情所形成的判断自身是否处于现代化或处于什么样的现代化水平的可诉说、可量化或可评价的相关指标。例如,作为国际上第一次系统探讨现代化问题的学术会议,即1960年在日本举办的以"现代日本"为主题的国际研讨会就确立了判断"现代化"的八个指标,③ 其具体指标如表1.1所示。

---

① 吴忠民:《试析"现代化"概念》,《福建论坛》(经济社会版)1992年第7期。
② 一般来说,西方学者把历史阶段主要划分为古代(600年前)、中世纪(600—1500年)和现代(1500年以后);中国学者把历史阶段划分为古代(1840年以前)、近代(1840—1919年)和现代(1919年以后)。
③ 孙立平:《传统与变迁——国外现代化及中国现代化问题研究》,黑龙江人民出版社1992年版,第2页。

表 1.1　1960 年以"现代日本"为主题的国际研讨会对"现代化"判断的八个指标

序号	具体指标
1	人口相对高度集中于城市之中,城市日益成为社会生活的中心
2	较大程度地使用非生物能源,商品流通和服务设施的增长
3	社会成员大幅度地互相交流,以及这些成员对经济和政治事务的广泛参与
4	公社性和世袭性集团的普遍瓦解,通过这种瓦解在社会中造成更大的个人社会流动性和更加多样化的个人活动领域
5	通过个人对其环境的世俗性和日益科学化的选择,广泛普及文化知识
6	一个不断扩展并充满渗透性的大众传播系统
7	大规模的制度的存在,如政府、商业和工业等,在这些制度中科层管理组织不断成长
8	在一个单元(如国家)控制之下的大量人口不断趋向统一,在一些单元(如国际关系)控制之下的互相影响日益增长

以上指标对我们深入地理解现代化有着较为直观的启迪意义。这些指标简明、清晰地阐释了现代性和现代化的本质内涵,使我们从概念上大概知道,现代性指的是一种有别于传统性(神性)的社会特征或属性或价值观取向;而现代化指的是伴随着现代性的凸显而逐渐显现化的、实体化的由传统社会向现代社会变革或转型的进步过程或状态,尤其是工业文明以来,这一过程或状态在全世界范围内的推进表现得十分明显。虽然现代化的衡量指标有很多,但是最为根本的还是经济发展水平或经济实力。根据马克思主义的观点,一个国家的生产力发达程度才是决定社会发展的根本性要素,马克思深刻揭示了生产力和生产关系、经济基础和上层建筑的矛盾运动规律,认为生产力决定生产关系,经济基础决定上层建筑。可见,基于这个原理,经济生产力或经济实力才是根本,才是衡量现代化的最为重要的标尺。如果

一个国家经济发展水平很落后，很难想象这个国家能走向政治现代化、科技现代化、文化现代化、军事现代化、医疗现代化、制度现代化以及教育现代化，等等。所以，我们认为，对于作为一种现代社会转型或变革的进步过程或状态的现代化来说，经济发展或经济实力到底如何才是最具根本性和代表性的衡量标准，其他问题都是由此衍生出来的。因此，本书所论及的"现代化"，主要还是以经济社会发展（或经济现代化）这根主线为基础，并辅以其他要素来展开研究的。在此，我们需厘清的另外一个问题是，现代化事实是全世界各国社会发展的必然趋势。虽然说伴随着现代化过程而出现了种种世界性问题甚至灾难，理论界对此也不乏众多批判声音，但是现代化这一社会发展趋势本身是必然的，是向前走的。

一方面，现代化具有坚实的马克思主义哲学基础。如前所述，现代化指向的是人类社会的进步过程或状态，从概念上看，现代化本身就有着坚实的唯物辩证法和唯物史观的哲学基础。其一，从唯物辩证法的角度来说，联系和发展是其总观点和总特征。恩格斯在《反杜林论》中指出："当我们通过思维来考察自然界或人类历史或我们自己的精神活动的时候，首先呈现在我们眼前的，是一幅由种种联系和相互作用无穷无尽地交织起来的画面，其中没有任何东西是不动的和不变的，而是一切都在运动、变化、生成和消逝。"[①] 这说明，整个世界是相互联系与变化发展的，没有一成不变的东西，只有不断变化和发展的东西或过程。这个过程的总趋势是向前的，当然不排除阶段性的偶然的倒退，但总体趋势一定是光明的，是能够战胜旧事物的，即发展的本质。所以，从这个意义上来说，现代化以唯物辩证法的哲学基础做支撑，其作为一种发展过程或进步状态，已然内蕴着"新事物战胜旧事物"的发展本质，反映到社会形态的更替中就可以表现为封

---

① 《马克思恩格斯文集》第九卷，人民出版社2009年版，第23页。

建社会对奴隶的社会超越，资本主义社会对封建社会的超越以及未来共产主义社会的美好愿景与追寻。其二，从唯物史观的角度来说，马克思阐明了人类社会发展的两对基本矛盾，即生产力与生产关系的矛盾以及经济基础与上层建筑的矛盾。这两对矛盾贯穿人类社会发展过程的始终，揭示了人类社会发展的根本动力，共同推动着人类社会由低级阶段向高级阶段发展。马克思在《〈政治经济学批判〉序言》中写道："社会的物质生产力发展到一定阶段，便同它们一直在其中运动的现存生产关系或财产关系（这里只是生产关系的法律用语）发生矛盾。于是这些关系便由生产力的发展形式变成生产力的桎梏。那时社会革命的时代就到来了。随着经济基础的变更，全部庞大的上层建筑也或慢或快地发生变革。"① 马克思这一经典话语所描述的就是生产力与生产关系、经济基础与上层建筑的矛盾。后来，马克思运用这个基本矛盾规律对资本主义社会进行批判性反思，最后揭示出资本主义必然走向灭亡的结论。资本主义社会是现代化的发祥地，马克思对资本主义社会所带来的巨大成就表示过肯定，但是资本主义固有的弊端注定会自我埋葬。这就进一步说明，资本主义工业化不等于现代化，但现代化是发轫于资本主义工业化的一种相对于过去的进步状态或过程。随着资本主义的灭亡，现代化仍然有着进一步的叙事可能，甚至必然呈现超越以往资本主义社会的更有利于人类社会进步和发展的现代化。

另一方面，马克思恩格斯关于现代化的相关阐述也较好地诠释了现代化是个必然趋势。在马克思恩格斯的思想体系中，有许多关于现代化的相关阐释。例如，马克思说："早先已在莫斯科省和弗拉基米尔省，以及在波罗的海沿岸边区生根的较现代化的纺织工业，获得了新的高

---

① 《马克思恩格斯文集》第二卷，人民出版社2009年版，第591—592页。

涨"①,"现代工业这种独特的生活过程,我们在人类过去的任何时代都是看不到的,即使在资本主义生产的幼年时期也不可能出现"②,"经理带我到该厂去参观了一下。整个说来,工厂组织得很好,采用了很多非常现代化的设备"③。恩格斯也说:"从英国这里的情况就可以看出来,这里的国家生活尽管具有各种各样的中世纪的形式,但与厄尔士山脉两侧的国家相比要现代化得多。"④ 可以看出,"现代化"这一问题在马克思恩格斯的话语中具有重要的地位,而且可以肯定的是,马克思恩格斯所讲的现代化的确是一种社会进步的体现,这可以体现在诸如蒸汽机、纺织业、铁路、航海及世界贸易等方方面面。马克思恩格斯在《共产党宣言》中直接指出:"资产阶级在它的不到一百年的阶级统治中所创造的生产力,比过去一切世代创造的全部生产力还要多,还要大。"⑤ 然而遗憾的是,这种资本主义现代化随着资本主义基本矛盾的显现必然发生质变,正如恩格斯在写给弗里德里希·阿尔伯特·朗格的一封信中说道:"蒸汽机、现代化的机器、大规模的殖民、铁路和轮船、世界贸易,现在已经由于接连不断的商业危机而使这个社会走向解体并且最后走向灭亡。"⑥ 那么,这是不是意味着现代化也就终止了呢?其实并不是,反而恰恰证明了现代化作为一种进步过程或状态的必然趋势。马克思说:"问题本身并不在于资本主义生产的自然规律所引起的社会对抗的发展程度的高低。问题在于这些规律本身,在于这些以铁的必然性发生作用并且正在实现的趋势。工业较发达的国家向工业较不发达的国家所显示的,只是后者未来的景象。"⑦ 换言之,任何一个国家或民族都必

---

① 《马克思恩格斯文集》第四卷,人民出版社2009年版,第464页。
② 《马克思恩格斯文集》第五卷,人民出版社2009年版,第729页。
③ 《马克思恩格斯文集》第十卷,人民出版社2009年版,第257页。
④ 《马克思恩格斯文集》第十卷,人民出版社2009年版,第607页。
⑤ 《马克思恩格斯文集》第二卷,人民出版社2009年版,第36页。
⑥ 《马克思恩格斯文集》第十卷,人民出版社2009年版,第225页。
⑦ 《马克思恩格斯文集》第五卷,人民出版社2009年版,第8页。

然走向现代化，它是一个"铁的必然性"趋势。一则资本主义国家的现代化有一定的必然性；二则这种现代化走向共产主义现代化是必然的，正如马克思告诫工人阶级，"为了谋求自己的解放，并同时创造出现代社会在本身经济因素作用下不可遏止地向其趋归的那种更高形式，他们必须经过长期的斗争，必须经过一系列将把环境和人都加以改造的历史过程"①。基于此，马克思所讲的"趋归的那种更高形式"反映的就是超越资本主义现代化，走向共产主义（含社会主义）现代化的趋势是必然的。

第二节 西方资本主义现代化及其生态批判

从西方历史学的角度看，1500年之后标志着资本主义时代的诞生；而在一定程度上，西方现代化之路的开启也是随着资本主义的诞生而推进的。著名历史学家勒芬·斯塔夫罗斯·斯塔夫里阿诺斯（Leften Stavros Stavrianos）指出："1500年之后的时代是具有重大意义的时代，因为它标志着地区自治和全球统一之间冲突的开端。"② 所谓"地区自治和全球统一之间冲突"意味着价值观的碰撞、意味着科技军备的较量、意味着经济实力的比拼，而这必然倒逼各相关国家首先对传统小农经济或手工作业模式的告别尝试，从而转向以工业大机器生产为主的资本主义现代化探索之路。

英国、法国、德国和美国是较快走上现代化的主要西方国家，具有典型性。其一，关于英国的现代之路。1688年的"光荣革命"宣告英国资产阶级革命的胜利，奠定了英国现代化的政治基础。马克思曾说：

---

① 《马克思恩格斯选集》第三卷，人民出版社2012年版，第103页。
② ［美］斯塔夫里阿诺斯：《全球通史：1500年以后的世界》，吴象婴、梁赤民译，上海社会科学院出版社1999年版，第239页。

"'光荣革命'把地主、资本家这些谋利者同奥伦治的威廉三世一起推上了统治地位。他们开辟了一个新时代……"① 这个新时代就是以财富或利润为中心，通过攫取掠夺和殖民侵占等方式来推动的现代化时代。从某种意义上说，英国算得上是世界上第一个走上现代化之路的国家。由于英国资本积累的日益增长和生产力水平的持续增长，18世纪中叶爆发了工业革命，蒸汽机的发明和广泛运用，使得英国的采煤工业迅速发展、炼铁工业逐年扩大、交通运输业得到改良、传统纺织工业获得了生机，英国从此实现了从农业国向工业国的转变，从而助推了英国现代化的腾飞并成为其他国家走现代化之路的效仿对象，"19世纪中叶后，英国成为资本主义工业文明的样板，现代社会的象征"②。其二，关于法国的现代之路。1789年的法国大革命摧毁了统治法国一千多年的封建君主制，使自由民主的现代化思想在法国乃至世界范围内传播开来，这也奠定了法国现代化的政治基础。恩格斯说："在法国，革命同过去的传统完全决裂，扫清了封建制度的最后遗迹，并且在民法典中把古代罗马法——它几乎完满地反映了马克思称之为商品生产的那个经济发展阶段的法律关系——巧妙地运用于现代的资本主义条件。"③ 雾月十八日政变后，拿破仑建立"法兰西第一帝国"，探索了一系列发展资本主义的现代化手段和措施，诸如创办法兰西银行，成立工业协会和工厂管理委员会，推行国家订单、保护关税、津贴补助及奖励竞赛等商业化措施，采取"大陆封锁"政策打压英国经济，等等。同时，在工业发展中大规模使用蒸汽机，使得毛纺织业、冶金业、机械制造业、化学工业、玻璃制造业和陶瓷业等领域迅速崛起，"到19世纪中叶，法国的工业已经获得巨大的发展，在世界上仅次于

---

① 《马克思恩格斯文集》第五卷，人民出版社2009年版，第831页。
② 周穗明等：《现代化：历史、理论与反思——兼论西方左翼的现代化批判》，中国广播电视出版社2002年版，第19页。
③ 《马克思恩格斯文集》第三卷，人民出版社2009年版，第514页。

英国居第二位"①。其三，关于德国的现代化之路。相对于英国和法国，德国现代化之路显然慢了好几百年，其中一个重要原因就是整个18世纪的德国基本处于政治分裂的状态，而直到19世纪下半叶以后，德国才真正意义上进入一个现代化国家的行列。"铁血宰相"俾斯麦上台以后，首先以非常强硬的态度和方式旋即解决政治统一的问题；之后，在经济发展层面逐步推进制度现代化的接轨，如实行统一的帝国货币制度和统一的度量衡标准，建立关税联盟制度、职业选择自由制度、医疗保险制度及铁路国有化制度等。19世纪末德国的现代化之路成绩显著。"19世纪50年代起逐步建立起来的工业体系至70年代后迅猛发展，在不到30年的时间里彻底实现了工业革命。至19世纪末，德国的国民收入、工业产值均居世界第2位……'德国制造'从最初的劣货标志变成制作精巧和质量优良的标志……在资本贸易方面，德国也从20世纪中叶的资本进口国转变为主要的资本出口国。"②应该说，德国的现代化虽起步慢，但是后劲大。英法现代化强国经验的借鉴、德国的政治统一和民族认同感的增强，以及德国"铁血"政策和制度的有力推进，共同助推了德国从一个以农业为主的封建制国家转变为一个以工业为主的资本主义现代化国家。其四，关于美国的现代化之路。美国跟其他西方国家不一样的地方在于，其没有经历过封建社会，所以这个国家的现代化之路少了很多封建传统因素的羁绊，但美国是一个由移民组成的且早期受制于英国殖民统治的国家。当然，1776年《独立宣言》的颁布使美国摆脱了英国的殖民统治，开始走上了资本主义现代化的探索之路。大致来说，美国资本主义现代化的探索之路主要经历了三个阶段。一是19世纪初到19世纪中叶的"西进运动"阶段。这一运动是由美国

---

① 周穗明等：《现代化：历史、理论与反思——兼论西方左翼的现代化批判》，中国广播电视出版社2002年版，第41页。

② 周穗明等：《现代化：历史、理论与反思——兼论西方左翼的现代化批判》，中国广播电视出版社2002年版，第60页。

东部向西部的人口迁移、资本扩张、商业投机和土地吞并的过程。这一过程在某种程度上夯实了美国现代化的原始积累，为美国农业现代化和工业现代化奠定了重要基础，但给印第安文明带来了毁灭性的灾难。二是19世纪中后期的工业革命阶段。这一阶段主要以南北战争为标志，主张走工业现代化之路的北方战胜了主张走种植园奴隶制之路的南方，瓦解了美国的奴隶制，实现了南北统一，促进了美国资本主义现代化的发展。三是20世纪初以来的垄断资本主义阶段。这一阶段使美国逐渐成为世界头号现代化强国。国家垄断资本主义的出现，以美元为主体的世界货币体系确立，以及以计算机技术、空间技术、原子能技术和生物工程技术为标志的第三次科技革命的爆发等加剧了世界各国之间的经济发展差距，美国因此走上了资本主义现代化的世界霸权之路。正如马克思早有预言，各种因素的综合"使美国的繁荣达到了顶点"[①]。以上主要将英国、法国、德国和美国作为典型简要概述了各自的现代化发展情况，虽然各国因为历史和国情不一而存在某些差异，但从总体上可以折射出西方现代化之路的共性之处或主要特点，现作如下简要概述。

其一，以资本主义制度为奠基石。既然说现代化是一种有别于传统社会的进步过程或状态，那就意味着从传统到现代的社会转型必然充满着艰难和代价。例如，英国的"光荣革命"、法国的大革命、德意志帝国的缔造及美国的南北战争等都充满着血腥味，而恰恰分别在这样的政治基础之上，资产阶级的政治统治地位得以建立，资本主义生产方式的支配地位也随之形成，资本主义制度最终得以确立。这种制度显然不同于社会主义制度，其中最核心的一点就是生产资料所有制问题，前者以生产资料私有制为基础，后者以生产资料公有制为基础。无论是英国、法国、德国，还是美国等代表性西方发达国家，它们的

---

① 《马克思恩格斯全集》第十卷，人民出版社1998年版，第590页。

现代化之路就是建立在以生产资料私有制为基础的资本主义制度之上的。不可否认，建立在资本主义制度框架下的现代化之路确实呈现了西方社会发达的经济水平，但是资本主义制度的固有缺陷是不可磨灭的，一直以来西方现代化之路暴露出的许多问题十分明显，而且有些是全球性和致命性的。

其二，以资本逻辑为主导力。建立在资本主义制度基础之上的西方现代化之路是以资本逻辑为主导力的，换言之，西方的现代化之路是一种唯利是图的、最大限度追求剩余价值的发展模式。如前所述，既然现代化描述的是一种相对于传统社会的进步过程或状态，那么其中也必然有一种力量主导着这一过程或状态，这就是一种纯粹的金钱欲或财富欲。马克思说："现代工业社会发展的预备时期，是以个人和国家的普遍货币欲开始的。"① 恩格斯也说："鄙俗的贪欲是文明时代从它存在的第一日起直至今日的起推动作用的灵魂；财富，财富，第三还是财富——不是社会的财富，而是这个微不足道的单个的个人的财富，这就是文明时代唯一的、具有决定意义的目的。"② 因此，以追求货币或财富或剩余价值为宗旨的资本逻辑深深地烙在了资产阶级的内心深处，他们那么拼命地干事业，那么努力地赶上现代化之路，无非就是为了获得更多的剩余价值。从上述英国、法国、德国和美国的现代化之路可以看出，资本积累和资本扩张等关键词就是标示其现代化进程中的主导性力量。

其三，以科学技术为助推器。英国、法国、德国和美国之所以能够较快走上现代化之路，其中一个关键因素是科学技术的助推，特别是蒸汽机和内燃机的发明和运用为资本主义现代化建设奠定了重要的科技基础。恩格斯在描述英国的工业发展状况时指出："我们到处都会看出，

---

① 《马克思恩格斯全集》第三十卷，人民出版社1995年版，第177页。
② 《马克思恩格斯文集》第四卷，人民出版社2009年版，第196页。

使用机械辅助手段，特别是应用科学原理，是进步的动力。"① 马克思说："死机器不仅逐日损坏和贬值，而且由于技术不断进步，它的现有数量中的大部分不断变得如此陈旧，以致在几个月之内可以用新机器来替换而获得利益。"② 马克思紧接着揭示出科学技术所做出的巨大成就，他说："只有资本主义的商品生产，才成为一个划时代的剥削方式，这种剥削方式在它的历史发展中，由于劳动过程的组织和技术的巨大成就，使社会的整个经济结构发生变革，并且不可比拟地超越了以前的一切时期。"③ 所以，科学技术的发明和运用彰显了西方现代化之路的重要特征。

其四，以经济发展为硬道理。唯物史观原理揭示经济基础决定上层建筑，一个国家没有一定的经济实力，这个国家将注定是贫困的、动荡的，甚至随时可能面临瓦解的政治风险。所以，从某种意义上说，西方现代化之路实际上就是要通过科学技术来实现本国经济发展的目标，没有经济的发展，所谓的现代化则毫无生机甚至无从谈起。所以，当我们睁眼看西方现代化之路时，最直截了当映现在我们面前的是经济领域的努力方向或取得的成绩。例如，英国的棉纺织业、法国的奢侈品轻工业、德国的钢铁业，以及美国的现代化农业等都是走在世界前列的。美国学者马立博先生在研究工业革命的影响时指出："到1900年，世界上80%的工业产品都来自欧洲和美国……从1800年到1900年的一百年里，世界经历了一场天翻地覆的变化，欧洲和美国取代中国和印度占据了头等的重要地位。"④ 因此，当我们审视西方现代化时，较之于传统社会而言，经济发展是一个最硬核的道理和最显著的特征。

---

① 《马克思恩格斯文集》第一卷，人民出版社2009年版，第102页。
② 《马克思恩格斯文集》第五卷，人民出版社2009年版，第664页。
③ 《马克思恩格斯文集》第六卷，人民出版社2009年版，第44页。
④ [美]马立博：《现代世界的起源》，夏继果译，商务印书馆2017年第3版，第140页。

西方现代化之路在给人类社会带来各种便利的同时，也给人类的生存和发展带来了很多威胁甚至灾难，其中全球性生态危机便是摆在面前最严峻的形势。关于生态危机的爆发，有人说是现代性所致，也有人说是现代化所致。其实我们前面已经论述了，无论是现代性还是现代化，撇开词源考察的时间方位来说，其实它们是相伴相随的。没有现代性就意味着现代化缺乏了哲学价值观的理性支撑，没有现代化的彰显意味着现代性只是一种抽象的思辨表达或学术游戏。因此，我们认为西方的现代化之路就是一种受制于启蒙理性的牵制并以资本逻辑为主导的资本主义经济社会发展之路，这条道路注定会对生态环境造成巨大威胁。

马克思恩格斯对此早已有着深刻的批判性反思。例如，马克思尖锐地批判了资本主义工业大生产"破坏着人和土地之间的物质变换，也就是使人以衣食形式消费掉的土地的组成部分不能回归土地，从而破坏土地持久肥力的永恒的自然条件"[1]。同时深刻地揭露了资本主义农业现代化的生态弊端。他说："资本主义农业的任何进步，都不仅是掠夺劳动者的技巧的进步，而且是掠夺土地的技巧的进步，在一定时期内提高土地肥力的任何进步，同时也是破坏土地肥力持久源泉的进步。一个国家，例如北美合众国，越是以大工业作为自己发展的基础，这个破坏过程就越迅速。"[2] 再如，恩格斯的《英国工人阶级的状况》可以看作对英国工业革命以来生态环境恶化描绘最有力的经典，其中详尽描绘了工人阶级究竟处于一个什么样的恶劣环境下工作的，沉痛揭露了恶劣的生态环境对工人身心健康的摧残。例如，恩格斯说："大城市工人区的垃圾和死水洼对公共卫生造成最恶劣的后果，因为正是这些东西散发出制造疾病的毒气；至于被污染的河流，也散发出同样的气体。但是问题还

---

[1]《马克思恩格斯文集》第五卷，人民出版社2009年版，第579页。
[2]《马克思恩格斯文集》第五卷，人民出版社2009年版，第579—580页。

远不止于此。真正令人发指的，是现代社会对待大批穷人的态度。他们被吸引到大城市来，在这里，他们呼吸着比他们的故乡——农村污浊得多的空气。"① 之所以会造成这种恶劣的生态环境，其实马克思早已看得很清楚，那就是资本主义的工业化或现代化本质上就是建立在私有制基础之上，是以追求剩余价值为原动力的。为了赚取更多的利润，资本家们可以铤而走险而无视任何自然存在物。马克思说："资本害怕没有利润或利润太少，就像自然界害怕真空一样。一旦有适当的利润，资本就大胆起来。"② 换言之，资本家为了利润，什么事都干得出，他们不管工人阶级的死活，更不会理会自然界各种资源的有限性和承载力。基于这样一种逻辑主宰之下的现代化发展之路，人与自然的矛盾冲突愈加激烈，全球性生态危机也是愈加严峻。毋庸赘言，20世纪六七十年代，大家所熟知的《寂静的春天》《增长的极限》，以及《我们共同的未来》等书或研究报告的问世就昭示着资本主义现代化的生态负效应，整个地球已经面临着人口增长、粮食短缺、资源消耗、环境污染以及全球气候变暖等威胁人类生存的严峻问题。从这个意义上说，马克思恩格斯早先对西方资本主义现代化的生态问题揭露和批判是极具精准性和前瞻性的。

另外，马克思之后的诸多学派也对西方现代化之路给予了深刻的生态学反思和批判，如法兰克福学派、生态马克思主义学派及有机马克思主义学派等对此都有独到的见解。

其一，法兰克福学派以"技术理性"为着力点的生态批判。法兰克福学派的一个理论核心就是"批判"，即对资本主义现代文明的种种弊端进行彻底揭露和批判，所以法兰克福学派也被人称为"批判的马克思主义"。在法兰克福学派当中，阿多诺、霍克海默尔及马尔库塞以

---

① 《马克思恩格斯文集》第一卷，人民出版社2009年版，第410页。
② 《马克思恩格斯文集》第五卷，人民出版社2009年版，第871页。

技术理性为着力点展开了对西方现代文明的生态批判。在阿多诺和霍克海默尔看来，启蒙理性确实使人摆脱了传统的蒙昧主义的宗教神学牵制，人的地位和尊严更加现实地凸显了出来，然而启蒙理性的现代化表现形态即技术理性却在现代生活中制造了各种神话，人类重新陷入了一种不自由甚至灾难性的时代困境中。在他们看来，技术就是知识的本质，人类在自然界探究各种奥妙，猎取各种知识，发明各种新奇的东西，本质上就是一种技术理性的运用，目的还是统治自然界和他人。他们说，"人们从自然中想学到就是如何利用自然，以便全面地统治自然和他者。这就是其唯一的目的"①；"无限地统治自然界，把宇宙变成一个可以无限猎取的领域，是数千年来人们的梦想"②。此外，马尔库塞更是将现代资本主义社会描述为单向度的社会，认为现代资本主义社会是技术理性引领的社会。技术理性已经成为资本主义社会的意识形态和政治统治工具，财富就是一切，其他毫无地位，毫不受重视。马尔库塞提出了一个形象等式："资本主义进步的法则寓于这样一个公式：技术进步＝社会财富的增长（社会生产总值的增长）＝奴役的加强。"③ 换言之，为了财富的增长，技术理性的指挥棒可以到处挥舞，其最终后果便是对人、对大自然的奴役，因此马尔库塞进一步指出，在现代资本主义社会"不仅是技术的应用，而且技术本身，就是（对自然和人的）统治"④。

其二，生态马克思主义学派以"资本主义生产方式"为切入点的

---

① ［德］马克斯·霍克海默、西奥多·阿道尔诺：《启蒙辩证法》，渠敬东、曹卫东译，上海人民出版社2006年版，第2页。
② ［德］马克斯·霍克海默、西奥多·阿多尔诺：《启蒙辩证法》，洪佩郁、蔺月峰译，重庆出版社1990年版，第235页。
③ ［美］H. 马尔库塞等：《工业社会和新左派》，任立编译，商务印书馆1982年版，第82页。
④ ［美］马尔库塞：《现代文明与人的困境——马尔库塞文集》，李小兵等译，生活·读书·新知三联书店1989年版，第106页。

生态批判。所谓生态马克思主义学派，主要指的是运用马克思主义的基本观点、立场和方法来分析研究生态危机的根源，以及提出有效应对策略的西方马克思主义流派。如果说法兰克福学派更加侧重从技术理性的角度对现代西方现代化之路展开生态批判，那么生态马克思主义学派则更加侧重从资本主义生产方式的角度展开批判。奥康纳提出了一个"资本主义第二重矛盾"，即资本主义工业化生产的无限性与资本主义生产条件的有限性之间的矛盾。资本主义工业生产的无限性就是资本家对生产效率和生产能力的无限度扩大，这就意味着需要供应更多的原材料以满足其生产需求，而对更多原材料的供应也就意味着必然加大对大自然的无限开发和攫取，其结果就是生态的恶化。福斯特以康芒纳的四条"生态学法则"为依据展开了批判，即"每一种事物都与别的事物相关；一切事物都必然要有其去向；自然界懂得什么最好；没有免费的午餐"①。福斯特认为资本主义的现代化发展与其中的任何一条都是对立的，因为在资本主义"踏轮磨坊的生产方式"之下，大自然就是生产者的免费午餐，事物之间的关系就是金钱关系，为了金钱或利润，资本家可以不问大自然最需要什么，以及大自然的最终命运会怎么样。高兹以"经济理性"的理论或观点批判了资本主义现代化的反生态性，他认为资本主义的生产方式运行所遵循的是"可计算性和效率原则"，也就是现代化生产必须以计算或核算为手段展开，获得高额利润。这种经济理性刺激了人们"越多越好"的欲望，形成了人们的固化思维，占据了人们的生活世界，自然界早已沦为资本家实现"交换价值"的计算对象。

其三，有机马克思主义学派以"现代性"为核心点的生态批判。有机马克思主义是近年来在美国兴起的主要以小约翰·柯布、大卫·格

---

① 参见陈永森、蔡华杰《人的解放与自然的解放：生态社会主义研究》，学习出版社2015年版，第274页。

里芬、菲利普·克莱顿等人为代表的新流派，旨在立足于将马克思主义与怀特海过程哲学相结合的基础上来探讨生态危机的根源，以及如何建设生态文明的问题。① 在学理意义上，虽然有机马克思主义饱受争议，但是它对资本主义现代化的批判，对大自然的保护和关爱等仍然是值得肯定的，我们应辩证看待有机马克思主义。有机马克思主义的一个总的观点是，认为"现代性"是生态危机的根源。所谓现代性，指的是基于近代欧洲出现的以二元论、主体论、机械论和理性主义为特征的价值体系，突出表现在人类中心主义、经济主义和消费主义这三重维度。例如，有机马克思主义深刻批判了人类中心主义对一切"动在"的"互在性"割裂，认为人类中心主义只从对宇宙世界的要素抽离中来认识和把握世界，这将是一个时代的错误。又如，有机马克思主义也深刻批判了经济主义唯GDP是尊的观点，认为这种观点呈现出来的最大"危险性"就是对大自然的掠夺征服及其所必须付出的环境代价。柯布先生指出："一个明显的例子就是世界范围对森林的大规模砍伐，它导致GDP在短期内快速增长，然而从长远来看，其经济、社会和环境的代价则令人异常恐怖。大规模干旱，洪水的暴发，大量水土的流失，都是这些代价的一部分。"② 再如，有机马克思主义还批判了消费主义"空洞物质观"和"唯我主义观"的生态毁灭性倾向，资本主义的整体心态就是大量生产、大量消费和大量废弃。克莱顿指出："从富人的消费习惯、跨国公司的自由放任的商业行为以及政府的宽松政策中反映出的这种心态，导致了全球愈演愈烈的环境破坏。"③

---

① 陈云：《有机马克思主义对现代性的反生态性批判及其辨疑》，《内蒙古社会科学》（汉文版）2018年第2期。
② 王治河、高凯歌：《有机马克思主义的政治经济学宣言——评赫尔曼·达利和小约翰·柯布的〈21世纪生态经济学〉》，《国外理论动态》2016年第3期。
③ [美] 菲利普·克莱顿、贾斯廷·海因泽克：《有机马克思主义：生态灾难与资本主义的替代选择》，孟献丽、于桂凤、张丽霞译，人民出版社2015年版，第112页。

综上所述，现代化源自西方工业文明，然而西方工业文明所孕育出的资本主义现代化却交织着各种各样的问题，这些问题包含一个全人类都需要面对的"大问题"，即人与自然的矛盾冲突或严峻的生态危机问题。那么，这是不是意味着人类应该抛弃现代化而重回传统社会呢？显然不是，而且也不可能。我们今天需要做的是，应深刻汲取西方现代化之路的教训，取其精华，去其糟粕，要结合我国的基本国情大力发展生产力和解放生产力，不断推进中国经济的高质量发展，从而助推中国式现代化建设。

第三节 中国式现代化：人与自然和谐共生的现代化

任何一个国家在走现代化之路的过程中都要经历一些磨难，甚至要付出一些代价，但这并不意味我们就要回避现代化甚至否定现代化，我们需要做的仍然是不断推进现代化建设。党的二十大报告旗帜鲜明地强调要"团结带领全国各族人民全面建成社会主义现代化强国"[①]，这意味着现代化建设的步伐没有停止，也不会停止，只会更稳更好。在中国共产党的全面领导下，中国人民历经千难万阻、克服重重障碍，走出了一条不同于西方资本主义国家走过的现代化道路，即我们党领导人民走出了一条独具特色的中国式现代化道路，诚如习近平总书记指出的："党领导人民成功走出中国式现代化道路，创造了人类文明新形态。"[②]这条道路是以马克思主义为指导，坚持党的全面领导，坚持社会主义制度，协调推进政治、经济、文化、社会与生态文明建设，推动构建人类命运共同体，着力于解放生产力和发展生产力并实现全体人民共同富裕

---

① 《习近平著作选读》第一卷，人民出版社2023年版，第18页。
② 《中共中央关于党的百年奋斗重大成就和历史经验的决议》，人民出版社2021年版，第64页。

的中国式现代化之路。那么,中国式现代化深意何在?习近平总书记进一步指出:"我国现代化是人口规模巨大的现代化,是全体人民共同富裕的现代化,是物质文明和精神文明相协调的现代化,是人与自然和谐共生的现代化,是走和平发展道路的现代化。"① 从中可知,中国式现代化本质上蕴含着五大特征或建设方向,而其中的"人与自然和谐共生的现代化"便是其鲜明特征之一。这已然表明了我国对西方资本主义国家现代化之路的深刻反省与生态觉醒,凸显了中国式现代化的生态维度的观照。

中国式现代化道路的探索是一个历史过程,我们不能忘却历史。众所周知,近代中国处于半殖民地半封建社会时期,要开辟出一条现代化之路,必须绝地重生。首先要实现民族独立与人民解放,诚如恩格斯所言,一个民族"只有当它作为一个独立的民族重新掌握自己的命运的时候,它的内部发展过程才会重新开始"②。以毛泽东同志为主要代表的中国共产党人带领广大人民群众英勇奋战,推翻了帝国主义、封建主义和官僚资本主义三座大山,建立起人民当家作主的新中国,开启了现代化建设的新征程。毛泽东同志说:"没有中国共产党的努力,没有中国共产党做中国人民的中流砥柱,中国的独立和解放是不可能的,中国的工业化和农业近代化也是不可能的。"③ 1952年中国共产党提出过渡时期的总路线,强调要"在一个相当长的时间内,逐步实现国家的社会主义工业化,并逐步实现国家对农业、对手工业和对资本主义工商业的社会主义改造"④,其重心在于实现由传统的农业国向现代化的工业国转变。1956年,社会主义改造基本完成,社会主义制度得以确立,中国

---

① 《习近平著作选读》第二卷,人民出版社2023年版,第401页。
② 《马克思恩格斯全集》第十八卷,人民出版社1964年版,第630页。
③ 《毛泽东选集》第三卷,人民出版社1991年版,第1098页。
④ 《建国以来重要文献选编》第四册,中央文献出版社1993年版,第701页。

进入了社会主义初级阶段。自此之后，毛泽东同志进一步丰富现代化的内涵，多维度探索现代化的建设之路，他提出了"四个现代化"建设，并且作了现代化建设的实施部署，即"第一步，建立一个独立的比较完整的工业体系和国民经济体系；第二步，全面实现农业、工业、国防和科学技术的现代化，使我国经济走在世界的前列"①。从新中国成立初期到1978年改革开放，我国现代化建设虽一度经历了社会主要矛盾判断的认知差异、工作中心究竟是"从落后的农业国变为先进的工业国"还是"以阶级斗争为纲"的冲突等曲折过程，但总体上我国现代化建设的目标并未被模糊，反而更加清晰，更加有力，如1978年党的十一届三中全会就提出，全党的工作重心应该转移到社会主义现代化建设上来。邓小平同志还创造性提出了"小康之家"的"中国式现代化"②建设之路，同时谋划了三步走的战略实施构想。应该说，这一工作重心或目标的确立铿锵有力，掷地有声，成了全党和全国各族人民凝心聚力搞建设，一心一意谋发展的力量源泉。毋庸赘言，改革开放以来中国所取得的成就有目共睹，这足以说明现代化之路的探索是必须的且更需再接再厉和奋勇推进。

在中国式现代化道路的历史探索过程中，历届党和国家领导人始终注重生态环境保护和生态文明建设。毛泽东同志曾于1956年就提出了"绿化祖国"的号召，随后又特别强调，"一个国家获得新中国成立后应该有自己的工业，轻工业、重工业都要发展，同时要发展农业、畜牧业，还要发展林业，森林是很宝贵的资源"③。而邓小平同志在反思新中国成立以来现代化建设的得失时同样指出，"由于我们没有及时总结经验，采取得力措施，特别是'四人帮'的干扰破坏，污染无控制地

---

① 《周恩来选集》下卷，人民出版社1984年版，第439页。
② 《邓小平文选》第二卷，人民出版社1994年版，第237页。
③ 《毛泽东文集》第七卷，人民出版社1999年版，第383页。

在发展,问题不少"①。那么,为什么生态环境问题在新中国成立以来的三四十年较为突出呢?其实,这也是现代化建设本身不可回避的问题,任何事物都具有两面性,现代化建设特别是中国早期试图尽快摆脱落后局面的情况下的工业化推进过程,其中难免带来一些生态环境问题。然而,不管怎么说,历届中央政府一直都在重视这一问题,都在努力协调好现代化建设与生态环境的可持续性问题。例如,江泽民同志曾指出:"在社会主义现代化建设中,必须把贯彻实施可持续发展战略始终作为一件大事来抓……保护环境的实质就是保护生产力。"②胡锦涛同志强调要树立科学发展观,统筹经济社会发展,建设资源节约型和环境友好型的社会,要"把生态文明建设放在突出地位,融入经济建设、政治建设、文化建设、社会建设各方面和全过程"③。习近平总书记更是将现代化建设放在了一个更加重要的生态位置,指出我们要建设的现代化是"人与自然和谐共生的现代化"④。应该说,这一论断的创造性提出不仅是对前几任领导人关于现代化建设的经验提升,更是对中国式现代化的生态性定位。习近平总书记在庆祝中国共产党成立100周年大会上的重要讲话,以及党的十九届六中全会通过的《中共中央关于党的百年奋斗重大成就和历史经验的决议》对中国式现代化作了深刻阐释,其中均涉及人与自然的关系问题或与生态文明协调发展的问题,换言之也即强调"人与自然和谐共生的现代化"问题。同时,习近平总书记在《求是》2022年第11期发表的《努力建设人与自然和谐共生的现代化》一文更是鲜明指出:"我国建设社会主义现代化具有许多重要特

---

① 国家环境保护总局、中共中央文献研究室编:《新时期环境保护重要文献选编》,中央文献出版社、中国环境科学出版社2001年版,第5页。
② 《江泽民文选》第一卷,人民出版社2006年版,第532—534页。
③ 《胡锦涛文选》第三卷,人民出版社2016年版,第644页。
④ 《习近平谈治国理政》第三卷,外文出版社2020年版,第39页。

征,其中之一就是我国现代化是人与自然和谐共生的现代化。"① 应该说,"人与自然和谐共生的现代化"这一重要论断深刻揭示了中国式现代化探索过程中的生态觉醒,彰显了中国式现代化的生态意蕴。那么,我们究竟如何来理解"人与自然和谐共生的现代化"这一中国式现代化之生态意蕴呢?

第一,要科学领会"新时代"的生态指向。习近平总书记指出,"经过长期努力,中国特色社会主义进入了新时代包括以下几点意蕴:这是我国发展新的历史方位"②,是具有重大现实意义和深远历史意义的一件事。关于新时代,一则表明中华民族迎来了从站起来、富起来再到强起来的伟大飞跃;二则揭示了当前我国的社会主要矛盾已经由过去的"人民日益增长的物质文化需要同落后的社会生产之间的矛盾"转化成了"人民日益增长的美好生活需要和不平衡不充分的发展之间的矛盾";三则明确了第二个百年奋斗目标即"把我国建成富强民主文明和谐美丽的社会主义现代化强国"。应该说,相较于过去,新时代意味着新的矛盾、新的目标、新的任务,更意味着新的使命、新的担当和新的作为。立足于本书,从新时代的意蕴表达中可以看出,其明显释放出了强烈的生态信号和崇高的生态使命。一是"中华民族的强起来"不仅包括政治、经济、科技、文化及军事等方面强起来了,也包括生态方面强起来了。当代中国在生态文明领域所取得成就令世界瞩目,小约翰·柯布指出:"中国的生态文明建设,意味着中国关心的不仅是中国人民的福祉,更是整个人类的可持续发展。中国向世界展示了环境保护和经济发展并行不悖,中国特色社会主义制度在这方面比西方资本主义制度做得好……迄今为止,中国在生态文明建设上所做出的艰苦卓绝的努力,

---

① 习近平:《努力建设人与自然和谐共生的现代化》,《求是》2022年第11期。
② 《习近平谈治国理政》第三卷,外文出版社2020年版,第8页。

令世界看到希望。"① 当然,中国生态文明建设虽取得良好成绩,但任重而道远,毕竟生态文明建设也是全世界的事,需要携手共建。二是从"人民日益增长的美好生活需要"中可以明显地看出,过去生产力落后,解决温饱问题是首要的事,现如今我国经济实力大幅度提升,当前已跃升为世界第二大经济体,人们的需要不只是以往一般意义上的物质文化需要了,更多的是"美好生活需要",这种需要内蕴着一个重点便是"优美生态环境需要",正如习近平总书记强调:"既要创造更多物质财富和精神财富以满足人民日益增长的美好生活需要,也要提供更多优质生态产品以满足人民日益增长的优美生态环境需要。"② 因此,从新时代的"新矛盾"来说,人们的心目中对美好的生态环境是多么向往,这就为中国生态文明建设提出了更加明晰的努力方向。三是从第二个百年奋斗目标中可以清楚地看到,我国所要建成的现代化强国新增了"美丽"这一指向性范畴。美丽主要指的是自然之美、生态之美,这是在反思过去现代化建设道路中所出现的系列生态环境问题而凝练提出的一个中国关键词,给现代化增添了宁静、和谐与生态的美丽亮彩。因此,新时代不仅是一个政治与经济的新时代,也是一个生态的新时代。

第二,要整体认知"人与自然和谐共生"的哲学基础。习近平总书记指出:"坚持人与自然和谐共生,建设生态文明是中华民族永续发展的千年大计。"③ 应该说,人与自然和谐共生是对生态文明的本质揭示。因此,要把握人与自然和谐共生的现代化,首先应该要对"人与自然和谐共生"这一命题奠定坚实的哲学基础。从马克思主义哲学的角度看,人与自然和谐共生至少建立在以下基础之上。一从本体论的角度来说,人与自然本身就是一个有机统一体。人类起源于整个宇宙自然界,

---

① [美]小约翰·柯布:《中国是我们的希望》,《人民日报》2020年9月2日第3版。
② 《习近平谈治国理政》第三卷,外文出版社2020年版,第39页。
③ 《习近平谈治国理政》第三卷,外文出版社2020年版,第19页。

人类就是自然界中的一员，马克思在考察人类的起源时指出："历史本身是自然史的即自然界生成为人这一过程的一个现实部分。"① 达尔文认为人类是从古猿猴进化而来的，而不是上帝创造的，恩格斯阐释了人类从古猿猴进化而来的路径就是劳动实践，正是因为劳动实践，人类逐渐直立行走并与那些动物区别开来。但是，无论怎么说，人与大自然都是同源同宗的，所以马克思说："人直接地是自然存在物。"② 这为人与自然和谐共生奠定了重要的本体论基础。二从认识论的角度来说，人类要关爱大自然。人是对象性存在物，人必须认识到自然界是人类实践不可或缺的对象，人类的一切对象性活动都是建立在大自然的基础之上。马克思说："对象性的存在物进行对象性活动，如果它的本质规定中不包含对象性的东西，它就不进行对象性活动。它所以创造或设定对象，只是因为它是被对象设定的，因为它本来就是自然界。"③ 简言之，自然界为人类提供了劳动对象和劳动资料，正所谓"没有自然界，没有感性的外部世界，工人什么也不能创造"④。正是因为这样，人类应该倍加爱护大自然，而不是无节制地摧残大自然，否则等于自断后路，显然这为人与自然和谐共生奠定了重要的认识论基础。三从辩证法的角度来说，要用联系和发展的观点来看待大自然。联系和发展是唯物辩证法的总特征，这是人与自然和谐共生的辩证法基础。列宁指出："马克思的辩证法，作为关于发展的科学方法的最高成就，恰恰不容许对事物做孤立的即片面的和歪曲的考察。"⑤ 这就意味着我们要把整个自然界看作一个相互联系和共同发展的生态共同体，而不是像人类中心主义那样秉持一种机械论的自然观。机械论的自然观只见树

---

① 《马克思恩格斯全集》第三卷，人民出版社2002年版，第308页。
② 《马克思恩格斯文集》第一卷，人民出版社2009年版，第209页。
③ 《马克思恩格斯文集》第一卷，人民出版社2009年版，第209页。
④ 《马克思恩格斯文集》第一卷，人民出版社2009年版，第158页。
⑤ 《列宁选集》第二卷，人民出版社2012年版，第482页。

木不见森林，否定事物的发展及其动力，这样就看不到大自然的创生性或生生不息性，从而就会助长人类的个人主义和独断理性主义。例如，马林·梅森（Marin Mersenne）、皮埃尔·伽桑狄（Pierre Gassendi）、名勒内·笛卡尔（René Descartes）和托马斯·霍布斯（Thomas Hobbes）等人就"发展出了一种关于人和自然的机械论哲学观，助长了占有式个人主义……"①，这种个人主义的宗旨就是要理性地掌控世界，这样的后果必然将使大自然遭殃，最终也会危及人本身。习近平总书记认为："人与自然是一种共生关系，对自然的伤害最终会伤及人类自身。"② 因此，辩证法意义上的人与自然和谐共生，简言之就是要把人与自然看成一个互不伤害的有机共同体，做到你中有我，我中有你，共生共荣。

第三，要充分理解"人与自然和谐共生的现代化"的基本意蕴。"现代化"虽是一个见仁见智的概念，但总的来说，现代化所表征的应该是一种发轫于工业文明的人类社会进步过程或状态。当然，虽是"进步"过程或状态，但也引起了巨大的生态危机。习近平总书记在谈到现代化时指出："人类进入工业文明时代以来，传统工业化迅猛发展，在创造巨大物质财富的同时也加速了对自然资源的攫取，打破了地球生态系统原有的循环和平衡，造成人与自然关系紧张。"③ 时至今日，面对如今愈加席卷全球的生态危机，中国政府力挽狂澜，率先垂范，深刻反思着当今人类走过的现代化之路，明确向世界昭告，我们所要建设的现代化是"人与自然和谐共生的现代化"，这是中国政府首次从政治层面对现代化所赋予的深刻生态界定，其意指现代化不应该以牺牲环境为代价，或者至少要将现代化发展的生态损耗降低到

---

① Arran Gare, *The Philosophical Foundations of Ecological Civilization: A Manifesto for The Future*, London and New York: Routledge Press, 2017. p. 156.
② 《习近平谈治国理政》第二卷，外文出版社2017年版，第394页。
③ 《习近平谈治国理政》第三卷，外文出版社2020年版，第360页。

最小限度，现代化更应该是要在遵循自然界客观规律、认识大自然内在价值及关爱大自然生命权利的基础之上去推进，任何以牺牲生态环境为代价的现代化建设都是不可取的。这不仅是对过去现代化之路的生态觉醒，也是对中国未来现代化之路不断推进的生态理性要求和生态文明警醒。习近平总书记指出："中国明确把生态环境保护摆在更加突出的位置。我们既要绿水青山，也要金山银山。宁要绿水青山，不要金山银山，而且绿水青山就是金山银山。我们绝不能以牺牲生态环境为代价换取经济的一时发展。"① 换言之，我们宁要绿水青山，也不要以牺牲环境为代价的现代化所带来的"金山银山"，因为牺牲环境就等于毁灭人类家园。那么，这是否意味着在推进现代化的进程中会遇到"生态瓶颈"呢？换言之，这是个有时确实要为了发展而又不得不牺牲生态环境的情况下该怎么办的问题，对此无论如何我们仍然还是要坚持"人与自然和谐共生的现代化"的总原则，要时刻牢记"宁要绿水青山，不要金山银山"的嘱托，办法总比困难多，只要发挥出人的主观能动性，完全就可以做到"化危为机"。一个典型的例子就是"浙江安吉模式"，安吉最早是想通过"工业立县"的模式来繁荣本县经济，改善百姓生活，但是当大量污染严重的企业引进后对当地的生态环境造成了严重影响。后来，安吉依托本县得天独厚的绿水青山优势，化危为机，重新确立了一种"生态立县"发展模式。2005年习近平同志考察安吉县时，提出了"绿水青山就是金山银山"的论断，这就更加坚定了安吉县走"生态立县"现代化发展路子的决心。现如今安吉县经济腾飞，农民也已脱贫致富，人均收入连续十多年超过浙江省平均水平，安吉县因此被评为首个国家生态县和全国生态文明建设试点地区，"安吉模式"已成为生动诠释"人与自然和谐

---

① 中共中央文献研究室编：《习近平关于社会主义生态文明建设论述摘编》，中央文献出版社2017年版，第20—21页。

共生的现代化"意蕴的中国名片。

　　第四，要准确把握"人与自然和谐共生的现代化"的主要特征。反思走过的现代化之路，无论西方资本主义国家还是中国，实际上都对生态环境造成了不同程度的影响。西方资本主义国家为了更好地发展，相应提出了一些生态化的主张，甚至也出台了一些环境保护方面的法律，似乎西方资本主义现代化也在进行着生态化的转型。其实不然，只要资本主义制度或资本主义生产方式没有实现变革，所谓的生态化转型本质上都是徒有虚名。詹姆斯·奥康纳（James O'Connor）对此有着形象的说明，他指出："除非等到资本主义改变了自身面貌以后，到那时，银行家、短期资本经营者、风险资本家以及CEO（执行总裁）们在镜子中看到的将不再是他们现在的这副尊容，舍此之外，这种生态上具有可持续性的资本主义绝无可能。"① 基于此，我们就有必要准确把握习近平总书记所提出的"人与自然和谐共生的现代化"这一科学论断的主要特征，以便能够区分西方资本主义国家现代化之路的所谓生态化转型。首先，"人与自然和谐共生的现代化"是社会主义性质的。换言之，"人与自然和谐共生的现代化"属于中国特色社会主义现代化的范畴，中国特色社会主义现代化是以"人民"为中心的现代化，而不是西方资本主义社会以"资本"为中心的现代化。这种人民性就进一步决定了中国特色社会主义现代化是人民的现代化，是全体人民共建共享的现代化，是推进共同富裕的现代化，是实现人的自由全面发展的现代化。"人与自然和谐共生的现代化"就是建立在这样一种社会主义立场之上的，要坚持以人民为中心的发展思想，要"还自然以宁静、和谐与美丽"。其次，"人与自然和谐共生的现代化"是中国共产党领导的建设事业。中国特色社会主义现代

---

① ［美］詹姆斯·奥康纳：《自然的理由——生态学马克思主义研究》，唐正东、臧佩洪译，南京大学出版社2003年版，第382—383页。

化建设的最大政治优势就是坚持中国共产党的集中统一领导。新中国成立以来，特别是改革开放以来，正是在党的集中统一领导下，中国特色社会主义现代化建设取得举世瞩目的成就，中华民族伟大复兴的中国梦正逐渐实现。"人与自然和谐共生的现代化"是中国特色社会主义现代化建设的内在要求，是中国生态文明建设的价值理念，如果没有中国共产党的领导和推进，这一要求抑或理念将成为无源之水。任何资产阶级自由化的"人与自然和谐共生的现代化"都是不成立的，也是不可能实现的。最后，"人与自然和谐共生的现代化"是建立在社会主义公有制基础之上的。马克思在《共产党宣言》中明确指出，"共产党人可以把自己的理论概括为一句话：消灭私有制"①，需要注意的是，这里所说的消灭私有制指的是消灭一些人对另一些人剥削的资本主义私有制，而不是要否定一切私有财产制度。资本主义私有制是生态危机的罪魁祸首，西方资本主义现代化所带来的生态危机就是根源于资本主义私有制。因此，只有真正意义上建立公有制社会才能有效化解人与自然的紧张关系。马克思指出，未来社会与资本主义社会"具有决定意义的差别当然在于，在实行全部生产资料公有制（先是国家的）基础上组织生产"②。新时代"人与自然和谐共生的现代化"是建立在社会主义公有制基础之上的，当前我国仍然坚持自然资源公有制，对于"矿藏、水流、森林、山岭、草原、荒地、滩涂等自然资源，都属于国家所有，即全民所有；由法律规定属于集体所有的森林和山岭、草原、荒地、滩涂除外。国家保障自然资源的合理利用，保护珍贵的动物和植物。禁止任何组织或者个人用任何手段侵占或者破坏自然资源"③。显然，这些自然资源都是归国家或集体所有，

---

① 《马克思恩格斯文集》第二卷，人民出版社2009年版，第45页。
② 《马克思恩格斯文集》第十卷，人民出版社2009年版，第588页。
③ 全国人民代表大会常务委员会法制工作委员会编：《中华人民共和国法律汇编·2018》上册，人民出版社2019年版，第17页。

容不得任何人私占和破坏，这是一种坚持公有制的硬约束。当然，不搞私有化并不意味着不要明晰的产权，如当前国家正努力做的工作是对自然资源进行"确权登记，形成归属清晰、权责明确、监管有效的自然资源资产产权制度"①，通过这种生态治理体系的构建来更加全面有效地建设人与自然和谐共生的现代化。

---

① 中共中央党史和文献研究院：《全面建成小康社会重要文献选编》下册，人民出版社、新华出版社2022年版，第744页。

第二章　人与自然和谐共生现代化的文明叙事

——生态文明及其价值观照

人与自然和谐共生现代化的文明叙事集中体现在作为生态文明的理论型构及其价值观照上。这里涉及对生态文明概念的提出过程、生态文明到底是一个"形态说"抑或"要素说"抑或"战略说"意义上的概念，以及如何把握生态文明的社会主义特质等问题的阐释和辨析，只有从整体上廓清了这些问题，才能更好地站稳中国本土化立场，从比较意义上或不同话语体系中阐释人与自然和谐共生现代化的可能性、必要性及其战略性路径等一系列问题。

第一节　生态文明概念考论

生态文明这一概念不是从来就有的，它是伴随着人类与大自然关系的日益紧张而被人们有意识地提出的。在全球性生态危机的严峻形势之下，习近平总书记提出，要"大力推进生态文明建设"[①]。这已成为人类社会发展不可扭转的趋势，意义十分深远。在此，我们有必要梳理一下生态文明这一概念提出的历史过程，从而更加有助于辨明生态文明的

[①] 习近平：《论坚持人与自然和谐共生》，中央文献出版社2022年版，第23页。

概念，并科学把握生态文明的社会主义特质。

一 生态文明概念探源

从学术史的角度来看，生态文明概念的提出最早始于国外。根据最新文献①检索可知，如果不拘泥于构词，世界上最早以生态学方法来研究人类文明史的是美国地理学家埃尔斯沃思·亨廷顿（Ellsworth Huntington），他于1929年提出关于地理学、生物学和人类活动相互作用的"文明的生态学"（ecology of civilization）和"文明的生态观"（ecological view of civilization）等概念②。紧接着，日本学者梅棹忠夫于1957年发表了《文明的生态史观序说》一文，并在1967年正式出版了《文明的生态史观：梅棹忠夫文集》一书，其核心观点强调生态（或自然条件）对人类文明演进的重要意义。当然，如果从完整构词上来看，在公开发表的学术论文中最早使用"生态文明"（ecological civilization）一词的可能是美国环境规划学者本顿·麦凯（Benton MacKaye）。早在1951年，他就用"生态文明"来表示自然具有的秩序："（荒野的）生态文明，它的动植物平衡的经济体系，永恒地维持着地区的宜居性。"③ 此外，匈牙利社会学家安德拉什·塞什陶伊（András Szesztay）也深入探讨了"生态文明"（ökologikus civilizáció），其在1971年8月举办的一次国际地理联合会欧洲区域会议上发表了题为"环境规划方法论模型的社会学途径"的报告，明确提出："（环境保护的）整体战略旨在实现积极的目标，那就是'生态文明'"④。同年9月和12月，塞什陶伊进一步发表了两篇有

---

① 本部分相关文献梳理参阅陈杨《生态文明理念探源——兼论塞什陶伊的生态文明学说》，《自然辩证法研究》2024年第5期。
② Huntington E., *Climate and the Evolution of Civilization*, New Haven: Yale University Press, 1929: pp. 330—383.
③ MacKaye B. V. I., "From Continent to Globe", *The Survey*, Vol. 87, No. 5, 1951, pp. 215—218.
④ Szesztay A., "On the Place of Sociological Approaches in the Method Ological Model of Environment Planning", *The Sociological Review*, Vol. 17, No. 1, 1973.

关生态文明的学术论文，并特别指出"应对环境危机和生态灾难的根本出路在于发展出一种生态文明（ökologikus civilizáció）"[①]，生态文明的最终实现应当是"生态的世界文明"（ökologikus világcivilizáció）[②]。塞什陶伊因此被称为目前已知最早对生态文明进行深入系统研究的国外学者，当然其论文并未完整译介到中国学术界。进而言之，真正意义上最早被译介进入中国学术界的"生态文明"文献是德国学者费切尔（Iring Fetscher）于1978年发表的《论人类生存的环境——兼论进步的辩证法》一文，他指出："人们向往生态文明是一种迫切的需要……"[③] 1995年，美国学者莫里森（Roy Morrison）在其著作《生态民主》中同样论及了"生态文明"这一概念，他认为生态文明是继工业文明之后的一种新的文明形式，而其中"生态民主"是工业文明过渡到生态文明的必由之路。当然，以上学者并没有对什么是"生态文明"作出概念的界定，更不用说完整而深入地研究了。因此，总的来看，在20世纪20—90年代，关于生态文明的探讨在西方社会虽有提及但也是偶尔性的，甚至在90年代一度搁浅，莫里森的"生态民主"和"生态文明"问题也并未引起学界重视和回应。国内有一学者曾经"通过 E‐mail 在美国佐治亚大学的 listserv 上向美国生态—环境人类学界同人求教'生态文明'问题，结果很多人根本不知道有这么一个提法"[④]。

当然，情况有所改变是进入21世纪初，受怀特海过程哲学的影响，出现了以美国克莱蒙神学院的柯布和克莱顿为代表的后现代生态文明观倡导者。2007年以来，美国中美后现代发展研究院联合中国高校或科

[①] Szesztay .A, " A Föld Bölcs Rendje Visszatér", *Korunk*, Vol. 31, No. 12, 1972, pp. 1833 – 1839.

[②] Szesztay A., "Környezetvédelem és Gazdaságfejlesztés", *Valóság*, Vol. 15, No. 9, 1972, pp. 25 –35.

[③] ［西德］费切尔、孟庆时：《论人类生存的环境——兼论进步的辩证法》，《哲学译丛》1982年第5期。

[④] 付广华：《生态文明概念辨析》，《鄱阳湖学刊》2013年第6期。

研院所多次举办了带有"生态文明"字眼的国际论坛或研讨会，旨在宣扬一种后现代生态文明。其中，2015年更是出版了克莱顿等人阐述关于后现代生态文明观的《有机马克思主义：生态灾难与资本主义的替代选择》一书，该书以怀特海的过程哲学为基础，提出了一个令国人振奋的观点，即"生态文明的希望在中国"。但遗憾的是，由于国内一些学者指责这种后现代生态文明观是建立在过程神学的基础之上的，而且很大程度上误读甚至歪曲了马克思主义，所以当前关于这种生态文明观的讨论也逐渐淡出了人们的视野。当然，还需要提及的一位澳大利亚后现代过程哲学家和环境伦理学家阿伦·盖尔（Arran Gare），他于2017年出版了一部被誉为国外目前唯一以"生态文明"为标题的著作《生态文明的哲学基础——未来宣言》一书，这本书同样以怀特海过程哲学为基础展开论述和阐明观点，但不同的是其并没有像克莱顿的有机马克思主义后现代生态文明观那样染上神学色彩，而是重点以跨文化总览为方法论视野着重论述思辨自然主义的哲学意义，从而为生态文明奠定坚实的哲学基础。这本书曾被约翰·柯布评价为"将成为建立新机构以应对迫切需要的经典基础"，被威廉·S. 哈姆里克（William S. Hamrick）评价为"对哲学家和非哲学家都是一种挑战和警醒"[①]。然而，同样遗憾的是，阿伦·盖尔一度被看作后现代过程哲学阵营中的边缘式人物，这本书虽带有"生态文明"的字眼，但并没有引起国内外学者的过多注意。基于以上梳理可以得知以下两点。一是生态文明固然是一个美好的憧憬，特别是在人与自然关系紧张的时代背景下更是需要对这种美好憧憬的向往与推进；二是生态文明在国外只是一个学术探讨的话题，并没有上升到政治战略的高度，也没有得到官方的确立与推动，所以国外学者对生态文明的阐释或许有些畏缩，并未形成概念性和系统化的研究。

---

① Arran Gare, *The Philosophical Foundations of Ecological Civilization: A Manifesto for The Future*, London and New York: Routledge Press, 2017, head page.

然而，在中国却不一样，生态文明的探讨繁荣于学术界，确立于政治界，逐渐形成了建设生态文明的战略格局。一般认为，国内最早提出"生态文明"这一概念的是世界著名生态农业科学家、西南大学已故学者叶谦吉。据阿伦·盖尔考证，"对于生态文明的呼吁，最初是叶谦吉1984年在苏联，之后1987年在中国"① 提出，这里的"1987年在中国"说的就是叶谦吉在1987年6月召开的全国生态农业研讨会上提出要"大力建设生态文明"，并认为"21世纪应该是生态文明建设的世纪"，他所言的生态文明意指"人类既获利于自然，又还利于自然，在改造自然的同时又保护自然，人与自然之间保持和谐统一的关系"②。所以，如果从时间上看，叶谦吉是提出生态文明这一概念的国内最早学者。此外，我国生态经济学家刘思华在1986年（上海）召开的一次全国性的生态经济学科学研讨会上，也呼吁"社会主义物质文明、精神文明、生态文明的协调发展"，具体可见其向大会提交的《生态经济协调发展论》的主题演讲报告。③ 自此以后，刘思华不断推出关于"生态文明"研究的论著和观点。1988年他发表了《社会主义初级阶段生态经济的根本特征与基本矛盾》一文，其中对生态文明的概念和生态文明建设的重要性作了系统论述；④ 1989年他出版了《理论生态经济学若干问题研究》一书，提出了"社会主义物质文明、精神文明、生态文明三大文明建设过程"⑤ 的重要观点；1991年他首次提出"创建社会主义生

---

① ［澳］阿伦·盖尔：《走向生态文明：生态形成的科学、伦理和政治》，武锡申译，《马克思主义与现实》2010年第1期。
② 成亚威：《真正的文明时代才刚刚起步——叶谦吉教授呼吁开展"生态文明建设"》，《中国环境报》1987年6月23日第1版。
③ 刘思华：《刘思华可持续经济文集》，中国财政经济出版社2007年版，第402页。
④ 刘思华：《社会主义初级阶段生态经济的根本特征与基本矛盾》，《广西社会科学》1988年第4期。
⑤ 刘思华：《理论生态经济学若干问题研究》，广西人民出版社1989年版，第273—277页。

态文明"① 的新表述；等等。直到目前，刘思华虽年事已高，但仍一直致力于社会主义生态文明的理论与实践研究，著作等身，为中国生态文明建设作出了重要贡献。自这两位学者在20世纪80年代提出"生态文明"概念并呼吁"建设生态文明"以来，中国学术界对生态文明的研究呈现了一种薪火相传、欣欣向荣的学术态势。据目前（2024年12月）中国知网（核心期刊）的数据统计，以"生态文明"为篇名进行搜索，从1990年到2024年，共发表学术论文3万余篇，而且数字逐年都是递增的（20世纪90年代都是个位数，后来都是每年上百上千篇），这仅仅只是学术论文，还有大量的学术著作也已出版。在此，我们不对这些论文和著作的作者作介绍，也不对其中的内容和观点作梳理，我们只是试图通过数据说明自"生态文明"这一概念提出以来，中国学术界并没有像国外学术界一样少有问津，而是对"生态文明"的研究、呼吁和推进愈加有声有力，总体态势十分可观。

在人与自然关系日益紧张的严峻形势下，学术界关于生态文明的研究和呼吁引起了国家的重视，"生态文明"这一概念在2003年正式进入"国家队"，并逐渐形成了生态文明研究与建设的新格局。2003年6月25日，中共中央、国务院发布《关于加快林业发展的决定》，其中提出要"建设山川秀美的生态文明社会"②，这是"生态文明"这一概念首次出现在国家政治文件中。2004年3月，胡锦涛同志在中央人口资源环境工作座谈会上指出："坚持走生产发展、生活富裕、生态良好的文明发展道路，保证一代接一代地永续发展。"③ 虽然这次讲话中并没有提及"生态文明"的字眼，但是已经旗帜鲜明地指出了要走"生态良好的文明发展道路"，说明其重要性正逐渐凸显。2007年10月，"生态

---

① 刘思华：《生态马克思主义经济学原理》（修订版），人民出版社2014年版，第554页。
② 《中共中央 国务院关于加快林业发展的决定》，人民出版社2003年版，第4页。
③ 《胡锦涛文选》第二卷，人民出版社2016年版，第167页。

文明"这一概念首次出现在党的十七大报告中,报告指出"建设生态文明,基本形成节约能源资源和保护生态环境的产业结构、增长方式、消费模式"。这是中国共产党人面对日益严峻的生态环境形势而作出的庄严承诺,也是中国共产党人带领全体人民建设可持续性经济社会的必然要求。2012年11月,党的十八大报告强调"建设生态文明,是关系人民福祉、关乎民族未来的长远大计""把生态文明建设放在突出地位,融入经济建设、政治建设、文化建设、社会建设各方面和全过程,努力建设美丽中国,实现中华民族永续发展"。2017年10月党的十九大召开,习近平总书记提出"生态文明建设功在当代、利在千秋。我们要牢固树立社会主义生态文明观,推动形成人与自然和谐发展现代化建设新格局"的观点。2018年5月召开全国生态环境保护大会,习近平总书记提出"生态文明建设是关系中华民族永续发展的根本大计""生态兴则文明兴,生态衰则文明衰"的重要论断。2022年10月党的二十大召开,习近平总书记进一步作了关于"推动绿色发展,促进人与自然和谐共生"的重要论述。可以看出,"生态文明"这一概念自学术界提出以来,它的重要性和战略地位愈加明显,其已经由过去的单纯式理论研究上升为如今的全局性国家战略布局,体现出鲜明的国家意志和战略高度,为今后理论界继续开展研究指明了更清晰的路径和方向。

二 生态文明概念之辨

当然,自"生态文明"一词提出以来,学术界对生态文明概念本身的界定还比较模糊,存在各种各样的述说方式,可见其争议性和再探讨性价值是不言而喻的,正如郇庆治所言:"'生态文明'仍是一个存在着多重解读与阐释可能性的歧义性概念。"① 例如,张贡生梳理出了

---

① 郇庆治等:《绿色变革视角下的当代生态文化理论研究》,北京大学出版社2019年版,第150页。

学界十一种不同的述说方式,即"形式论、成果论、共同进化论、相对论、形态论、绿色文明论、四层次论、广义和狭义论、状态论、三层次论以及和谐论",并指出"生态文明是一个颇具争议的命题"[①]。又如,鞠昌华梳理出六种不同的述说方式,即"作为文明要素成果的生态文明概念、作为全新社会形态的生态文明概念、作为绿色理念的生态文明概念、作为绿色向度度量的生态文明概念、作为总体文明成果的生态文明概念、作为领域文明成果的生态文明概念"[②]。再如,巩固、孔曙光在整体意义上概括出了三种述说方式,即类型说(形态说)、要素说和综合论(类型与要素)[③]。从这些学者的梳理阐释来看,关于生态文明的概念界定,的确是一个众说纷纭、理解不一,以及颇具争议的问题,但这正好又说明,对生态文明概念的界定仍然是一个值得探讨而且必须厘清的话题,正如卢风所言,"人们对'生态文明'概念的界定和理解也不一致。厘清'生态文明'概念仍是一个十分重要的学术任务"[④]。当然,需要说明的是,从上述学者的文献梳理情况来看,即便存在着三种、六种甚至十几种的述说方式,但是当前比较具有共识的而且更具典型意义的述说方式主要还是"形态说"与"要素说",而其他几种如果从内涵上看也相应蕴含其中。因此,我们合并同类项,对生态文明概念的界定主要从"形态说"和"要素说"谈起。

(一)"形态说"和"要素说"之争及其反思

就"形态说"而言,其核心观点就是认为生态文明是继渔猎文明、农业文明、工业文明之后的一种独立的新型文明形态。持这一观点的代

[①] 张贡生:《生态文明:一个颇具争议的命题》,《哈尔滨商业大学学报》(社会科学版) 2013 年第 2 期。
[②] 鞠昌华:《生态文明概念之辨析》,《鄱阳湖学刊》2018 年第 1 期。
[③] 巩固、孔曙光:《生态文明概念辨析》,《烟台大学学报》(哲学社会科学版) 2014 年第 3 期。
[④] 卢风:《"生态文明"概念辨析》,《晋阳学刊》2017 年第 5 期。

表性学者有余谋昌、申曙光、卢风等。例如，余谋昌认为："人类社会发展已经经历了三个历史发展阶段。渔猎社会是前文明时代；农业社会是第一个文明时代；工业社会是第二个文明时代；现在将进入新的第三个文明时代——生态文明时代。"① 但遗憾的是，余先生并没有在文中对这一界定作具体论证，而是侧重强调走生态文明之路的重要性。申曙光同样认为："生态文明是继工业文明之后的又一文明形态，是人类社会发展过程中出现的一种新的文明形态。生态文明的发展意味着工业文明向生态文明的整体转变。"② 但令人欣喜的是，申曙光接连发了多篇文章论证这一问题，诸如《21 世纪——生态文明的世纪》《生态文明及其理论与现实基础》《生态文明构想》《生态文明——文明的未来》，当然总的论证思路是对工业文明弊端的揭露与批判，然后论证作为一种新形态的生态文明产生的必然性与重要性。卢风同样赞成将生态文明看成人类社会发展的一种新型文明形态，如其所言："生态文明标志着一种崭新的文明，是一种超越工业文明的全新的文明形态。"③ 他对这一观点的论证应该说在当前学术界较为充分和深刻，爬梳其相关论文我们可以归纳出其论证思路或核心观点。一是指出现代工业文明是不可持续的，因为物质主义的价值观、资本逻辑的约束，以及征服性科技运用对大自然的破坏是毁灭性的；④ 二是引述西方学者关于生态文明构想的观点来佐证生态文明新时代替代工业文明旧时代的必要性和必然性，诸如费切尔、小约翰·柯布、罗伊·莫里森及阿伦·盖尔等都直接提出过"生态文明"并强调了其对工业文明的超越意义；⑤ 三是借鉴英国历史学家阿诺德·约瑟夫·汤因比（Arnold Joseph Toynbee）等人的文明发展

---

① 余谋昌：《生态文明：人类文明的新形态》，《长白学刊》2007 年第 2 期。
② 申曙光：《生态文明：现代社会发展的新文明》，《学术月刊》1994 年第 9 期。
③ 卢风：《生态文明与绿色消费》，《深圳大学学报》（人文社会科学版）2008 年第 5 期。
④ 卢风：《生态文明与绿色消费》，《深圳大学学报》（人文社会科学版）2008 年第 5 期。
⑤ 卢风、余怀龙：《生态文明新时代的新哲学》，《社会科学论坛》2018 年第 6 期。

观（原始社会不算文明，农业社会才有文明）从"文明"的角度提出生态文明符合文明发展的"否定之否定"规律，即"由没有发达科技支持的绿色发展（农业文明）到有发达科技支持的黑色发展（工业文明），再回归到一种高水平的、有发达科技支持的绿色发展（生态文明）"①；四是借鉴恩斯特·海克尔（E. H. Haeckel）、L. 林德曼（R. L. Lindeman）、尤根·欧德姆（E. P. Odum）及唐纳德·沃斯特（DonaldWorster）等人对生态学的阐释，从"生态"的角度提出"生态文明就是以生态学、非线性科学、系统科学、生态哲学为基本指南而谋求人类与地球生物圈协同进化的文明……提出'生态文明'概念是人类思想史上的一次无比伟大的革命"②。而这相对于工业文明的主客二元论思维方式，以及以分析哲学为主导的哲学价值观显然是一种有意义的文明形态超越；五是从某种官方话语的解读将生态文明作为一种"形态说"的力量支撑。例如，其在多篇论文中引用习近平总书记的一句话"人类经历了原始文明、农业文明、工业文明，生态文明是工业文明发展到一定阶段的产物，是实现人与自然和谐发展的新要求"③，并指出这里"'生态文明'一词的用法是历时态的"④。而这里的历时态按其阐释，就是对人类社会发展一般趋势的概括，即人类文明从原始文明开始历经农业文明、工业文明然后走向生态文明的过程。

然而，"要素说"并不认同上述观点。"要素说"一个总的主张认为任何文明形态都蕴含着生态的维度，因此生态文明只是一种文明形态的构成要素而已，并不能独立成为一种新形态。持这一观点的代表性学者主要有王续琨、张云飞、刘海霞等。王续琨指出"不能简单地将生态

---

① 卢风：《生态文明新时代的新图景》，《人民论坛》2018年第4期。
② 卢风：《"生态文明"概念辨析》，《晋阳学刊》2017年第5期。
③ 中共中央宣传部：《习近平总书记系列重要讲话读本》，学习出版社、人民出版社2014年版，第121页。
④ 卢风：《生态文明新时代的新图景》，《人民论坛》2018年第4期。

文明视为渔猎文明、农业文明、工业文明的同序列概念"①。张云飞认为"试图用生态文明来取代或代替工业文明。其实，这种观点有值得商榷之处……生态文明是贯穿所有社会形态和所有文明形态始终的一种基本要求"②。刘海霞强调"将生态文明等同于后工业文明的观点具有明显的逻辑错误和一定的现实危害"③。爬梳诸位学者的相关论文，他们反对将生态文明看作人类社会发展的一种新的文明形态的大致理由可以归结如下。一是所谓渔猎文明、农业文明和工业文明，其划分标准主要是某一社会阶段的主导产业，而生态文明并未指称某种产业，因此就不能与前述三种文明阶段并列而视，工业文明之后只能叫作智能文明或信息文明。二是生态问题是整个文明形态演变过程中的普遍问题，只不过工业文明时代更加突出而已，当然即便到了"后工业文明"时代，只要人类的行为有某种不当，生态问题仍然会存在，所以生态文明是一项永恒的事业，其难以算得上一种独立的新型文明形态。三是生态文明既然是一项永恒的事业，那就说明它一定具有超越工业文明、"后工业文明"乃至"后后工业文明"的永续性特点，而如果仅将生态文明当作工业文明之后的一种独立文明形态，那就意味着生态文明之后必定还有着超越"生态文明"的其他文明形态出现，但是关于"人与自然和谐共生关系"建构的一种生态文明如果被超越，谁也知道后果将会是什么。所以，从这个意义上看，将生态文明划分为一种独立的文明形态在逻辑上会陷入混乱，而且也有割断生态文明建设永续性的嫌疑。因此，这一方得出的结论便是，生态文明不可能成为一种与渔猎文明、农业文明和工业文明并列而视的新型独立文明形态，而只是一种文明结构要素

---

① 王续琨：《从生态文明研究到生态文明学》，《河南大学学报》（社会科学版）2008年第6期。
② 张云飞：《试论生态文明的历史方位》，《教学与研究》2009年第8期。
③ 刘海霞：《不能将生态文明等同于后工业文明——兼与王孔雀教授商榷》，《生态经济》2011年第2期。

而已，也即"生态文明是贯穿所有社会形态和文明形态始终的基本的文明结构"，它是"随着文明形态的变迁而不断发展的"①。

综合"形态说"和"要素说"各自的观点可知，生态文明概念究竟如何界定，实属一个见仁见智的问题。其实，"形态说"也好，"要素说"也罢，其终极意指都是为了建构人与大自然的和谐共生关系，生态文明因而作为一种人类美好追求也是一个共识性问题。换言之，"形态说"和"要素说"从目的上看并无什么不妥之处。当然，基于一种学术探讨的兴趣和生态文明概念界定的再清晰化必要，我们认为"形态说"和"要素说"在一些观点上还可能存在值得进一步商榷的地方，对这些地方的厘清有助于我们能够更加科学地界定生态文明这一概念。

其一，关于"形态说"中需要反思的问题。把生态文明看作一种与渔猎文明、农业文明和工业文明相提并论的新型文明形态，除了需要面对上述"要素说"某些观点的反驳，还存在需要进一步反思的另外两个问题。

一方面，从工业文明的发展态势来看，生态文明没有必要提到（至少目前是这样）一种超越工业文明的独立新型文明形态这一层次。当然需要说明的是，我们并不否认工业文明（社会）在某种意义上的确对人与自然的和谐共生关系构成了一定威胁，这个从经典马克思主义或者是生态马克思主义那里都有相关论述。在这里我们侧重要讲的是，工业文明并不是一种静态的文明形态，它是在不断发展着的，而我们知道"发展"的本质就是新事物不断战胜旧事物的过程。那些旧事物当然指的是有悖客观规律、不符合人民群众根本利益及不适应时代发展要求的东西，这当然包括工业社会所言的"过度生产、过度排放和过度消费"等传统生产或发展模式，因为这可能意味一场生态危机的爆发。那么，从这个意义上说，工业文明也是在不断进行着自我调适以适应人类社会

---

① 张云飞：《试论生态文明的历史方位》，《教学与研究》2009年第8期。

发展的新要求。例如，现当代社会所凸显出来的"互联网+"及"生态+"的工业生产或产业发展模式就是对工业文明社会传统生产或发展模式的逐步战胜并超越，这或许可以叫作一种新的工业革命。杰里米·里夫金（Jeremy Rifkin）2012 年出版了《第三次工业革命：新经济模式如何改变世界》一书，其中提出一个重要观点，也即"互联网信息技术与可再生能源的出现让我们迎来了第三次工业革命"[①]。由此可以看出，工业文明社会是在不断进行"革命"的，如今固然还是要强调工业生产的重要性，只不过这种生产方式要更加"网络化""信息化"和"生态化"。当然，单从一位西方学者的观点来看或许会被认为说明不了什么问题，但有些事实也确实摆在时代发展的面前。例如，德国2013 年首次提出"工业 4.0"的概念，并发布了《实施"工业 4.0"战略建议书》，描绘了"工业 4.0"标准化路线图。所谓"工业 4.0"就是以网络技术与工业制造相融合为根本特征的智能化国家产业发展战略，其运作过程大概就是以网络物理系统为核心，在工厂、产品与生产设备三者之间做横向集成，把整个生产过程视作一个完整的"生态系统"，从而提升生产过程的智能化、效率化和绿色化。再如，2015 年的政府工作报告首次描绘了"中国制造 2025"的宏大计划。这一计划坚持"创新驱动、质量为先、绿色发展、结构优化、人才为本"的基本方针，明确提出了以"三步走"来实现制造强国的战略目标。第一步是到 2020 年基本实现工业化，工业化和信息化融合迈上新台阶；第二步是到 2035 年我国制造业整体达到世界制造强国阵营中等水平，全面实现工业化；第三步是中华人民共和国成立一百年时，制造业大国地位更加巩固，综合实力进入世界制造强国前列。所以，以工业化生产为标志的工业文明仍然是当前社会的主要文明形态，当然其内在的结构系统

[①] [美] 杰里米·里夫金：《第三次工业革命：新经济模式如何改变世界》，张体伟、孙豫宁译，中信出版社 2012 年版，第 31 页。

和生产方式是在不断地"自我革命"的，诸如创新、智能、绿色、转型等时代要素的不断融入。因此，如果说一种新型工业化道路本身就蕴含着一种绿色化内涵与要求，那么将"生态文明"以"文明形态"的身份来超越工业文明似乎没有多大的必要，至少目前是这样的。

另一方面，从官方的政治表述来看，生态文明也确实没有被提到超越工业文明的独立新型文明形态这一层次。"形态说"中有学者曾引用"人类经历了原始文明、农业文明、工业文明，生态文明是工业文明发展到一定阶段的产物，是实现人与自然和谐发展的新要求"[①]这一官方表述，从而认为这里的生态文明是一种历时代的表达，由此断定生态文明的形态独立性或超越性之说。其实，从中可知工业文明还未被超越，生态文明只是"阶段性"的产物。我们说，生态文明正式出现于党的十七大报告中，当时只是提出要"建设生态文明"，党的十八大报告也只是将生态文明建设与经济建设、政治建设、文化建设、社会建设并列一起上升到"五位一体"的高度，党的十九大报告同样只是将生态文明与物质文明、政治文明、精神文明、社会文明并列在一起叙述。所以，从这个意义上看，"形态说"所倡导的超越工业文明而成为一种新型文明形态可能还需斟酌。从中国的政治发展框架来看，生态文明的意识形态性非常强，其中最为重要的便是中国共产党的领导，或者说，中国共产党的领导是生态文明建设的最大政治优势。因此，当我们从理论上去界定生态文明的时候，定然离不开这样一种政治导向。所以，这就不难理解为何自生态文明这一概念在官方层面被提出以来，在党的十七大、十八大以及十九大报告中仍然分别可见类似于"要坚持走中国特色新型工业化道路""促进工业化、信息化、城镇化、农业现代化同步发展""推动新型工业化、信息化、城镇化、农业现代化同步发展，主动

[①] 中共中央宣传部：《习近平总书记系列重要讲话读本》，学习出版社、人民出版社2014年版，第121页。

参与和推动经济全球化进程……"，党的二十大报告更是提出到2035年基本实现新型工业化，强调坚持把发展经济的着力点放在实体经济上，推进新型工业化，加快建设制造强国，等等。这就说明，生态文明作为一个政治术语被提出来乃至到目前为止，似乎确实没有凸显一种对工业文明的超越或是一种新型文明形态的意涵。此外，更值得注意的是，关于文明新形态的问题，习近平总书记在庆祝中国共产党成立100周年大会上已明确指出："我们坚持和发展中国特色社会主义，推动物质文明、政治文明、精神文明、社会文明、生态文明协调发展，创造了中国式现代化新道路，创造了人类文明新形态。"① 从中可以看出，作为一种文明新形态的话语叙事，生态文明也并没有单独成篇，而是重点突出物质文明、精神文明、社会文明和生态文明的协调发展，因而将生态文明剥离于工业文明并将之看作一种独立的新型文明形态既无学理基础更无官方依据。建设生态文明一定是融"生产""生活"和"生态"为一体的系统化过程，这个过程正是彰显了一种走新型工业化道路的内涵和要求，更是突出了我们所"要建设的现代化是人与自然和谐共生的现代化"② 的深刻旨意。

其二，关于"要素说"中需要反思的问题。"要素说"认为任何文明形态都蕴含着生态的维度，即关于人与自然协调发展的问题，所以生态文明只是一种文明形态的构成要素或基本结构而已，其并不能独立成为一种新型文明形态。那么，在此需要反思的是，在某种程度上，"要素说"即便可能对"形态说"构成了某种潜在性概念界定的挑战，但这并不意味着"要素说"本身就没有可商榷之处。

一方面，"要素说"必然导致生态文明概念界定的泛化。"要素说"为自己辩护的一个理由便是认为任何一种文明形态（或人类社会各历史

---

① 《习近平著作选读》第二卷，人民出版社2023年版，第483页。
② 《习近平著作选读》第二卷，人民出版社2023年版，第41页。

发展阶段）都多少存在一定的生态问题，所以在某种程度上必然蕴含着人与自然和谐相处的这一文明维度，然后由此断定"生态文明是贯穿于'渔猎社会→农业文明→工业文明→智能文明'始终的基本的文明结构"，换言之，也即认为人类文明的变迁和进化过程"就是生态文明从隐性到显性、从地域到全球、从弱小到强大、从简单到复杂、从低级到高级的发展过程"①。不可否认，人类社会发展的各文明阶段确实存在不同程度的生态环境问题，但问题是以此作为依据将"生态文明"看作一个贯穿诸文明形态中的基本要素或结构，显然不利于对生态文明概念做精准化界定，反而会让人们感觉对生态文明概念的界定有一种泛泛而谈的迹象。一是"泛"在制度化层面。"要素说"认为生态文明是贯穿于人类文明发展过程的始终，只不过存在隐性和显性等之分罢了。实际上这种界定方式模糊了资本主义制度和社会主义制度的界限，按其解读逻辑，莫非资本主义社会或制度框架下也存在生态文明一说？这显然不符合生态文明的意识形态特性。生态文明是社会主义性质的，其不存在姓"资"姓"社"的问题，正如刘思华指出的："任何对生态文明、建设生态文明、生态文明建设的资本主义解说都是主观虚构的伪生态文明论。"② 二是"泛"在内涵性层面。生态文明绝不等同于一般意义上的生态环境保护，它涉及政治、经济、文化、产业、生活方式等多层次、多元化层面上的结构变革和合力推动。如果将生态文明（姑且叫作隐性的生态文明）当作人类文明发展过程中的结构要素，显然有混淆古代社会一般环境保护与现代社会生态文明概念之嫌。换言之，"要素说"将生态文明放在整个人类文明的发展过程中作"隐性和显性的"区分本身就存有商榷之处。因此，从这个意义上说，"要素说"将一种

---

① 张云飞：《试论生态文明的历史方位》，《教学与研究》2009 年第 8 期。
② 刘思华：《生态文明"价值中立"的神话应击碎》，《毛泽东邓小平理论研究》2016 年第 9 期。

单项式的生态环境保护泛化为一种多元化、多层次，以及系统化的生态文明概念，这显然是不应该的。

另一方面，"要素说"很可能削弱生态文明的唯物史观基础。"要素说"认为生态文明贯穿人类文明发展过程的始终，它只是作为一个要素或基本结构而存在，其中提到的另一个辩护理由即是如果将生态文明理解为一种"后工业文明"的话，"我们无法设想一个'后生态文明'的社会发展阶段"①，因为文明形态始终是向前发展的或要经历否定之否定的过程，这样的话"生态文明"作为一种"后工业文明"同样需要被否定和超越，而恰恰"生态文明具有不可超越性，它永远与人类社会共存亡"②。从中我们或许能够读出一个问题来，也即生态问题从始至终都是个"问题"，其与生态文明究竟是什么关系，二者之间的张力到底如何把持？按"要素说"的观点，只要人类社会存在就一定有生态问题，就一定要处理人与自然的关系问题，这就意味着生态文明不可能成为一个终极的问题或者说生态文明根本就没有一个最后交代，"终极的、彻底的、绝对的生态文明是不存在的，生态问题是每一种文明形态都必然面对的问题……"③ 显然，这种思考路向必然会引起读者的反诘，也即这很可能有悖马克思主义关于人与自然关系协调处理的终极旨归从而在一定程度上削弱生态文明的唯物史观基础。马克思当然意识到生态问题的背后逻辑，"历史可以从两个方面来考察，可以把它划分为自然史和人类史。但这两方面是不可分割的；只要有人存在，自然史和人类史就彼此相互制约"④。不言而

---

① 刘海霞：《不能将生态文明等同于后工业文明——兼与王孔雀教授商榷》，《生态经济》2011 年第 2 期。
② 刘海霞：《不能将生态文明等同于后工业文明——兼与王孔雀教授商榷》，《生态经济》2011 年第 2 期。
③ 刘海霞：《不能将生态文明等同于后工业文明——兼与王孔雀教授商榷》，《生态经济》2011 年第 2 期。
④ 《马克思恩格斯选集》第一卷，人民出版社 2012 年版，第 146 页。

喻，马克思所做的就是要从资本主义的制度框架下发掘出生态问题普遍存在的背后逻辑，并且找到有效的"和解"之策。众所周知，唯物史观的视野中，马克思提出了"人类本身的和解"与"人类与自然的和解"的双重和解命题，其中前者是后者的社会前提，后者是前者的物质基础。换言之，在人类本身和解的社会前提之下，人类与自然的和解完全是有可能的，正如马克思所言，当人类能够以"在最无愧于和最适合于他们的人类本性的条件下来进行这种物质变换"[①]时就能实现与自然的和解，也即"人同自然界的完成了的本质的统一，是自然界的真正复活"[②]。当然，至于这个"真正复活"的历史阶段固然是共产主义社会，"只是从这时起，由人们使之起作用的社会原因才大部分并且越来越多地达到他们所预期的结果。这是人类从必然王国进入自由王国的飞跃"[③]。所以，从这个意义上看，在马克思关于人与自然的关系论述中，其并没有忽视人类社会发展过程中"生态问题"解决的最后"确切交代"，而这恰恰奠定了当代中国社会主义生态文明建设的唯物史观基础。生态文明不存在"姓资姓社"的划分，它是社会主义性质的关键词。中国共产党始终沿着共产主义的道路不断向前迈进，在这个漫长道路的阶段性过程中，党中央就"生态问题"的应对提出了"生态文明"这个概念，并在党的十九大报告中明确了建设生态文明的时间路线图，也即确保2035年美丽中国目标基本实现，到21世纪中叶建成富强民主文明和谐美丽的社会主义现代化强国。综上所述，"要素说"不仅削弱了生态文明的唯物史观基础，而且从根本上说也不太符合新时代生态文明建设的中国政治语境与价值归宿。

[①] 《马克思恩格斯全集》第二十五卷，人民出版社1974年版，第926页。
[②] 《马克思恩格斯全集》第三卷，人民出版社2002年版，第301页。
[③] 《马克思恩格斯选集》第三卷，人民出版社2012年版，第815页。

(二) 一种"战略说":生态文明概念的另向界定

如上所述,生态文明的概念界定无论"形态说"抑或"要素说"的确都存在一定的可商榷之处,而这在某种程度上或许会引起人们对生态文明概念的滥用,甚至可能造成对社会主义生态文明观的误读。那么,是否存在一种相对合理的界定方式使人们对"生态文明"的概念理解能够走出这一困境呢?对此,我们提出了一种有别于"形态说"和"要素说"的"战略说"。我们认为生态文明简单而言指的就是中国政府在特定的时代条件下为应对人类生态危机问题而提出的一种旨在逐步推进人与自然和谐共生的政治战略,也即它就是一种长远的政治战略而已,而并非一种超越于工业文明的新型文明形态,也并非一种内蕴于人类文明形态当中的构成要素。换言之,我们主要是从战略维度来界定生态文明。目前,已有学者从环境政治学视域下的生态文明建设战略,以及生态文明建设国家战略的整体构架(党章和宪法、法治体系、基本国策和长期性战略)等层面具体阐述了习近平生态文明思想的战略维度,并认为战略维度是研究和阐释习近平生态文明思想体系的重要途径。[①] 这更加说明了作为一种"战略说"之于生态文明概念本身界定的必要性与合理性。当然,我们在此要论及的是,着重从"战略"的实质要义出发,以一种理路前置的叙事方式明确生态文明概念何以可以切入"战略说"的另向界定。

什么是战略?这一概念最早指向的是军事领域敌我双方为取得各自胜利而形成的战争谋略、手段或方法。瑞士军事理论家 A. H. 若米尼(A. H. Jomini)认为,"战略是在战场上巧妙指挥大军的艺术。凡涉及整个战争区的问题,均属战略范畴"[②]。德国军事理论家克劳塞维

---

① 郇庆治:《习近平生态文明思想的战略维度》,《国家现代化建设研究》2023 年第 5 期。
② [瑞士] A. H. 若米尼:《战争艺术概论》,刘聪译,解放军出版社 1986 年版,第 86 页。

茨（Carl Von Clausewitz）指出，"战略是为了达到战争目的而对战斗的运用"①。此外，《中国大百科全书》对"战略"也作了如是定义，认为战略就是"指导战争全局的方略。即指导者为达成战争的政治目的，依据战争规律所制定和采取的准备和实施战争的方针、策略和方法"②。从中可知，"战略"概念的运用在过去主要是一个军事作战领域的问题。然而，第二次世界大战结束以后，随着时代的变迁和社会的快速发展，战略问题已并非仅限于看得见硝烟的战争中了，其已更多地辐射到看不见硝烟的政治、经济、文化及生态领域了。所以，人们对战略的思考更加宏大叙事了。其中，以英国军事理论家李德·哈特（B. H. Liddell Hart）为代表的现代学者提出了"大战略"（grand strategy）一说，他认为，"大战略的任务是协调和指导国家的全部力量以达到战争的政治目的，即国家政策所确定的目标""如同战术是战略在较低阶段中的运用，战略也是大战略在较低阶段中的运用"③。也即李德·哈特所言的大战略就是超越以往的"点对点"军事作战手段和方法，而应该集聚一切可能的力量、资源和手段为战争、为整个国家利益服务的大国谋略，其战略形式是一种"间接路线"（indirect approach），即淡化直接武力对抗的路径，推出政治、经济、文化及生态等领域的迂回路线，从而以最小的代价获得最大的胜利。由此可知，在后战争时代的今天，战略已经跳出了过去单纯的军事作战领域，而跳上了和平之船，和平的维护也需要战略并表现在各个层面上的较量。正如李德·哈特所言："如果说，军事战略只限于研究与战争有关的各种问

---

① ［德］克劳塞维茨：《战争论》第 1 卷，中国人民解放军军事科学院译，商务印书馆 1978 年版，第 175 页。
② 中国大百科全书总编辑委员会《军事》编辑委员会、中国大百科全书出版社编辑部编：《中国大百科全书》（军事卷Ⅱ），中国大百科全书出版社 1989 年版，第 1214 页。
③ B. H. Liddell Hart, *The Decision Wars of History: A Study in Strategy*, London: G. Bell & Sons, Ltd., 1929, pp. 150 – 151.

题,那么,大战略所研究的,不仅是与战争有关的问题,而且包括与战后和平有关的问题。"① 美国著名战略家爱德华·鲁特瓦克(Edward Luttwak)也有言:"战争的指导离不开战略,和平的维护也离不开战略。"② 所以,从这个意义上看,战略这个词语可以用来诠释与指导当代社会人们所遇到的并且又不得不应对的各种问题,诸如大国外交问题、文化冲突问题、经济贸易问题,以及全球生态危机问题等。法国战略学家安德烈·博福尔(Andre Beaufre)指出:"正因为时代的发展迅速,所以这个时候更需要一种特别高明的远见——而只有战略才能产生这样的远见。"③ 我们以全球生态危机问题为例,资源枯竭、环境污染、水土流失、草原退化、气候异常等严峻形势已摆在人类面前并严重威胁到人类的生存,人类如何力挽狂澜克服这一全球性危机,这必然需要某种远见,而只有战略才能产生这种远见。当代中国提出的生态文明完全称得上是一种应对全球生态危机的伟大政治战略。

其一,从形式上看,生态文明的"战略表征"其实十分明显。例如,2012年11月,党的十八大报告提出中国特色社会主义现代化建设的"五位一体"总体布局,其中生态文明建设便是新纳入的一位。对此,习近平总书记在十八届中共中央政治局第一次集体学习中就指出:"党的十八大把生态文明建设纳入中国特色社会主义事业总体布局,使生态文明建设的战略地位更加明确,有利于把生态文明建设融入经济建设、政治建设、文化建设、社会建设各方面和全过程。"④ 又如,2016年5月,联合国环境规划署在第二届联合国环境大会期间发

---

① [英]李德·哈特:《战略论》,载彭光谦、沈方吾主编《外国军事名著选粹》,军事科学出版社2000年版,第555页。
② Edward N, *Luttwak*, *Strategy: The Logic of War and Peace*, Cambridge: Belknap Press of Harvard University Press, 2001, p. XI.
③ [法]安德烈·博福尔:《战略入门》,军事科学院外国军事研究部译,军事科学出版社1989年版,第3页。
④ 《习近平谈治国理政》第一卷,外文出版社2018年版,第11页。

布了《绿水青山就是金山银山：中国生态文明战略与行动》专题报告，主要介绍了中国生态文明建设的指导原则、基本理念和政策举措，彰显了中国致力于应对全球生态危机的战略决心和努力。再如，2016年12月，习近平总书记对生态文明建设继续作出重要指示，强调生态文明建设是"五位一体"总体布局和"四个全面"战略布局的重要内容。各地区各部门要切实贯彻新发展理念，树立"绿水青山就是金山银山"的强烈意识，努力走向社会主义生态文明新时代。①紧接着，2017年10月，习近平总书记在党的十九大报告中更是明确了"坚持人与自然和谐共生"是新时代中国特色社会主义基本方略之一，强调建设生态文明是中华民族永续发展的千年大计。而在2019年3月习近平总书记参加他所在的十三届全国人大二次会议内蒙古代表团审议时强调，保持加强生态文明建设的战略定力，探索以生态优先、绿色发展为导向的高质量发展新路子。②从中可以看出，在后战争时代，生态环境问题日益突出，如何应对这一危机，没有战略是不行的，中国所提出的生态文明确实以一种"战略"的身份出场了，其目的就是要建设人与自然和谐共生的美丽中国、美丽世界，为人类社会的可持续性发展保驾护航。

其二，从内容上看，生态文明的"战略远见"已然较为清晰。我们说，生态文明作为一种战略出场，事实上是贯穿着战略的结构逻辑从而孕育出了中国应对全球生态危机的系列"远见"。那么，何谓战略的结构逻辑？中国台湾战略问题研究专家钮先钟指出："战略家必须经常记着大战略这个名词中的'大'（grand）字，他必须心胸广大、眼光远大，然后能识大体、顾大局、成大事。"③换言之，真正意

---

① 《习近平谈治国理政》第二卷，外文出版社2017年版，第393页。
② 《保持加强生态文明建设的战略定力：守护好祖国北疆这道亮丽风景线》，《人民日报》2019年3月6日第1版。
③ 钮先钟：《战略研究》，广西师范大学出版社2003年版，第94页。

义上的战略应该是一个跨时间、跨空间、跨领域的"大问题",其有着系统化、整体性的结构层次。李德·哈特从作为间接路线大战略层面的国家目标设定,从作为间接路线战略层面的虚实范式、智慧谋略、心理影响、时间选择,从作为间接路线战术层面的地理迂回等维度描绘了一个大战略的结构逻辑。在爱德华·鲁特瓦克编著的《战略:战争与和平的逻辑》一书中对李德·哈特的大战略结构做了进一步拓展,即从"技术层面→战术层面→战役层面→战略层面→大战略层面"这五个方面对战略的结构逻辑做了刻画,"即在战术层面下加上了技术层面,在战略层面下加上了战役层面,进而形成了一个系统的战略思想的逻辑结构"①。而威廉·马特尔(William C. Martel)认为战略的结构逻辑描述的就是一个一件事情怎么被完成的问题,具体涵括以下层级,即"大战略→战略→战役→战术→技术"并与之相对应明确了各自的"空间范围—时间范围—目标种类—手段种类"。② 基于以上可知,战略的结构逻辑本质上反映的就是一个"大问题",表现在大目标、大视野、大手段、大动员、大协调等层面,这是关于战略逻辑结构的基本共识。而毋庸赘言的是,中国政府所提出的"生态文明"同样贯穿着类似的结构逻辑,体现出一种战略哲学的智慧和远见。威廉·马特尔所言的战略的结构逻辑就是一个"一件事情怎么被完成"为参照系的话,"生态文明"反映出的就是一个"大战略→战略→战役→战术→技术"的层级演绎,由此我们可以找到各层级相对应的空间范围、时间范围、目标要求和手段方法等"战略远见"。具体如表2.1所示。

---

① 严鼎程:《李德·哈特间接路线战略思想研究》,博士学位论文,中共中央党校,2018年。
② William C. Martel, *Grand Strategy in Theory and Practice: The Need for an Effective American Foreign Policy*, New York: Cambridge University Press, 2015, p.30.

表2.1　　　　　　　　　　生态文明的战略远见

层级	空间范围	时间范围	目标要求	手段方法
大战略	地球大家园	千年大计	①建设美丽中国 ②建设持久和平、普遍安全、共同繁荣、开放包容、清洁美丽的世界 ③推动构建人类命运共同体;等等	①坚持中国共产党的领导 ②将生态文明建设纳入中国特色社会主义事业"五位一体"的总体布局 ③推进绿色"一带一路"建设 ④积极参与全球环境治理,落实减排承诺;等等
战略	中国本土	①2035年美丽中国目标基本实现 ②21世纪中叶建成富强民主文明和谐美丽的社会主义现代化强国	①推动绿色发展,促进人与自然和谐共生 ②建设人与自然和谐共生的现代化 ③提供更多优质生态产品以满足人民日益增长的优美生态环境需要 ④形成节约资源和保护环境的空间格局、产业结构、生产方式、生活方式;等等	①加快发展方式绿色转型 ②深入推进环境污染防治 ③提升生态系统多样性、稳定性、持续性 ④积极稳妥推进碳达峰碳中和 ⑤推进绿色发展 ⑥着力解决突出环境问题 ⑦加大生态系统保护力度 ⑨改革生态环境监管体制;等等
战役	水、土、气、城、乡等重点领域	当下重点攻克	①持续深入打好蓝天、碧水、净土保卫战 ②基本消灭城市黑臭水体,还给老百姓清水绿岸、鱼翔浅底的景象 ③强化土壤污染管控和修复,有效防范风险,让老百姓吃得放心、住得安心 ④基本消除重污染天气,还老百姓蓝天白云、繁星闪烁 ⑤实现新型城市化和美丽乡村建设互促共进的城乡一体化;等等	①2016年印发《全国城市生态保护与建设规划(2015—2020年)》 ②2017年修订《中华人民共和国水污染防治法》、印发《全国农村环境综合整治"十三五"规划》 ③2018年颁布《中华人民共和国土壤污染防治法》、印发《打赢蓝天保卫战三年行动计划》、印发《乡村振兴战略规划(2018—2022年)》 ④2019年印发《工业炉窑大气污染综合治理方案》 ⑤2020年发布《电子工业水污染物排放标准》等8项标准 ⑥2021年发布《关于深入打好污染防治攻坚战的意见》 ⑦2022年印发《关于深入打好城市黑臭水体治理攻坚战实施方案的通知》 ⑧2023年印发《危险废物重大工程建设总体实施方案(2023—2025年)》;等等

续表

层级	空间范围	时间范围	目标要求	手段方法
战术				①"党委领导、政府主导、企业主体、社会组织和公众参与"的生态治理论 ②"绿水青山就是金山银山"的生态价值论 ③"统筹山水林田湖草沙系统治理"的生态系统论 ④"确保生态功能不降低、面积不减少、性质不改变"的生态红线论 ⑤"始终坚持用最严格制度最严密法治保护生态环境"的生态法制论;等等
技术				①培育壮大绿色技术创新主体 ②强化绿色技术创新的导向机制 ③推进绿色技术创新成果转化示范应用 ④优化绿色技术创新环境 ⑤加强绿色技术创新对外开放与国际合作 ⑥加快节能降碳先进技术研发和推广应用;等等

综上所述,作为概念意义上的生态文明其实有着明显的"战略"特质或意蕴,当我们从理论上去界定生态文明时,完全可以把生态文明当作新时代中国特色社会主义的一个长远政治战略来看待。因此,我们就不难理解其内在含义了,也即生态文明指的是我国在特定的时代条件下为应对人类生态危机问题,而提出的一种旨在逐步推进人与自然和谐共生的政治战略。这一另向界定在一定程度上可以弥补"形态说"和"要素说"的某些不足,从而有助于我们能够更加深刻地领悟习近平生态文明思想的战略意义。一方面,"战略说"并不超越甚至否定工业文明。工业文明给人类带来的便利不言而喻,当前我们仍然享受着工业文明给我们创造的各种"福利",生态文明与工业文明不冲突,将生态危机问题单纯归结于工业文明并不科学,而试图将生态文明剥离于工业文明之外并以新的文明形态"身份"独树一帜在逻辑上也是讲不通,更不符合人类社会发展趋势。其实,工业文明和生态文明完全可以协同推进的,工业文明对于生态文明具有积极的促

进作用，① 而生态文明对于工业文明的绿色升级同样具有倒逼效应。作为一种"战略说"的生态文明概念界定旨在表明，要紧紧抓住生态危机这个大问题本身展开战略叙事，通过整合和发挥工业文明社会当中的各种力量要素全过程全方位对人与自然之间的紧张关系作出战略部署和有效应对，为建设人与自然和谐共生的现代化作出当下最直接、最现实的努力。另一方面，"战略说"凸显生态文明的社会主义特质。从一种战略层面界定生态文明，能够有效避免"要素说"去意识形态化的风险或倾向。作为"战略说"的生态文明概念界定包括以下几点。一是明确了这是我国在特定的时代条件下提出的，是一张积极应对全球生态危机的社会主义名片，正如习近平总书记指出的，"建设生态文明……等等，都是我们提出的具有原创性、时代性的概念和理论"②。而如果限于"要素说"的叙事范式，生态文明的社会主义"身份"就有一定的含糊性了，因为他们主张生态文明是贯穿"渔猎社会→农业文明→工业文明→智能文明始终的基本的文明结构"③。二是强调了这是一种旨在逐步推进人与自然和谐共生的政治战略。人与自然是生命共同体，人类必须尊重自然、顺应自然和保护自然，否则人类终究会遭到大自然的报应。马克思对此早有深刻论述并指认了资本主义制度的反生态性，"要素说"的概念界定之于人与自然和谐共生而言难以接榫，这既是因为如前所述的"要素说"的理论叙事泛化，更是因为"要素说"的制度性质模糊，而作为一种政治战略的生态文明蕴含着，要在中国共产党的坚强领导下推进生态文明建设，始终坚持以人民为中心而不是以资本为中心，在新时代新征程上"必须牢固树立和践行绿水青山就是金山银山的理念，站在人与自然和谐共

---

① 陈永森：《罪魁祸首还是必经之路？——工业文明对生态文明建设的作用》，《福建师范大学学报》（哲学社会科学版）2021 年第 4 期。
② 《习近平谈治国理政》第二卷，外文出版社 2017 年版，第 343 页。
③ 张云飞：《试论生态文明的历史方位》，《教学与研究》2009 年第 8 期。

生的高度谋划发展"①，这对于"要素说"的概念界定而言显然是一种更具战略高度的超越。

第二节 科学把握社会主义生态文明观

为化解人与自然的紧张关系，积极推动当代中国的绿色发展，习近平总书记指出："要牢固树立社会主义生态文明观，推动形成人与自然和谐发展现代化建设新格局……"② 从国家战略层面上看，相对于"生态文明观念""生态文明理念"，习近平总书记所提出的"社会主义生态文明观"应该说是一个认识水平逐渐深化、概念系统不断凝练的结果，是对新时代生态文明建设的方向性定位。那么，究竟如何科学理解社会主义生态文明观呢？我们认为，应该从以下四个方面去把握。

一 坚持党性与人民性的内在统一

社会主义生态文明观是新时代人民对美好生活向往以及对美丽中国建设的价值观诉求，体现了强烈的人民性立场，彰显了中国共产党人的使命担当。因此，要科学把握社会主义生态文明观，首先必须从党性与人民性的内在统一这个前提去理解。习近平总书记于2013年8月在全国宣传思想工作会议上的讲话中强调："党性和人民性从来都是一致的、统一的。"③ 所谓党性就是要坚持中国共产党的领导，要站稳政治立场，把握政治方向，要彰显政治担当；所谓人民性就是党和国家一切工作的出发点和落脚点都是为了实现最广大人民的根本利益，要做到发展为了人民、发展依靠人民、发展成果由人民共享。因此，党性和人民性本质

---

① 《习近平著作选读》第一卷，人民出版社2023年版，第41页。
② 《习近平谈治国理政》第三卷，外文出版社2020年版，第41页。
③ 《习近平谈治国理政》第一卷，外文出版社2018年版，第148页。

上就是统一的,"坚持党性就是坚持人民性,坚持人民性就是坚持党性,党性寓于人民性之中,没有脱离人民性的党性,也没有脱离党性的人民性"①。这既是马克思主义根本观点的遵循,也是中国共产党根本宗旨的体现。不言而喻,对于牢固树立社会主义生态文明观,积极推动中国生态文明建设,显然不能脱离坚持党性和人民性内在统一这一理解维度。

其一,坚持党性和人民性的内在统一,就是要坚持中国共产党在生态文明建设过程中的领导地位不动摇,谋划意识不模糊,责任担当不松懈。当今中国是世界上最大的发展中国家,并将长期处于社会主义初级阶段,这是我国最基本的国情。从近代中国的革命史,以及新中国成立以来的发展史来看,中国共产党在其中发挥了最为核心的领导作用并取得了举世瞩目的成就。因此,立足于我国基本国情,要把国家治理好发展好显然离不开党的领导,"特殊的国情,决定中国革命、建设和改革事业必须有一个'特殊的政党'来领导"②,"必须坚持党政军民学、东西南北中,党是领导一切的,坚决维护党中央权威"③。显然,这个党即是中国共产党。生态文明建设的最大政治优势固然是中国共产党的强有力领导,没有这一政党的领导,所谓的绿水青山、蓝天白云、美丽中国以及生命共同体的谋划与打造将失去力量之基。特别值得一提的是,生态文明建设作为国家的一项重要政治战略,已经写入了党章,党章的总纲中已明确载明"中国共产党领导人民建设社会主义生态文明"④。应当说,这一点足以证明中国共产党是生态文明建设的引领者与推动

---

① 中共中央文献研究室编:《习近平关于社会主义文化建设论述摘编》,中央文献出版社2017年版,第23页。
② 中共中央宣传部《党建》杂志社编:《思想中国——〈学习活页文选〉十年精粹(2002—2012)》,人民出版社2012年版,第27页。
③ 《习近平谈治国理政》第三卷,外文出版社2020年版,第125页。
④ 《中国共产党章程》,人民出版社2012年版,第6页。

者，是坚持党对生态文明建设领导地位不动摇的集中体现。紧接着，2018年中共中央印发《深化党和国家机构改革方案》，该方案提出组建生态环境部这一改革方案，更是表明党在引领推动生态文明建设过程中的谋划意识清晰可见。其重大意义在于将环保部、国家发展改革委、国土部、水利部、农业部、国家海洋局、国务院南水北调工程建设委员会办公室的职责进行整合，整体打通地上和地下、岸上和水里、陆地和海洋、城市和农村的生态治理现代化格局，实现生态文明建设的无缝对接和良性互动。另外，在引领推动生态文明建设的过程中，也特别强调对党政领导干部的环境问责。生态环境状况一时难以改善，很重要的一个原因在于某些党政领导干部的不作为、懒作为和不负责的问题。习近平总书记曾经指出："实践证明，生态环境保护能否落到实处，关键在领导干部。一些重大生态环境事件背后，都有领导干部不负责任、不作为的问题，都有一些地方环保意识不强、履职不到位、执行不严格的问题……"[1] 所以，中国共产党对生态文明建设的领导地位也体现在一种责任担当，对于那些不作为、不负责的领导干部，只要因其造成了生态环境的损害，不论是否已调离、提拔或者退休，都必须追责，要严格实施"离任审计""党政同责"和"一岗双责"制度，"决不能让制度规定成为没有牙齿的老虎"[2]。

其二，坚持党性和人民性的内在统一，就是要坚持中国共产党在生态文明建设过程中的初心使命不流变，群众力量不脱离，绿色成果不独占。中国共产党的初心和使命就是为中国人民谋幸福，为中华民族谋复兴。在引领推动中国生态文明建设的过程中，这一初心和使命始终如一，必须坚持到底。换言之，生态文明建设的本质或最终目的就是对中国共产党初心和使命的积极践行，就是百姓能够过上健康幸福的生活，

---

[1]《习近平著作选读》第一卷，人民出版社2023年版，第612页。
[2]《习近平谈治国理政》第三卷，外文出版社2020年版，第364页。

就是国家能够在绿色美丽的大地上复兴民族伟业。试想，如果人类的生存之基诸如空气、土壤、水源及植被等都遭到了污染和破坏，那么何以谈人民幸福和民族复兴问题。习近平总书记曾指出："既要创造更多物质财富和精神财富以满足人民日益增长的美好生活需要，也要提供更多优质生态产品以满足人民日益增长的优美生态环境需要。"① 2018年党中央专门召开全国生态环境保护大会，习近平总书记发表重要讲话，其中特别指出"生态文明建设是关系中华民族永续发展的根本大计""生态环境是关系党的使命宗旨的重大政治问题，也是关系民生的重大社会问题"②，且还强调"要积极回应人民群众所想、所盼、所急，大力推进生态文明建设，提供更多优质生态产品，不断满足人民日益增长的优美生态环境需要"③。所以，从这个意义上说，牢固树立社会主义生态文明观，积极推动生态文明建设，我们党始终坚持这一初心和使命，环境问题就是民生问题，就是政治问题，解决好这一民生问题离不开党的领导，而党的领导更不能忽视这一民生之计。当然，从另外一个层面看，在党的领导下，我们也不能忽略人民群众的作用，人民群众是历史的创造者，这是唯物史观的基本原理。换言之，中国共产党在引领推动生态文明建设的过程中，不仅要为了人民，更要依靠人民。习近平总书记指出："在生态环境保护上一定要算大账、算长远账、算整体账、算综合账，不能因小失大、顾此失彼、寅吃卯粮、急功近利。"④ 可见，生态文明建设是一个系统工程、长远工程，需要汇聚和依靠多方力量来共同推进，显然，人民群众的力量是最强大的，是不可忽视的。生态环境的优劣同每个人的身心健康息息相关，生态文明建设更是同每个人的积极参与不可分离。习近平总书记指出："每个人都是生态环

---

① 《习近平谈治国理政》第三卷，外文出版社2020年版，第39页。
② 《习近平谈治国理政》第三卷，外文出版社2020年版，第359页。
③ 习近平：《论坚持人与自然和谐共生》，中央文献出版社2022年版，第8页。
④ 习近平：《论坚持人与自然和谐共生》，中央文献出版社2022年版，第87页。

境的保护者、建设者、受益者，没有哪个人是旁观者、局外人、批评家，谁也不能只说不做、置身事外。"① 所以，要充分发挥人民群众的力量，做好环保宣传，增强全民环保意识，使全民都能积极主动地投入新时代生态文明建设中。另外，中国共产党在引领推动生态文明建设过程中，要做到绿色发展和共享发展协同推进，这也是坚持党性和人民性内在统一的重要体现。换言之，生态文明建设过程中的"绿色成果"不能沦为我们这一代人的"专利"，更不能沦为有权有势人的"红利"，而应该体现出一种绿色共享的发展局面，这才能真正意义上体现出人民性的深刻内涵。正如习近平总书记提出的，"生态环境保护是功在当代、利在千秋的事业"②，"以对人民群众、对子孙后代高度负责的态度和责任，真正下决心把环境污染治理好、把生态环境建设好"③。可见，生态文明建设不仅仅是当代人的事情，更是千秋万代人的事情，这不只是体现在生态文明的"共建"之上，更重要的是体现在绿色成果的"共享"之上，正所谓对同在蓝天下绿色共呼吸的一种美好期待。

其三，坚持党性和人民性的内在统一，就是要做到"合规律性"与"合目的性"的辩证统一，要严格区分生态形象工程和生态民心工程，要在真正意义上把生态文明建设当作人民群众的事来做。人是大自然的重要组成部分，劳动实践把人与大自然区分开来，于是出现了所谓的自在的自然和人化的自然，前者是没有留下人类足迹的原生态自然，后者是已经打上了人类足迹的外在自然界或社会系统。然而，一旦人类劳动实践的指向恣意妄为，用力过度，加上大自然原有的承载力有限，这就必然导致原有的自然资源枯竭和原生态美丽环境破坏，从而危及人

---

① 《习近平谈治国理政》第三卷，外文出版社2020年版，第362页。
② 《习近平谈治国理政》第一卷，外文出版社2018年版，第208页。
③ 《习近平谈治国理政》第一卷，外文出版社2018年版，第208页。

类的生存家园，其中的根源就在于人类为了自己的利益、眼前的利益而对大自然内在规律的违背。因此，这就告诫我们人类的劳动实践活动应该遵循自然规律，在改造大自然服务人类社会发展的过程中，应该深刻认识到大自然的脆弱性和有限性，毕竟人与一般的低等动物是有本质区别的。马克思有言："动物只是按照它所属的那个种的尺度和需要来建造，而人却懂得按照任何一个种的尺度来进行生产，并且懂得处处都把固有的尺度运用对象；因此，人也按照美的规律来构造。"① 显然，中国共产党在引领推动生态文明建设过程中，坚持党性和人民性的内在统一，绝不是在违背自然规律的基础上来为人民谋生态梦、幸福梦，而是在统筹"合规律性"和"合目的性"二者辩证关系的基础上发挥引领推动作用的。我们既要发展经济，也要保护环境，如果说发展经济是一种增加财富，提高百姓收入水平，让老百姓过上幸福生活的合目的性体现，那么保护环境就是一种人类主观能动性发挥的合规律性要求。习近平总书记指出："我们既要绿水青山，也要金山银山。宁要绿水青山，不要金山银山，而且绿水青山就是金山银山。"② 显然，这一经典表述完美地诠释了以习近平同志为核心的党中央在引领推动生态文明建设过程中所坚持的"合规律性"与"合目的性"的辩证统一，我们既要合绿水青山的自然规律，也要合金山银山的社会目的，使二者能够稳步协同推进。当然，我们也要意识到，当前有些地方在这方面确实做得不够好甚至出现了反其道而行的现象，也即一些地方政府为了追求社会政绩，误读了党的政策方针，把生态民心工程搞成了生态形象工程。例如，为响应党中央倡导的美丽乡村建设，一些地方政府借机大搞特搞，出现了诸多不尽如人意、劳民伤财的生态形象工程，诸如过度推山削

---

① 《马克思恩格斯选集》第一卷，人民出版社2012年版，第57页。
② 中共中央文献研究室：《习近平关于社会主义生态文明建设论述摘编》，中央文献出版社2017年版，第21页。

坡、过度填塘造地、过度硬化沟渠驳岸、乡村绿化城市化、村政设施工艺化、传统墙面涂刷现代化等情况屡见不鲜。而事实上，这种生态形象工程既不符合大自然的内在规律，又不符合乡村民众的原生态美丽与宁静需求。所以，说到底，坚持党性和人民性的内在统一，必须要把生态文明建设当作一项真正的民心工程来做，要让老百姓真正得实惠，增福祉，而不是徒有虚名。

二 坚持继承性与发展性的逻辑衔接

任何一种理论或价值观都是基于一定的时代条件，是在对前人优秀成果继承和发展的基础之上建立起来的。众所周知，马克思主义也是人类优秀文化成果的产物，其主要也是在批判地继承德国古典哲学、英国古典政治经济学和英法两国空想社会主义繁荣基础之上而创立的无产阶级思想的科学体系，并创造性地提出了辩证唯物主义、历史唯物主义、科学实践观和剩余价值学说等。当前，我们若要深刻把握社会主义生态文明观显然不能缺乏类似的这一纵向理解维度，也即要以坚持继承性和发展性的逻辑衔接这一维度来理解。换言之，我们要把社会主义生态文明观投射到中国传统文化和马克思主义的理论视野上来看，要搞清楚社会主义生态文明观汲取了中国传统文化中的何种智慧，也要搞清楚社会主义生态文明观是如何继承马克思主义的，以及历代中央领导核心关于生态文明的相关论述，更要搞清楚社会主义生态文明观是如何进一步发展的，凸显了什么样的特色，开拓了何种新境界，等等。毫无疑问，类似问题完全可以从文本中找到答案。因此，我们只有把握住这些问题才能从真正意义上领会社会主义生态文明观坚持继承性和发展性的逻辑衔接这一理论特质。

其一，坚持继承性与发展性的逻辑衔接，要看到社会主义生态文明观的历史渊源性。社会主义生态文明观是习近平新时代中国特色社会主义思想的重要内容。但是，这一重要内容或提法必然是在继承以往人类优秀理论成果的基础之上逐步凝练而成的。换言之，社会主义生态文明观厚植于一定的历史逻辑中，具有深刻的历史渊源性。

一则社会主义生态文明观汲取了中国传统文化中的生态智慧。从整体上看，中国传统文化凸显出"万物一体"的宇宙存在论、"生生之意"的内在价值论，以及"仁民爱物"的条理方法论等生态智慧。例如，《周易》讲天地人三才，孟子讲"天之生物，使之一本"，以及程颢讲"仁者，以天地万物为一体"等揭示了人与自然万物是作为一个统一的道德共同体而存在的。《易传》讲"天地之大德曰生"、朱熹讲"春为仁，有个生意；在夏，则见其有个亨通意，在秋，则见其有个诚实意，在冬，则见其有个贞固意"等蕴含着万事万物都有其内在价值和生命意义，告诫人们要以生生之德合乎万物之生生之意。孟子讲"亲亲而仁民，仁民而爱物"、张载讲"民吾同胞，物吾与也"等揭示了人类爱护大自然的条理方法，但又不是一种唯人类一己之利的人类中心论思维方式。值得一提的是，在 2018 年 5 月 18 日全国生态环境保护大会上的讲话中，习近平总书记指出："中华民族向来尊重自然、热爱自然，绵延五千多年的中华文明孕育着丰富的生态文化。"[①] 他列举了《易经》《周礼》《老子》《孟子》《荀子》及《齐民要术》中关于生态文化的相关语句和论述，并强调"这些观念都强调要把天地人统一起来、把自然生态同人类文明联系起来，按照大自然规律活动，取之有时，用之有度，表达了我们的先人对处理人与自然关系的重要认识"[②]。而事实上，诸如"山水林田湖是一个生命共同体，人的命脉在田，田的命脉在水，水的命脉在山，山的命脉在土，土的命

[①] 习近平：《论坚持人与自然和谐共生》，中央文献出版社 2022 年版，第 1 页。
[②] 习近平：《论坚持人与自然和谐共生》，中央文献出版社 2022 年版，第 1 页。

脉在树"①,"坚持人与自然和谐共生",以及"像对待生命一样对待生态环境"等重要论断即揭示了人与大自然是一个有机生命共同体,也昭示着人类要对这一共同体给予充分的保护和关爱,因为万事万物都有其内在价值和生命意义。应当说,这是社会主义生态文明观所汲取的最核心的传统生态智慧,而在这一意义上,中国共产党带领人民群众正以一种文化自信的态度不断推进生态文明建设的开拓创新,正如习近平总书记所言:"不忘本来才能开辟未来,善于继承才能更好地创新。"②

二则社会主义生态文明观继承了马克思主义关于人与自然关系的思想。马克思主义关于人与自然关系的思想我们可简要概括为生态整体论、生态危机论、生态和解论。就生态整体论而言,其中一个核心观点就是认为人直接是自然存在物,是自然界的一部分,并且依靠自然界生活。马克思说:"人靠自然界来生活。这就是说,自然界是人为了不致死亡而必须与之不断交往的人的身体……因为人是自然界的一部分。"③恩格斯也指明:"我们连同我们的肉、血和头脑都是属于自然界和存在于自然之中的。"④ 因此,从这个角度看,人与自然界本质上就是一个有机统一体并映射出人与自然之间和谐相处的必要性。就生态危机论而言,一个核心观点就是资本主义的生产方式使得人与自然之间的物质变换出现裂缝,从而引发生态危机。随着资本主义机器大工业生产时代的到来,一种"高消耗、高产出、高排放"的工业发展模式呈现了,资本家只关心利润,"只要获得普通的利润,他就心满意足,不再去关心以后商品和买主的情形怎样了。这些行为的自然影响也是如此"⑤。显

---

① 《习近平谈治国理政》第一卷,外文出版社2018年版,第85页。
② 《习近平谈治国理政》第一卷,外文出版社2018年版,第164页。
③ 《马克思恩格斯文集》第一卷,人民出版社2009年版,第161页。
④ 《马克思恩格斯文集》第九卷,人民出版社2009年版,第560页。
⑤ 《马克思恩格斯全集》第二十卷,人民出版社1971年版,第521—522页。

然，这揭示了资本主义生产方式的增殖性和掠夺性本质，使得人与自然之间的物质变换出现裂缝并日益扩大。就生态和解论而言，其核心观点就是从唯物史观的立场出发，将人与自然之间的关系和人与人、人与社会之间的关系辩证统合起来，提出了化解人与自然紧张关系的终极之道，那就是"两个和解"。即实现"人类与自然的和解以及人类本身的和解"①。人与自然之间的紧张关系本质上就是人类本身的紧张关系，是人类为了一己之利而无节制地开采大自然、破坏大自然的结果。所以，人类应该行动起来，揭露资本主义的本质，变革资本主义私有制，合理地调节人与自然之间的物质变换，实现"两个和解"，正如马克思所言，只有这样才能达到"人同自然界的完成了的本质的统一"，实现"自然界的真正复活"②。对此，习近平总书记继承马克思主义关于人与自然关系的思想，提出"人与自然是生命共同体，人类必须尊重自然、顺应自然、保护自然"③，"人类对大自然的伤害最终会伤及人类自身，这是无法抗拒的规律"④。并且向人类提出要"倡导简约适度、绿色低碳的生活方式，反对奢侈浪费和不合理消费……"，要"形成节约资源和保护环境的空间格局、产业结构、生产方式、生活方式，还自然以宁静、和谐、美丽"⑤ 等观点。紧接着，习近平总书记在 2018 年 5 月 4 日纪念马克思诞辰 200 周年大会上更是旗帜鲜明地强调"要学习和实践马克思主义关于人与自然关系的思想"，其中就提到了马克思主义关于"人靠自然界生活"，以及"如果说人靠科学和创造性天才征服了自然力，那么自然力也对人进行报复"⑥ 等观点。

---

① 《马克思恩格斯选集》第一卷，人民出版社 2012 年版，第 24 页。
② 《马克思恩格斯文集》第一卷，人民出版社 2009 年版，第 187 页。
③ 《习近平谈治国理政》第三卷，外文出版社 2020 年版，第 39 页。
④ 《习近平谈治国理政》第三卷，外文出版社 2020 年版，第 39 页。
⑤ 《习近平谈治国理政》第三卷，外文出版社 2020 年版，第 39—40 页。
⑥ 习近平：《在纪念马克思诞辰 200 周年大会上的讲话》，人民出版社 2018 年版，第 21 页。

三则社会主义生态文明观与历代党和国家领导人关于环境保护和生态文明建设的论述是一脉相承的。社会主义生态文明观作为习近平新时代中国特色社会主义思想的重要内容固然也是建立在对毛泽东、邓小平、江泽民、胡锦涛关于环境保护和生态文明建设论述的继承和发展基础之上的。例如，毛泽东看到了残酷的战争给整个国家的生态环境带来的巨大灾难，所以新中国成立后他就十分关注生态环境保护和建设问题。其中，"搞绿化、修水利、倡节约"是毛泽东着手推进生态环境保护和建设的重要内容，诸如"在一切可能的地方，均要按规格种起树来，实行绿化"①，"水利是农业的命脉"②，以及"全面地持久地厉行节约"③ 等号召和指示对当时的植被保护、水灾治理和资源节约等产生了积极影响，对人与自然和谐关系的推进发挥了重要作用。改革开放初期，邓小平也相应提出了如何保护生态环境的具体观点和对策，归纳起来主要表现为两个界面。一是协调好人口增长、经济发展与生态环境保护之间的关系；二是要从法律制度完善、科学技术运用和全民环保参与等方面去推进生态环境保护。其相关观点诸如提出要"真正摸准、摸清我们的国情和经济活动中各种因素的相互关系，据以正确决定我们的长远规划的原则"④，认为"……核电站我们还要发展，油气田开发、铁路公路建设、自然环境保护等，都很重要"⑤。同时提出，生态环境问题"要靠法制，搞法制靠得住些"⑥、要立"森林法、草原法、环境保护法……做到有法可依，有法必依，执法必严，违法必究"⑦，并且还

---

① 《毛泽东文集》第六卷，人民出版社1999年版，第509页。
② 中共中央文献研究室编：《建国以来重要文献选编》第十七册，中央文献出版社1997年版，第181页。
③ 《毛泽东文集》第七卷，人民出版社1999年版，第239页。
④ 《邓小平文选》第二卷，人民出版社1994年版，第356页。
⑤ 《邓小平文选》第三卷，人民出版社1993年版，第363页。
⑥ 《邓小平文选》第三卷，人民出版社1993年版，第379页。
⑦ 《邓小平文选》第二卷，人民出版社1994年版，第146—147页。

提出"解决农村能源、保护生态环境等,都要靠科学"①。此外,江泽民和胡锦涛也分别提出了"可持续发展观""建设生态文明"等具有战略意义的观点。"可持续发展观"要求"既要考虑当前发展的需要,又要考虑未来发展的需要,不要以牺牲后代人的利益为代价来满足当代人的利益"②。应当说,可持续发展观的提出就是对工业文明发展弊端的深刻反思,是对社会效益、经济效益和生态效益如何共时态和历时态协调发展的总体定位。"建设生态文明"首次出现于党的十七大报告中,"建设生态文明,实质上就是要建设以资源环境承载力为基础、以自然规律为准则、以可持续发展为目标的资源节约型、环境友好型社会"③。并且这一提法及其内涵逐渐凸显了其战略意义。在 2008 年 1 月 29 日,胡锦涛在中共中央政治局第三次集体学习时明确强调,必须"全面推进经济建设、政治建设、文化建设、社会建设以及生态文明建设……"④,从中可以看出,生态文明建设的政治属性愈加鲜明,战略地位愈加重要了,这点其实在党的十八大、十九大及二十大报告中完全可以看出来。综上所述,我们可以发现,社会主义生态文明观与以上相关观点和论述是一脉相承的。例如,关于植树造林,习近平总书记指出:"中华民族自古就有爱树、植树、护树的好传统。众人拾柴火焰高,众人植树树成林。要全国动员、全民动手、全社会共同参与,各级领导干部要率先垂范,持之以恒开展义务植树……"⑤ 关于资源节约,习近平总书记提出要"倡导简约适度、绿色低碳的生活方式,反对奢侈浪费和不合理消费,广泛开展节约型机关、绿色家庭、绿色学校、绿色社区创建活动"⑥。

---

① 邓小平:《建设有中国特色的社会主义》(增订本),人民出版社 1987 年版,第 12 页。
② 中共中央文献研究室编:《江泽民论有中国特色社会主义》(专题摘编),中央文献出版社 2002 年版,第 279 页。
③ 《胡锦涛文选》第三卷,人民出版社 2016 年版,第 6 页。
④ 《胡锦涛文选》第三卷,人民出版社 2016 年版,第 435 页。
⑤ 习近平:《论坚持人与自然和谐共生》,中央文献出版社 2022 年版,第 73 页。
⑥ 《习近平谈治国理政》第三卷,外文出版社 2020 年版,第 367 页。

关于如何协调经济发展与生态环境保护之间的关系，习近平总书记提出"既要绿水青山，也要金山银山。宁要绿水青山，不要金山银山，而且绿水青山就是金山银山"①的重要论断。此外，还强调了制度的重要性，习近平总书记提出要"实行最严格的生态环境保护制度"等。当然，还有很多关于社会主义生态文明观的相关阐释，这里不一一列举。从整体上看，社会主义生态文明观离不开中国传统生态智慧的底蕴渲染，离不开马克思主义关于人与自然关系思想的理论支撑，更离不开历代中央领导核心关于生态文明建设及其相关论述的血脉延续，理解社会主义生态文明观显然不能割断历史，否则就会犯历史虚无主义的错误。

其二，坚持继承性与发展性的逻辑衔接，也要看到社会主义生态文明观的时代特色性。黑格尔讲哲学是时代精神的精华，这说明任何一种哲学的发展和创新都是时代的产物。从这个意义上说，环境保护或生态文明思想也可以看作是时代的产物，反映了时代的要求。社会主义生态文明观的提出不仅是对中国传统文化、马克思主义和历代党和国家领导人关于人与自然、关于环境保护或生态文明建设思想继承的体现，更是对其创新性发展的呈现，彰显了习近平生态文明思想的时代特色。

一则创造性提出"生态兴则文明兴，生态衰则文明衰"的文明兴衰论，更加凸显对人类文明发展模式弊端的深刻反思。习近平同志早在2003年就提出"生态兴则文明兴，生态衰则文明衰"的科学论断，并强调生态文明是"社会文明进步的重要标志"②。紧接着2013年5月

---

① 中共中央文献研究室编：《习近平关于社会主义生态文明建设论述摘编》，中央文献出版社2017年版，第21页。
② 习近平：《生态兴则文明兴——推进生态建设打造"绿色浙江"》，《求是》2003年第13期。

习近平总书记在天津考察时继续强调"生态兴则文明兴，生态衰则文明衰"①，2018年5月习近平总书记在全国生态环境保护大会上的讲话中仍然强调"生态文明建设是关系中华民族永续发展的根本大计……生态兴则文明兴，生态衰则文明衰"②。此外，2019年4月习近平总书记在北京世界园艺博览会开幕式的致辞中更是精辟地阐释了这一论断，他指出："纵观人类发展文明史，生态兴则文明兴，生态衰则文明衰。工业化进程创造了前所未有的物质财富，也产生了难以弥补的生态创伤。杀鸡取卵、竭泽而渔的发展方式走到了尽头，顺应自然、保护生态的绿色发展昭示着未来。"③ 从中可知，这一论断从生态与文明的辩证关系来看待人类文明的发展历程与类型，这不仅构成了社会主义生态文明观的理解视点，而且更重要的是凸显了其时代特色。事实上，无论是渔猎文明、农业文明还是工业文明，都没有在真正意义上看到生态与文明之间的内在关系，生态与文明始终都被片面地孤立起来，特别是机器化时代的工业文明更是如此。例如，资本主义工业文明所强调的片面增长观、科技万能论、自然无价值论及消费主义论等对大自然生态的漠视是不言而喻的，以致最终引发了众人皆知的世界十大环境公害事件，这对整个人类文明进程来说是极大的讽刺和沉重的打击。因此，习近平总书记审时度势，在反思工业文明发展模式的基础之上，继承前人优秀文化成果，首次提出"生态兴则文明兴，生态衰则文明衰"这一科学论断，意指人类社会的发展以自然环境为依托，自然环境破坏了就意味着人类生存家园即将坍塌，意味着经济社会发展的止步和人类文明的毁灭。所以，社会主义生态文明观的时代特色之一就在于将生态与文明放在了你中有我、我中有你的天平上昭示美好未来。

---

① 习近平：《论坚持人与自然和谐共生》，中央文献出版社2022年版，第2页。
② 习近平：《论坚持人与自然和谐共生》，中央文献出版社2022年版，第1—2页。
③ 《习近平谈治国理政》第三卷，外文出版社2020年版，第374页。

二则创造性提出"绿水青山就是金山银山"的生态价值论，更加凸显对环境生产力的动力效应强调。关于"绿水青山就是金山银山"这一论断始于习近平同志2005年考察安吉县余村时提出，并于2017年10月写入了党的十九大报告中。从社会主义生态文明建设的视角看，"绿水青山就是金山银山"实际上就是一种生态价值论的表达，"绿水青山"一般指良好的生态环境或资源，"金山银山"一般指经济社会发展效益，那么"绿水青山就是金山银山"说的是"好生态就是一种好发展，好效益"，绿水青山能够作为一种环境生产力为社会发展创造价值。正如习近平总书记所提出的"保护生态环境就是保护生产力，改善生态环境就是发展生产力"，其揭示的就是好的生态环境也是一种生产力之意蕴。生产力就是人类认识和改造自然的能力，其反映的人与自然之间的关系，但这种关系绝不是单向式的人作用于大自然，而是一种建立在尊重大自然内在规律基础上的双向互动关系，只有这样才能真正意义上提高生产力，推动经济社会可持续性发展，正如马克思所言："大工业把巨大的自然力和自然科学并入生产过程，必然大大提高劳动生产率。"① 换言之，马克思也看到了作为"自然力"的生态环境或自然资源与作为"自然科学"的人类智慧对生产力的双向促进效应。试想，即便人类自然科学很发达很先进，但是如果空气是浑浊的、土壤是贫瘠的、水流是污染的、食品是有毒有害的，那么何以谈生产力的提高？所以，习近平总书记在继承以往理论观点的基础之上提出"绿水青山就是金山银山"的论断，阐明了良好的生态环境也是一种生产力的观点。其实，党中央出台的相关文件已经反映出对"绿水青山就是金山银山"的环境生产力效应重视。例如，2019年4月中共中央办公厅、国务院办公厅印发的《关于统筹推进自然资源资产产权制度

---

① 《马克思恩格斯文集》第五卷，人民出版社2009年版，第444页。

改革的指导意见》就强调要"明确自然资源资产产权主体""推动自然资源资产所有权与使用权分离",以及"建立自然资源资产市场信用体系,促进自然资源资产流转顺畅、交易安全、利用高效"等。从中可以看出,自然资源被赋予了"使用和交易的价值",其中的深意就在于通过推进自然资源产权制度改革来确保自然资源的节约利用和有效保护,并从中激发对自然资源红利的释放,从而助推整个社会生产力的提升。

三则创造性提出"实行最严格的生态环境保护制度"的法制保障论,更加凸显为社会主义生态文明建设的保驾护航。从制度层面去推进生态环境保护,应该说在中国历史上早有这一传统。例如,周文王颁布的《伐崇令》就规定:"毋坏室,毋填井,毋伐树木,毋动六畜。有不如令者,死无赦。"当然,历代中央领导核心也非常重视生态环境保护的制度建设。例如,毛泽东所讲的园林绿色规划的"三三制"原则、邓小平所讲的"为了保证实效,应有切实可行的检查和奖惩制度"[1]、江泽民所讲的"人口、资源、环境工作要切实纳入依法治理的轨道"[2],以及胡锦涛所强调的"保护生态环境必须依靠制度"[3]。所以,新中国成立以来,关于环境保护的相关法律法规等陆续建立,据不完全统计,当前法律法规已有120多部。当然,有些法律法规的作用事实上并未充分发挥出来,甚至有的地方还表现得相当滞后,从而制约了生态文明建设的步伐。因此,习近平总书记指出:"我国生态环境保护中存在的一些突出问题,一定程度上与体制不健全有关。"[4] 而学界相关学者也指出"在环境损坏赔偿、有毒化学物质污染防治等领域仍存在制度空白和

---

[1] 《邓小平文选》第三卷,人民出版社1993年版,第21页。
[2] 《江泽民文选》第三卷,人民出版社2006年版,第468页。
[3] 《胡锦涛文选》第三卷,人民出版社2016年版,第646页。
[4] 《习近平谈治国理政》第一卷,外文出版社2018年版,第85页。

无法可依的情况;在大气污染防治等领域存在制度明显滞后于当今环保实践的情况"① 等。所以,基于时代环境问题的愈加突出,以及过去环保法律法规的相对不完善性和滞后性,习近平总书记强调,"只有实行最严格的制度、最严密的法治,才能为生态文明建设提供可靠保障"②,"只有尽快把生态文明制度的'四梁八柱'建立起来,才能把生态文明建设纳入制度化、法治化轨道"③。而在党的十九大报告中已旗帜鲜明指出要"实行最严格的生态环境保护制度"④。应当说,相对于传统社会,以及党的十八大以前所强调的制度建设而言,习近平总书记已将生态环境保护的制度建设上升到"最严格"的层次,如关于"终身追究""离任审计""零容忍"及"党政同责"等规定与落实;而且也是"最系统化"的,如关于生态文明制度建设"四梁八柱"的建构与推进等等。所以,从这个意义上看,新时代生态文明建设的一个主轴是"最严格的生态环境保护制度",如果这个主轴断了,生态文明建设显然将失去支撑力和旋转力。正因如此,我们对社会主义生态文明观的理解和把握,也一定要看到这一时代的特色所在。

三 坚持问题性与战略性的相互契合

"问题"总是作为起点而启迪人们如何看清问题谋篇布局、如何在这个世界上生活得更好。马克思曾说:"问题就是公开的、无畏的、左右一切个人的时代声音。问题就是时代的口号,是它表现自己精神状态的最实际的呼声。"⑤ 不言而喻,马克思主义正是在发现问题的基础之

---

① 宋献中、胡珺:《理论创新与实践引领:习近平生态文明思想研究》,《暨南学报》(哲学社会科学版) 2018 年第 1 期。
② 《习近平谈治国理政》第一卷,外文出版社 2018 年版,第 210 页。
③ 《习近平谈治国理政》第二卷,外文出版社 2017 年版,第 393 页。
④ 《习近平谈治国理政》第二卷,外文出版社 2017 年版,第 372 页。
⑤ 《马克思恩格斯全集》第四十卷,人民出版社 1982 年版,第 289—290 页。

上形成的，这些问题诸如黑格尔的抽象精神问题与现实中的物质利益问题、鲍威尔的宗教解放与马克思的世俗基础批判问题，以及费尔巴哈的人的自然本质与马克思的人的社会本质问题等。当然，马克思不仅看到了这些问题，更重要的是在谋篇布局且身体力行地解决这些问题，目的就是要为广大工人阶级创造一个没有剥削、没有压迫的美好社会。显然，习近平新时代中国特色社会主义思想作为马克思主义中国化的最新理论成果，从逻辑上看必然也是建立在一系列时代问题之上的，正如习近平总书记所言："问题是时代的声音，每个时代总有属于它自己的问题，只有树立强烈的问题意识，才能实事求是地对待问题，才能找到引领时代进步的路标。"① 所以，从这个意义上看，社会主义生态文明观的提出也不是空穴来风、无中生有的，而是立足于全球生态危机与当代中国的环境问题的基础之上经过战略谋划而高度凝练出来的，其目的就是构建人与自然和谐共生的新局面。马克思说："哲学家们只是用不同的方式解释世界，而问题在于改变世界。"② "解释世界"更侧重对"问题"的发现与诠释的话，"改变世界"更侧重对"战略"的强调与推进，二者应该是辩证统一、相互契合的，这为我们把握社会主义生态文明观的理论特质提供了一种思考路向。

其一，坚持问题性与战略性的相互契合要建立在对现实问题的清醒认识基础之上。党的十八大以来，生态文明建设取得了显著成效，但是我们仍然要保持清醒的头脑，要认识到当前仍然还有很多环境问题摆在我们面前，一些根本性的问题还没完全解决，不容忽视。正如习近平总书记指出："经过不懈努力，我国生态环境质量持续改善。同时，必须清醒地看到，我国生态文明建设挑战重重、压力巨大、矛盾突出，推

---

① 中共中央宣传部编：《习近平新时代中国特色社会主义思想三十讲》，学习出版社2018年版，第330页。

② 《马克思恩格斯选集》第一卷，人民出版社2012年版，第136页。

进生态文明建设还有不少难关要过，还有不少硬骨头要啃，还有不少顽瘴痼疾要治，形势仍然十分严峻。"①

在当前形势下，这种难关和挑战主要表现在以下几个方面：一是生态环保结构性压力依然较大。我国产业结构高耗能、高碳排放特征依然突出，煤炭消费仍处高位，货运仍以公路燃油货车为主，由此带来污染物减排压力不小。二是生态环境改善基础还不牢固。生态环境改善由量变到质变的拐点尚未到来。阶段性冷暖交替剧烈，"过山车"型的气象条件频繁，将给大气环境质量带来较大冲击。"三水统筹"尚处于起步阶段，部分地区土壤污染持续累积。三是生态环境安全压力持续加大。生态系统质量总体水平仍不高，重要生态空间被挤占的现象仍然存在。长时间重污染天气过程时有发生，生态环境事件仍呈多发频发的高风险态势。四是生态环境治理体系还待健全。生态环境科技支撑存在短板，环境管理市场化手段运用不足，生态环境基础设施建设滞后、运行总体水平不高。有的地方存在生态环境监管流于表面、不到位的情况，有的企业法律意识淡薄，不正常运行污染治理设施、超标排放、监测数据造假等问题突出。五是全球环境治理形势更趋复杂。当前全球生态环境问题政治化趋势增强，部分西方国家打气候牌，出台碳关税等政策，持续压我承担更大的减排责任，应对生态环境领域国际博弈任务艰巨。② 另外，环保领域的形式主义、官僚主义也比较泛滥。据统计，党的十九大以来，中央纪委国家监委网站公开曝光环保领域形式主义、官僚主义典型案例124起，处理482人，集中表现在失察失责、整改不力、把关不严、弄虚作假四个方面。例如，失察失责问题共68起，占比54.8%；整改不力问题共33起，占全部问题的26.6%；把关不严问题共12起，

---

① 习近平：《论坚持人与自然和谐共生》，中央文献出版社2022年版，第6页。
② 黄润秋：《深入学习贯彻全国生态环境保护大会精神 以美丽中国建设全面推进人与自然和谐共生的现代化——在2024年全国生态环境保护工作会议上的工作报告》，《中国生态文明》2024年第1期。

占比9.7%；弄虚作假问题共11起，占比8.9%。而在通报查处的482名党员干部中，乡科级及以下共294人，占比61%；县处级102人，占比21.1%；厅局级38人，占比7.9%；村干部和企、事业单位工作人员48人，占比10%。① 显然，当前我国环保领域的形式主义和官僚主义问题依然存在，特别是基层环境执法领域这种问题更加严重，所谓"上有政策，下有对策"的消极环保方式严重违背了党中央的生态决策精神，侵害了人民群众的生态利益，影响了整个经济社会的可持续性发展。显然，对于这些挑战和问题，我们当然不能视而不见或故意回避，而应该狠抓问题，细致分析，谋划应对。习近平总书记指出，生态文明建设一定"要有强烈的问题意识，以重大问题为导向，抓住重大问题、关键问题进一步研究思考，找出答案，着力推动解决我国发展面临的一系列突出矛盾和问题"②。因此，从这个意义上看，社会主义生态文明观的谋篇布局和战略安排一定是立足于世界的视野和中国的"问题"着手进行的。任何离开"问题性"的政治战略都是一种形而上学和空洞的表达。所以，科学把握社会主义生态文明观，要以问题为导向、战略为延伸，要坚持问题性与战略性的内在契合，否则就难以看到问题的严重性和战略的重要性。

其二，坚持问题性与战略性的相互契合要建立在对战略布局的全面把握基础之上。社会主义生态文明观孕育于当代世界与中国的生态危机问题之反思，而在反思的基础之上需要做的是一种战略应对，从而体现出问题与战略相互契合的辩证统一关系。具体而言，我们可从以下方面把握。一是从战略定位上看，强调生态文明建设是关系中华民族永续发展的根本大计，是关系党的使命宗旨的重大政治问题，是关系民生福祉

---

① 陈昊：《失察失责 整改不力 把关不严 弄虚作假——对100多起生态环保领域形式主义官僚主义问题的分析》，《中国纪检监察报》2019年6月23日第1版。
② 中共中央文献研究室：《习近平关于全面深化改革论述摘编》，中央文献出版社2014版，第38页。

的重大社会问题,指出于21世纪中叶建成富强民主文明和谐美丽的社会主义现代化强国,并确立坚持人与自然和谐共生、绿水青山就是金山银山、良好生态环境是最普惠的民生福祉、山水林田湖草是生命共同体、用最严格制度最严密法治保护生态环境以及共谋全球生态文明建设六大原则。二是从战略规划上看,一方面,党的十八大将生态文明建设纳入中国特色社会主义事业"五位一体"总体布局,党的十九大提出我们要牢固树立社会主义生态文明观,推动形成人与自然和谐发展现代化建设新格局,党的二十大强调中国式现代化是人与自然和谐共生的现代化,要站在人与自然和谐共生的高度谋划发展;另一方面,2015年中共中央、国务院印发《生态文明体制改革总体方案》,阐明了我国生态文明体制改革的指导思想、理念、原则、目标、实施保障等重要内容,提出要加快建立系统完整的生态文明制度体系,为我国生态文明领域改革作出了顶层设计。三是从战略推进上看,在水、土、气、城和乡等关键领域出台相关法律法规或具体性文件,为生态文明建设保驾护航。例如,在"水"领域,2015年国务院印发《水污染防治行动计划》,2016年财政部、国家税务总局和水利部联合印发《水资源税改革试点暂行办法》,2017年《中华人民共和国水污染防治法》修订,2023年生态环境部印发《关于发布国家生态环境标准〈电子工业水污染防治可行技术指南〉的公告》。在"土"领域,2016年国务院印发《土壤污染防治行动计划》,2018年《中华人民共和国土壤污染防治法》颁布(2019年1月1日实施),2021年生态环境部印发《关于发布〈建设用地土壤污染风险管控和修复名录及修复施工相关信息公开工作指南〉的公告》,2023年生态环境部印发《关于发布〈土壤和沉积物19种金属元素总量的测定 电感耦合等离子体质谱法〉等9项国家生态环境标准的公告》。在"气"领域,2018年国务院颁布《打赢蓝天保卫战三年行动计划2018—2020》,2018年《中华人民共和国大气污染防治法》修订,

2020年生态环境部印发《关于发布〈铸造工业大气污染物排放标准〉等7项标准（含标准修改单）的公告》，2022年生态环境部印发《关于发布〈印刷工业大气污染物排放标准〉等4项国家大气污染物排放标准的公告》，2023年生态环境部印发《关于发布国家生态环境标准〈铸造工业大气污染防治可行技术指南〉的公告》。在"城"领域，2017年国务院修订《城市市容和环境卫生管理条例》，2017年住建部、环保部联合印发《关于规范城市生活垃圾跨界清运处理的通知》，2022年住房和城乡建设部、生态环境部、国家发展改革委、水利部印发《关于深入打好城市黑臭水体治理攻坚战实施方案的通知》。在"乡"领域，2018年中共中央、国务院印发《乡村振兴战略规划（2018—2022）年》，2018年国务院办公厅发布《关于保持基础设施领域补短板力度的指导意见》，2018年国家发展改革委、生态环境部、农业农村部、住房城乡建设部、水利部印发《关于加快推进长江经济带农业面源污染治理的指导意见》，2018年生态环境部、农业农村部印发《农业农村污染治理攻坚战行动计划》，2023年中共中央办公厅、国务院办公厅印发《关于进一步深化改革促进乡村医疗卫生体系健康发展的意见》，等等。

从以上大致来看，社会主义生态文明观凸显了强烈的问题意识，而且对每一领域中可能出现的问题都有无缝衔接的战略考虑和制度安排，这体现出我国在推进社会主义生态文明建设过程中始终坚持问题性与战略性的内在契合，出现了或潜存着什么问题我们就要出制度出方针出政策，从战略上进行积极有效的应对，而不是逃避或放弃。显然，这体现了中华民族的传统奋进品格和中国共产党全面领导下的时代政治担当。应当说，理解社会主义生态文明观，这一理论特质的聚焦是不可或缺的。

四 坚持民族性与世界性的共生发展

美丽家园建设不仅是民族性问题，更是世界性问题，因为人类只有一个地球,在全球性生态危机的大背景下,只有同舟共济才能共谋发展。显然,社会主义生态文明观蕴含着一个深刻内涵,也即当代中国生态文明建设不仅是本民族的民生大事,更是全世界的政治大事,解决这一大事是人类之所盼,需要全人类的共同努力。习近平总书记对此有以下两个方面建议。一方面,"建设生态文明是中华民族永续发展的千年大计"①;另一方面,"建设美丽家园是人类的共同梦想。面对生态环境挑战,人类是一荣俱荣、一损俱损的命运共同体,没有哪个国家能独善其身……只有并肩同行,才能让绿色发展理念深入人心、全球生态文明之路行稳致远"②。从中可知,社会主义生态文明观显著地凸显出民族性与世界性共生发展这一理论特质。当然,为了便于较好地把握这一理论特质,还应该从以下几个方面去阐释分析。

其一,坚持民族性与世界性的共生发展要看到中国生态文明建设的民族性意义。就本土视野来说,中国生态文明建设以唯物史观为基础,是依靠人民、为了人民的,我们党已经明确把"坚持以人民为中心的发展思想"写入党章,更是突出了人民的重要地位。因此,在推进中国式现代化建设的进程中,大力发展经济不能以牺牲生态环境为代价,而应树立"绿水青山就是金山银山"的理念,要真正孕育出一种人与自然和谐共生的现代化,这样人民群众及其子孙后代才能真正获得良好的经济效益、才能享受真正充足的生态福祉。因此,习近平总书记指出要"以对人民群众、对子孙后代高度负责的态度和责任,真正下决心把环境污染治理好、把生态环境建设好"③、要"提供更多优质生态产品以满足人民日益增长的优美生态环境需要"④。从这个意义上看,中国生态文明建设始终以人民的利益为立场,以生态梦筑中国梦、幸福梦,体

---

① 《习近平谈治国理政》第三卷,外文出版社2020年版,第19页。
② 《习近平谈治国理政》第三卷,外文出版社2020年版,第375页。
③ 《习近平谈治国理政》第一卷,外文出版社2018年版,第208页。
④ 《习近平谈治国理政》第三卷,外文出版社2020年版,第39页。

现了鲜明的民族性特点。对此,我们可从以下两个方面分析。

一方面,明确了"生态文明建设是中华民族永续发展的千年大计"① 这一政治定位。中华民族伟大复兴不仅要靠经济建设、政治建设、文化建设、社会建设,更要靠生态文明建设,这"五位一体"的中国特色社会主义事业的总体布局是相互联系、相互促进而不可分割的,其中生态文明建设的地位处于更加突出地位。早在党的十八大报告中就已经指出:"必须把生态文明建设放在突出地位,融入经济建设、政治建设、文化建设、社会建设各方面和全过程……努力建设美丽中国,实现中华民族永续发展。"② 党的十九大报告更是旗帜鲜明地明确了生态文明建设"功在当代,利在千秋"这一政治定位,凸显了生态文明建设的民族性意义。生态文明建设关系生态环境安全,而生态环境安全则关系到国家安全、民族安全。习近平总书记在2018年全国生态环境保护大会上的讲话中强调:"生态环境安全是国家安全的重要组成部分,是经济社会持续健康发展的重要保障。"③ 换言之,一个民族的经济社会发展再好,如果作为其物质自然观基础的生态环境出现了安全问题,则这个民族的百姓利益和发展效益最终注定要遭殃,20世纪世界十大环境污染公害事件就是惨痛教训。诺曼·迈尔斯(Norman Myers)曾经就指出:"……这些资源包括土壤、水源、森林、气候,以及构成一个国家的环境基础的所有主要成分。假如这些基础退化,国家的经济基础最终将衰退,它的社会组织会蜕变,其政治结构也将变得不稳定。这样的结果往往导致冲突,或是一个国家内部发生骚乱和造反,或是引起与别国关系的紧张和敌对。"④ 因此,从这个意义上

---

① 《习近平著作选读》第二卷,人民出版社2023年版,第20页。
② 《中国共产党第十八次全国代表大会文件汇编》,人民出版社2012年版,第98页。
③ 《习近平谈治国理政》第三卷,外文出版社2020年版,第370页。
④ [美]诺曼·迈尔斯:《最终的安全:政治稳定的环境基础》,王正平、金辉译,上海译文出版社2001年版,第19—20页。

说，我们就不难理解中国生态文明建设为何孕育着以人民、国家和民族利益为重的政治定位了。

另一方面，我们还需要亮明的是，新中国成立70周年以来生态文明建设对于全民族来说也的的确确取得了良好的效果，为国家生态安全和民族永续发展作出重要贡献。例如，相关数据显示，2018年全国化学需氧量、氨氮、二氧化硫和氮氧化物排放量分别比2017年下降3.1%、2.7%、6.7%和4.9%，均完成2017年排放总量降低目标。全国酸雨区面积约53万平方千米，占国土面积的5.5%，比2013年降低5.1个百分点，酸雨区面积呈逐年减小趋势。全国地表水1935个水质断面（点位）中，Ⅰ—Ⅲ类比例为71.0%，比2016年上升3.2个百分点；劣Ⅴ类比例为6.7%，比2016年下降1.9个百分点。全国固体废物进口总量2263万吨，较2017年减少46.5%。2018年全国固体废物进口总量2263万吨，较上年减少46.5%。另外，根据第八次全国森林资源清查（2009—2013年）结果，我国森林面积2.1亿公顷，森林覆盖率21.6%，森林蓄积151.4亿立方米。与第一次全国森林资源清查（1973—1976年）相比，森林面积增加0.9亿公顷，森林覆盖率提高8.9个百分点，森林蓄积增加64.8亿立方米。当然，从对生态环境治理的总投资额来看，也表明了中国政府在推进生态文明建设过程中的民族担当。例如，2017年我国环境污染治理投资总额为9539亿元，比2001年增长7.2倍，年均增长14.0%。其中，城镇环境基础设施建设投资6086亿元，增长8.3倍，年均增长14.9%；工业污染源治理投资682亿元，增长2.9倍，年均增长8.9%；当年完成环境保护验收项目环境保护投资2772亿元，增长7.2倍，年均增长14.1%；等等。[①] 所

---

① 人民网：《环境保护效果持续显现 生态文明建设日益加强——新中国成立70周年经济社会发展成就系列报告之五》，http://finance.people.com.cn/n1/2019/0718/c1004-31241944.html。

以，从这个维度来看，社会主义生态文明观孕育着鲜明的民族性特点，中国生态文明建设毫无疑问彰显了重要的民族意义。

其二，坚持民族性与世界性的共生发展要看到中国生态文明建设的世界性贡献。社会主义生态文明观不仅孕育着民族性特点，而且也折射着世界性贡献。换言之，中国生态文明建设不仅牢记并践行初心使命，而且更是站在世界的前沿一直在为全球谋生态梦谋幸福梦，这是社会主义生态文明观的世界性担当之体现。正如习近平总书记所言："中国共产党是为中国人民谋幸福的政党，也是为人类进步事业而奋斗的政党。中国共产党始终把为人类作出新的更大的贡献作为自己的使命。"① 不言而喻，党领导推进的生态文明建设始终也把全世界全人类的生态安全筑构作为自己的担当和使命。对此，我们同样可从以下几个方面去把握。

一则提出了"人类命运共同体"的全球生态治理观基础。2013年习近平主席在莫斯科国际关系学院的演讲中首次提出人类命运共同体概念，并随后陆续提出共建中非命运共同体、亚洲命运共同体及中国—东盟命运共同体等基本主张。紧接着，党的十八大报告提出要"倡导人类命运共同体意识"，党的十九大报告将"坚持推动构建人类命运共同体"作为新时代坚持和发展中国特色社会主义的基本方略之一。党的二十大报告更是进一步强调了"促进世界和平与发展，推动构建人类命运共同体"②的内在要求和时代意义。毋庸赘言，在你中有我我中有你、国与国之间命运与共的地球大家园中，合作应对全球性各种危机问题，推动构建人类命运共同体是人类之所趋、世界之所势。我们党提出的"建设持久和平、普遍安全、共同繁荣、开放包容、清洁美丽的世界"③

---

① 《习近平谈治国理政》第三卷，外文出版社2020年版，第45页。
② 《习近平著作选读》第一卷，人民出版社2023年版，第49页。
③ 《习近平谈治国理政》第三卷，外文出版社2020年版，第46页。

是构建人类命运共同体的核心价值目标。而其中所提到的建设"清洁美丽的世界"表明,构建人类命运共同体释放着鲜明的全球生态治理色彩。换言之,"人类命运共同体"的构建为全球生态治理奠定了坚实的价值观基础。正是基于此,我们党郑重宣告将"积极参与全球环境治理,落实减排承诺""为全球生态安全作出贡献"①。因为"宇宙只有一个地球,人类共有一个家园"②"唯有携手合作,我们才能有效应对气候变化、海洋污染、生物保护等全球性环境问题,实现联合国 2030 年可持续发展目标"③。

二则中国积极推动"一带一路"倡议实施,从行动上共建美丽地球家园。2013 年 9 月和 10 月,习近平主席在出访中亚和东南亚国家期间,先后提出共建"丝绸之路经济带"和"21 世纪海上丝绸之路"(简称"一带一路")的重大倡议,旨在通过合作共建来实现各共建国家的共同发展与繁荣,而绿色丝绸之路推动与建设便是其中的重要议题。例如,2015 年 3 月,国家发展改革委、外交部、商务部联合发布了《推动共建丝绸之路经济带和 21 世纪海上丝绸之路的愿景与行动》,提出要在投资贸易中突出生态文明理念,沿线各国要加强生态领域的国际合作,共建绿色丝绸之路。2016 年 11 月,《"十三五"生态环境保护规划》明确提出推进"一带一路"绿色化建设的总体要求。2017 年 5 月,《关于推进绿色"一带一路"建设的指导意见》系统阐发了建设绿色"一带一路"的重要意义、总体要求、主要任务和组织保障等,并特别强调"推进绿色'一带一路'建设是参与全球环境治理、推动绿色发展理念的重要实践"④。同月,《"一带一路"生态环境保护合作规

---

① 《习近平谈治国理政》第三卷,外文出版社 2020 年版,第 19 页。
② 《习近平谈治国理政》第二卷,外文出版社 2017 年版,第 538 页。
③ 《习近平谈治国理政》第三卷,外文出版社 2020 年版,第 375 页。
④ 参见《关于推进绿色"一带一路"建设的指导意见》,https://www.mee.gov.cn/gkml/hbb/bwj/201705/t20170505_413602.htm。

划》发布，强调生态环保合作是推进绿色"一带一路"建设的根本要求，并就如何展开生态合作做了具体的部署安排。2018年3月，国家林业局印发《"一带一路"生态互联互惠科技创新行动方案》，提出要以驱动绿色发展、增进合作互信为导向，要打造生态科技创新共同体，突破重大关键技术瓶颈，促进先进实用技术跨国转移。而同样，2019年4月在北京举行的第二届"一带一路"国际合作高峰论坛绿色之路分论坛旨在提出要进一步推动共建国家和地区落实2030年可持续发展目标，打造绿色命运共同体。由此我们可知，"一带一路"倡议孕育着打造绿色命运共同体的努力方向，绿色中国建设与美丽地球建设是命运与共、协同推进的。

三则国际社会对中国生态文明建设的世界性贡献作了高度评价。党的十八大以来以习近平同志为核心的党中央引领中国生态文明建设高瞻远瞩，提出了许多具有时代创新性的战略、理念和观点，而且在致力于国内和国际生态文明建设的实践过程中也取得了着实的成绩，赢得了国际社会的高度认可与评价。例如，在生态文明建设的基本理念方面，国际可再生能源署总干事阿丹·阿明（Adnan Z. Amin）非常赞赏习近平主席提出的"绿水青山就是金山银山"的绿色发展理念，他认为可再生能源也是金山银山，中国正在对可再生能源的发展及全球能源转型做出重要贡献。[①] 美国作家杰里米·伦特（Jeremy Lent）同样指出，在很多发达国家很难想象从国家领导人层面听到"坚持人与自然和谐共生""倡导绿色、低碳、循环、可持续的生产生活方式"等类似表述，但只有中国，把它们作为国家愿景。[②] 在生态文明建设的战略规划方面，联合国环境规划署于2016年5月发布了《绿水青山就是

[①] 《绿色发展，绘就美丽中国新画卷——国际社会积极评价中国生态文明建设成果》，《人民日报》2017年10月24日第15版。

[②] 新华网：《世界点赞中国生态文明建设成就》，http://www.xinhuanet.com/world/2019-03/14/c_1210082827.htm。

金山银山：中国生态文明战略与行动》报告，高度肯定了习近平总书记的绿色发展观与中国生态文明建设的战略规划。西班牙中国政策观察中心胡里奥·里奥斯（Xulio·Ríos）表示："中国政府在生态文明建设方面制定的中长期规划让人们相信，中国的生态文明建设将在未来取得更多令人赞叹的成就。"① 在环境污染治理方面，美国新闻网站Quartz刊文称，中国越来越重视治理环境污染，致力于从过多依赖化石燃料转向减少空气污染和煤炭产能过剩问题，这些努力使得中国将在世界舞台上赢得更多的尊重。② 而在第四届联合国环境大会上，联合国环境规划署发布报告，积极评价北京市改善空气质量取得的成效，认为北京大气污染治理为其他遭受空气污染困扰的城市提供了可借鉴的经验。③ 在榜样引领示范方面，中国浙江的"千村示范、万村整治"工程于2018年9月荣获联合国最高环保荣誉——"地球卫士奖"，多名海外专家认为这不仅是中国在生态文明建设领域的生动实践，而且对世界其他国家也有借鉴意义。④ 更值得一提的是，美国国家人文与科学院院士小约翰·柯布博士提出"生态文明的希望在中国"，在他看来"中国提出走向生态文明这个伟大的主张，是21世纪中国对世界作出的巨大贡献"⑤。综上所述，中国共产党领导的生态文明建设对于全球生态环境的治理来说无疑是一种具有榜样示范意义的世界贡献。

---

① 参见《从中国的成功经验中寻找新路径——国际人士积极评价中国生态文明建设》，《人民日报》2018年3月14日第3版。
② 《绿色发展，绘就美丽中国新画卷——国际社会积极评价中国生态文明建设成果》，《人民日报》2017年10月24日第15版。
③ 新华网：《世界点赞中国生态文明建设成就》，http://www.xinhuanet.com/world/2019-03/14/c_1210082827.htm。
④ 搜狐网：《2018年度中国生态文明建设十件大事》，http://www.sohu.com/a/293385804_99933580。
⑤ 环球网：《美国国家人文与科学院院士小约翰·柯布：中国为全球生态文明建设树立了榜样》，https://3w.huanqiu.com/a/c36dc8/9CaKrnKmX9o。

第三节　资本主义"生态文明"矛盾修辞之辨

虽然生态文明（ecological civilization）概念最早由国外学者提出，但并没有成为国外能够"普遍理解"的一个概念。正如由中国外文局和中国翻译研究院编写的《中国关键词——权威解读中国》对"生态文明"词条的翻译并没有采用"ecological civilization"这种直译，而是采用便于外国人理解的"environmental protection"（生态保护）这种翻译。因此，从这个角度可知，生态文明其实是一个具有鲜明中国特色和宏大中国气派的"中国关键词"，所以在资本主义的制度框架和话语体系之下很难说得上有一种"生态文明"（ecological civilization），充其量也只是"生态保护"（environmental protection）而已。正如习近平总书记在哲学社会科学工作座谈会上指出的，"建设生态文明……等等，都是我们提出的具有原创性、时代性的概念和理论"。① 然而，吊诡的是，中国学术界出现了一种所谓的"生态文明中性论"的观点，认为生态文明既可以姓"社"也可以姓"资"，从而出现了所谓的"发达国家生态文明的资本主义本质""西方发达（资本主义）国家建设生态文明已经走到世界前列""生态文明在西方国家的发展和逐渐成熟""资本主义生态文明建设道路"等表述，还有人甚至极力鼓吹"美国是生态文明立法（制度）最为完善的国家"。② 显然，这种学术态度不仅不利于对生态文明这一概念作出正确的理解和定位，而且还有可能为"生态文明'资本主义化'错误思潮大肆泛滥打开大门"③。其实，说到底，主

---

① 《习近平谈治国理政》第二卷，外文出版社2017年版，第343页。
② 转引自刘思华《生态文明"价值中立"的神话应击碎》，《毛泽东邓小平理论研究》2016年第9期。
③ 转引自刘思华《生态文明"价值中立"的神话应击碎》，《毛泽东邓小平理论研究》2016年第9期。

要是因为资本主义"生态文明"本质上显露出一种矛盾修辞倾向。

一 从概念史检视"资本主义"的本质

对于资本主义"生态文明"矛盾修辞之辨,其中一个关键点是要弄清楚"资本主义"的本质究竟是什么?一般来说,关于资本主义的本质是什么的问题在教科书中很常见,但大都以原理性的阐释为主,而缺乏一种概念史的学理分析。在此,我们拟从概念史或词源学的角度来简要梳理一下"资本主义"这一概念,从而透过其概念蕴含检视出其内在本质。

理解"资本主义"这一概念,"资本"和"资本家"是两大核心关键词。正如法国著名历史学家费尔南·布罗代尔(Fernand Braudel)所言:"'资本'和'资本家'是'资本主义'的支架并赋予其含义。若仅仅用于历史探索,只有当你把'资本主义'一词认真地用'资本'和'资本家'两个词套起来的时候,你才能界定其含义。"[①] 中国学者张一兵指出:"资本理论的历史沿革和语义变迁,这是我们理解资本主义概念的入口。"[②] 那么,"资本"究竟是什么?从词源学上看,"资本"一词问世于13世纪初,它源自拉丁语"Caput",有"顶部"或"头部"的意思,其词根是"capiō",蕴含"攫取"(catch)和"占有"(capture)之义。[③] 14世纪以后,"资本"一词被普遍使用。从概念史的角度看,资本大致经历了三次不同的变迁(或扩大性解释)。第一阶段是14—17世纪,这一历史阶段所使用的"资本"概念主要指资金、款项或货币。第二阶

---

① [法]费尔南·布罗代尔:《资本主义的动力》,杨起译,生活·读书·新知三联书店1997年版,第32页。
② 张一兵、王浩斌:《马克思真的没有使用过"资本主义"一词吗?》,《南京社会科学》1999年第4期。
③ [美]哈珀·柯林斯出版集团:《柯林斯拉丁语–英语双向词典》,世界图书馆出版公司2013年版,第28—30页。

段是17世纪下半叶到19世纪初,这一历史阶段所讲的"资本"、概念之义不仅包括资金,还包括机器、设备、土地、厂房等生产要素。这被法国经济学家杜尔阁(Turgot)称为生产性的货币和支配工人的手段。①第三次阶段是19世纪以来马克思解释的一种"生产关系",当然他并没有否定"资本"作为资金、机器设备等之义。马克思说:"资本也是一种社会生产关系。这是资产阶级的生产关系,是资产阶级社会的生产关系。"② 我们说,当古典经济学家只是将"资本"界定为一种实体性的可感知物时,马克思却看到了其背后常人把握不准甚至把握不到的最为本质性的东西,那就是一种赤裸裸的压迫与被压迫、剥削与被剥削的资本主义生产关系,这是马克思的高明之处。在这样一种生产关系中,资本的本质就显示出来了,那就是"增殖",资本家为了实现由货币到资本的转化,让自己赚到更多的钱,他就必须去购买一种特殊的商品即劳动力,形成所谓的"劳动从属于资本"的生产关系,其中受苦受累受难的便是出卖劳动力的广大底层劳动者。1857年8月,马克思在《〈政治经济学批判〉导言》第三手稿中曾经指出:"从实在和具体开始……似乎是正确的。但是,更仔细地考察起来,这是错误的……比如资本,如果没有雇佣劳动、价值、货币、价格等,它就什么也不是。"③应当说,雇佣劳动当中的资本(增殖)逻辑始终贯穿资本主义的生产关系中。因此,我们要理解"资本",要坚持历史分析方法,在资本主义社会中,它不仅是一种可感知的"物"的东西(比如固定资本和流动资本等),而且是一种背后更为本质的资本主义生产关系,它包括资本主义的生产资料私有制关系、资本主义的不平等分配关系、不正当竞争关系等,而其产生的严重后果便是对大自然(资源)的无限度开采

---

① [美]熊彼特:《经济分析史》,杨敬年译,商务印书馆1994年版,第484—485页。
② 《马克思恩格斯文集》第一卷,人民出版社2009年版,第724页。
③ 《马克思恩格斯选集》第二卷,人民出版社2012年版,第700页。

和攫取、对人自身主体性的无视和解构。其实，从一开始词源学意义上所讲的"资本"就已经孕育着"攫取"（catch）和"占有"（capture）之义了，正如我们所熟知的"资本来到世间，从头到脚，每个毛孔都滴着血和肮脏的东西"①。

而相对于"资本"来说，"资本家"（capitalist）这一概念则出现得较晚。据法国历史学家费尔南·布罗代尔（Fernand Braudel）的考证，"资本家"（capitalist）一词最早产生于 17 世纪，而最早将其当作一个名词使用的是英国经济学家亚瑟·杨格（Arthur Young），1792 年在其创办的杂志《法国旅游》（*Travels in France*）中记载："这些措施的一个总的弊端是导致那些有钱人（moneyed men）或资本家（capitalists）逃税。只有消费税才能影响他们。"② 可见，"资本家"最早反映出的就是"有钱人"的意思，后来这一词扩大性解释为投资者、企业者或生产掌控者等含义，正如英国学者托马斯·霍奇金（Thomas Hodgkin）在《劳方对资方主张之辩驳》一文中使用"capitalist"这一词时所引述的："在生产食物和制造服装、生产工具和使用工具的人们之间，横亘着资本家（capitalist），他既不生产也不使用它们，还将自己视为两者的生产者。"③ 无论是"有钱人"还是"企业者"等类似意涵，事实上都还未触及马克思主义意义上所讲的"资本家"的深层次内涵。我们说，马克思早期并没有使用"资本家"这一概念，而多以"资产者或资产阶级"进行著述批判。直到《1857—1858 年经济学手稿》中马克思对"资本"的概念有了明确界定后，他才更为普遍地使用"资本家"这一概念。当然，马克思所讲的"资本家"有别于前述所言的"有钱人"

---

① 《马克思恩格斯选集》第二卷，人民出版社 2012 年版，第 297 页。
② 转引自曹龙虎《"资本主义"：一个基本概念的生成及其使用》，《世界历史》2017 年第 3 期。
③ E. P. Thompson, *Thomaking of the Working Class in United Kinxlom*, New York: Random House, 1964, p. 778.

或"企业者",而是资本的人格化。马克思说:"资本家,即资本的代表,资本的人格化。"① 我们也可以结合马克思对"资本"的界定,认为"资本家"就是资本主义生产关系的人格代表。换言之,资本家并不是天生就是"资本家",他们的贪婪性绝不是由他们各自纯粹的天然禀赋所决定的,而是资本主义生产关系的产物,是这种"关系"决定的。正如马克思在《资本论》中所言:"这里涉及的人,只是经济范畴的人格化,是一定的阶级关系和利益的承担者。我的观点是把经济的社会形态的发展理解为一种自然史的过程。不管个人在主观上怎样超脱各种关系,他在社会意义上总是这些关系的产物。"② 所以,从这个意义上看,如果撇开"资本"或"资本主义生产关系"谈"资本家"的话,显然会陷入一种较为肤浅的"有钱人"样式的界定,这就无法有针对性地揭示出资本主义的丑恶本质。

"资本主义"这一概念的出现要晚于"资本"和"资本家"。从时间上看,"资本主义"这一概念最早是由法国历史学家路易·勃朗(Blanc Louis)1848 年提出并于 1850 年首次出现在他的《劳动组织》一书中,其中这样写道:"让我们看看,构成巴师夏先生全部论证的基础的诡辩是什么。这种诡辩就是经常混淆资本的有用性和我称之为资本主义(capitalisme)的东西,而资本主义,也就是说,一部分人占有资本,而把另一部分人排除在外。……因此你就可以高呼:资本万岁!我们维护资本,而我们以更大的热情反对资本主义(capitalisme)即资本的死敌。"③ 可见,这里的"资本主义"是一种排他性占有之意。此外,法国革命家奥古斯特·布朗(Louis-Auguste Blanqui)于 1869 年所写的《社会批判》这篇文章中也出现了"资本主义"这一概念,即"窥伺

---

① 《马克思恩格斯全集》第三十一卷,人民出版社 1998 年版,第 22 页。
② 《马克思恩格斯选集》第二卷,人民出版社 2012 年版,第 84 页。
③ [法] 路易·勃朗:《劳动组织》,引自曹龙虎《"资本主义":一个基本概念的生成及其使用》,《世界历史》2017 年第 3 期。

时机、追求利润的资本主义（capitalisme）抓住了协作，这个工具……然后，资本主义（capitalisme）站在窗前，心安理得地看着人民在水沟中挣扎"①。显然，这里提到的"资本主义"类似于"资本家"的意思，它无视人民的生命、财产及其他一切利益。但总体来说，无论是路易·勃朗还是奥古斯特·布朗，他们并没明确界定"资本主义"的内涵，所以有学者认为他们也算不上真正意义上从学术上使用过"资本主义"这一概念，反而认为"资本主义"这个词是在1902年德国学者威纳尔·桑巴特（Werner Sombart）出版的《现代资本主义》一书后才被广泛使用起来，因为威纳尔·桑巴特对"资本主义"做了明确的界定，认为"资本主义"就是"一定的经济制度，这种制度可以由下列特征表示。它是在交换的基础上组织起来的，而且在这种制度中两个不同的阶级是合作的；生产资料的所有者作为这个制度的主体直接从事经营，而失去了财产的劳动者作为客体则一贫如洗，受经营原则和经济合理主义的制约"②。这个界定表明了以下几层意思。一是它强调生产资料私有化基础之上的经营生产；二是这种生产以赚取高额剩余价值为目的；三是它具有很强的阶级属性且出现了劳动阶级贫困化的趋向。

其实，如果按照这种解释来理解资本主义的话，那么在马克思的理论视野中就已经有了类似甚至更高深的意蕴。过去学术界尽管有各种各样的质疑之声，说马克思没有使用过也没有界定过"资本主义"，但我们要说的是，或许马克思早年确实没有专门使用和界定过作为名词的"资本主义"，但是我们完全可以透过马克思文本当中的"资本""资本主义生产""资本主义生产方式""资本主义生产过程"及"资本主

---

① ［法］奥古斯特·布朗：《社会批判》，转引自袁臻《何谓"资本主义"——再考"资本主义"一词的起源、演变和东西语境下的翻译》，《理论月刊》2018年第12期。
② ［德］威纳尔·桑巴特：《现代资本主义》，转引自何顺果《关于"资本主义"的定义》，《世界历史》1997年第5期。

的私有制"等表述和阐释把握住"资本主义"的内涵及其本质。例如,"资本"作为一种"生产关系",它是通过"人"(劳动者)与"物"(生产资料)的结合来实现自身增殖的,但其中最为根本的路径就是生产出来的商品交换要成功,正如马克思所言:"资本不是一种个人力量,而是一种社会力量。"① 而"资本主义生产",其本质上是从属于"资本"的,也就是为了"赚钱"而生产,"资本主义生产——实质上就是剩余价值的生产"②。当然,它也是一个劳动过程,换言之,资本主义生产是劳动过程和价值增殖过程的统一,其中价值增殖过程是主要方面。而对于"资本主义生产方式",它是"资本主义生产"过程中的一种表现形式,马克思说:"资本主义生产的是这样一种社会生产方式,在这种生产方式下,生产过程从属于资本,或者说,这种生产方式以资本和雇佣劳动的关系为基础,而且这种关系是起决定作用的、占支配地位的生产方式。"③ 由此可知,对于"资本主义生产方式"而言,"资本"与"雇佣劳动"是贯穿其中的主线,要获得资本增殖,显然离不开对劳动力的购买或者说"雇佣劳动",而劳动者在受雇中则主要通过两种方法为资本家创造更多的剩余价值。一种是绝对剩余价值生产,一种是相对剩余价值生产,这两种生产方法显然表现出资本家对剩余劳动时间(提供无偿劳动)的绝对控制和占有。而这种占有关系体现出的即是资本主义的所有制关系,即私有制关系。马克思在《共产党宣言》中指出:"资产阶级生存和统治的根本条件,是财富在私人手里的积累,是资本的形成和增殖;资本的条件是雇佣劳动。"④ 总体而言,无论是"资本""资本主义生产""资本主义生产方式""资本主义生产过程"还是"资本主义的私有制"的表述,其最核心的逻辑有目共睹,那就

---

① 《马克思恩格斯选集》第一卷,人民出版社2012年版,第415页。
② 《马克思恩格斯选集》第二卷,人民出版社2012年版,第192页。
③ 《马克思恩格斯全集》第三十二卷,人民出版社1998年版,第153—154页。
④ 《马克思恩格斯选集》第一卷,人民出版社2012年版,第412页。

是实现"资本增殖"(或赚钱),为此"资本家"就会不惜一切手段或方式方法去推动资本主义生产,实现价值增殖。所以,透过以上"资本主义+"的名词表述,所谓"资本主义",就是建立在以"资本"占统治地位基础之上的一整套思想价值体系、经济生产方式和政治行为模式,其最本质的东西就是"私人占有""资本增殖""少数人利益"及"不断扩张"等核心意蕴。

二 "资本主义"的反生态性

通过对"资本主义"的概念史梳理,特别是透过"资本""资本家""资本主义生产""资本主义生产方式""资本主义生产过程"及"资本主义的私有制"等概念的阐释分析可知,"资本主义"将注定是反生态的,所谓的资本主义"生态文明"固然是一种矛盾修辞,这种提法也可商榷。在此,我们拟从以下三个方面对"资本主义"的反生态性作进一步阐释。

第一,资本主义"资本逻辑"的反生态性。资本的本性就是增殖,所以资本主义的"资本逻辑"就是"发财致富或赚钱""资本的合乎目的的活动只能是发财致富,也就是使自身变大或增大"[1],因此"生产剩余价值或赚钱,是这个生产方式的绝对规律"[2]。可见,"增殖"是资本主义的内在逻辑和根本追求,这也意味着"资本"一定是一个动态的而且具有超越性的范畴,"资本作为财富一般形式——货币——的代表,是力图超越自己界限的一种无限制的和无止境的欲望"[3]。由此可知,马克思将"资本"界定为一种"生产关系",而这种生产关系何以能够为资本家带来更多的剩余价值或增殖,这就需要不断地向外界侵占、

---

[1] 《马克思恩格斯全集》第三十卷,人民出版社1995年版,第228页。
[2] 《马克思恩格斯文集》第五卷,人民出版社2009年版,第714页。
[3] 《马克思恩格斯全集》第三十卷,人民出版社1995年版,第297页。

掠夺和扩张等，这个动态过程的推进离不开一个支撑点，那就是"自然界"，因为"没有自然界，没有感性的外部世界，工人什么也不能创造"①。所以从这个意义上看，大自然为资本增殖创造了一切可能，因此资本家便想尽一切办法作用于大自然，试图从中能够获得最大利益，马克思早已看穿了资本家的野心，指出他们"采用新的方式（人工的）加工自然物，以便赋予它们以新的使用价值"②，"从一切方面去探索地球，以便发现新的有用物体和原有物体的新的使用属性"③。不言而喻，资本家通过作用于大自然获得一种使用价值，然后再通过各种交易获得价值或实现增殖，大自然已然变成了资本家赚钱的机器，由此造成的直接后果就是资源枯竭、环境污染、气候变暖等生态危机的出现。例如，马克思曾经描述过一个工业城市的环境污染情况："桥以上是制革厂；再上去是染坊、骨粉厂和瓦斯厂，这些工厂的脏水和废弃物统统汇集在艾尔克河里，此外，这条小河还要接纳附近污水沟和厕所里的东西。这就容易想到这条河里留下的沉积物是些什么东西。"④ 马克思也揭示过在资本主义逐利的驱使下，农业技术的改进和滥用对大量土地的疯狂掠夺以至于出现土壤肥力枯竭的情况，侵蚀了人类赖以生存的土地资源，等等。

第二，资本主义"权力逻辑"的反生态性。资本主义的"权力逻辑"指的是以资本逐利为中心的一切独占性、排他性、笼络性和扩张性力量的社会政治规则。马克思指出，"资本是资产阶级社会的支配一切的经济权力"⑤，它将"摧毁一切阻碍发展生产力、扩大需要、使生

---

① 《马克思恩格斯文集》第一卷，人民出版社 2009 年版，第 158 页。
② 《马克思恩格斯文集》第八卷，人民出版社 2009 年版，第 89 页。
③ 《马克思恩格斯文集》第八卷，人民出版社 2009 年版，第 89—90 页。
④ 《马克思恩格斯全集》第二卷，人民出版社 1957 年版，第 331 页。
⑤ 《马克思恩格斯文集》第八卷，人民出版社 2009 年版，第 31—32 页。

多样化、利用和交换自然力量和精神力量的限制"①。资本作为一种"关系"范畴，反映出"增殖"一定是在一定的社会关系中实现的。唯物史观视野下的社会关系并不是一个抽象的概念，而是蕴含于生产力与生产关系、经济基础与上层建筑之基本矛盾当中的现实关系。马克思说："他们只有以一定的方式共同活动和互相交换其活动，才能进行生产。为了进行生产，人们相互之间便发生一定的联系和关系；只有在这些社会联系和社会关系的范围内，才会有他们对自然界的影响，才会有生产。"②从这个意义上看，某些社会关系的组构必然会反过来以各种形式对大自然产生这样或那样的宰制，"一切生产都是个人在一定社会形式中并借这种社会形式而进行的对自然的占有"③。其中，作为一种资本主义政治关系的权力逻辑表现得尤为明显。所谓资本主义政治关系，揭示的是其作为一种特殊的社会关系而必然以具体的形式进行实体部门的空间成立和权力运作，在这个过程中资本家或某些掌权者往往会充分利用其权势地位，进行权力寻租，目的是获得更多空间利益或资本，实际上就是无形之中给大自然带来了潜在的威胁。资本家凭借其实力可以买断政府部门，对土地进行疯狂掠夺与占有；而政府部门则可以堂而皇之顺势而为以刷新自己的政绩，正如大卫·哈维（David Harvey）所说："房地产开发商和土地所有者往往通过行贿、对政客的竞选宣传活动提供资金等方式，来确保政府对基础设施进行投资。"④对于这种资本主义政治关系的交织和组构，马克思认为必然"因为土地所有权本来就包含土地所有者剥削地球的躯体、

---

① 《马克思恩格斯文集》第八卷，人民出版社2009年版，第91页。
② 《马克思恩格斯选集》第一卷，人民出版社2012年版，第340页。
③ 《马克思恩格斯文集》第八卷，人民出版社2009年版，第11页。
④ ［美］大卫·哈维：《资本之谜：人人需要知道的资本主义真相》，陈静译，电子工业出版社2011年版，第177页。

内脏、空气，从而剥削生命的维持和发展的权利"①。而马克思似乎也早已意识到这种逻辑的反生态性根由，那就是"人对自然的关系直接就是人对人的关系，正像人对人的关系直接就是人对自然的关系，就是他自己的自然的规定"②。显然，人对人的关系与人对自然的关系是相互作用的，如若人对人反映出的是一种权力逻辑主宰之下的政治关系的话，那么其中很可能出现这样或那样的不当利益输送、权力腐败滋生等瑕疵，并最终反映到一切自然资源或空间界面之上。

第三，资本主义"消费逻辑"的反生态性。资本主义的"消费逻辑"就是不断生产、大量消费、严重浪费、造成污染。生产出具有一定使用价值的东西以满足人们的生活需求无可厚非，对社会经济发展来说也是意义重大。然而，在资本主义社会，资本家关心的却不是使用价值的问题，而是交换价值的问题，他们一心想着如何才能生产出更多的产品（而不考虑其生态性、绿色性）并顺利卖出去，获得大量的剩余价值。奥康纳曾指出："（1）在工作场所、土地使用活动、劳动分工等之中，起支配作用的首先是生产交换价值或利润的需要。保存生态多样性、避免对其他劳动场所以及后代人的生态债务、促进工人的智力发展等需要是从属于利润生产的；（2）在消费（再生产）领域，清洁的空气和水源、通畅的交通以及其他一些社会的和生态的'物品'，成了在市场中实现交换价值需要的牺牲品。"③ 显然，在这样一种生产动机之下，产品的交换价值远胜于使用价值而被资本家所追求，这将促使资本家采取各种手段提升其产品的交换价值。他们会采用先进技术进行现代化的生产，表面上提高了劳动生产率，有利于交换价值的实现，但实际上却对自然界造成了很大影响。正如列宁所说："现代技术的发

---

① 《马克思恩格斯文集》第七卷，人民出版社2009年版，第875页。
② 《马克思恩格斯文集》第一卷，人民出版社2009年版，第184页。
③ James O'Connor, *Natural Causes: Essays in Ecological Marxsim*, New York: The Guilford Press, 1998, p. 327.

展异常迅速,今天无用的土地,要是明天发展了新的方法(为了这个目的,大银行可能配备工程师和农艺师等去进行专门的考察),或是投入大量的资本,就会变成有用的土地。矿藏的勘探,加工和利用各种原料的新方法等,也是如此。"① 一些原生态的,未被人们开采利用的自然资源往往就在那一刹那被现代化技术所控制和破坏。此外,资本家也会尽可能生产出新奇花样的产品以提高产品的更新换代频率,从而刺激消费者的消费欲望。马克思明确指出了资本家通过刺激消费的手段来加快交换价值的实现进程:"第一,要求在量上扩大现有的消费;第二,要求把现有的消费推广到更大的范围来造成新的需要;第三,要求生产出新的需要,发现和创造出新的使用价值。"② 这种刺激性消费本质上就是在制造一种"虚假消费"需求,让人们有欲望购买更多的东西。显然,这种消费就是人们的"日常消费"向"异化消费"的逐渐沦落,其严重后果便是对生态环境的破坏,表现在产品的更新换代加重了对自然资源的攫取程度,也体现在消费者盲目消费某种新奇产品而搁置或浪费以往的旧产品,这些旧产品有的难以降解,有的有毒有害的,随着人们对这些东西的丢弃,大自然的遭遇是不言而喻的。

综上所述,资本主义的反生态性表现在"资本逻辑""权力逻辑"和"消费逻辑"的反生态性层面,但并不限于此。当然,"资本逻辑"其实是资本主义反生态性最为突出,甚至起着决定性作用的一个方面,因为资本主义社会或制度就是建立在以"资本"为主轴的基础之上的经济社会形态或政治运行方式,所以"资本逻辑"在某种意义上就决定了对"权力逻辑"的建构或动用,对"消费逻辑"的粉饰或刺激,目的只有一个,那就是实现资本增殖,获得更多的利润。显然,这种动

---

① 《列宁选集》第二卷,人民出版社1972年版,第803—804页。
② 《马克思恩格斯文集》第八卷,人民出版社2009年版,第89页。

机和行为逻辑对维护大自然生态平衡、促进人与自然和谐共生来说是没有好处的。

然而，这里有两个问题还需要厘清。一是如何辩证看待资本逻辑的当代积极效应？二是既然资本主义具有反生态性，为什么有些资本主义国家的生态环境状况比我们国家的还好？对于第一个问题，我们认为资本逻辑从本质或终极意义上看应该被消除或超越，否则人类很难建成一个生态文明，但这得有一个过程。这个过程可以反映出，自"资本"诞生以来，它其实既有正面效应，也有负面效应。马克思尽管花了很大力气去批判资本逻辑，但他仍然承认资本逻辑的重要作用，特别表现在社会生产力水平的提升以及社会形态的更替和进步等层面，正如有学者所言这是"资本的文明化趋势"①。毫无疑问，这种文明化趋势便是资本的生产性效应，也就是它能够在某种意义上促进生产力的发展。因此，在当代社会，我们应该综合性、多元化地分析问题，既要看到人类社会发展过程中的多重目标，也要肩负实现多重目标的特殊使命。这个时候我们就不能简单看待甚至绝对排斥资本逻辑，资本逻辑对生态文明建设这个目标固然有着消极影响，但资本逻辑对于经济建设、社会建设等目标则能够发挥积极的作用，特别是在市场经济的道路上表现得更为明显。因此，我们现阶段可以做的就是要在充分运用资本的同时限制资本并不断地超越资本，这要求人们要以生命共同体的意识、要以集体主义的精神、要以谦逊理性的思维去对待资本，而不能像在资本主义条件下纯粹为了"个人私欲"（获利增殖）而表现出来的被资本逻辑所主宰。

对于第二个问题，既然"资本主义"具有反生态性，为什么有些资本主义国家的生态环境状况比我国或者其他发展中国家还好呢？这里首先要明白，"资本主义"具有反生态性并不意味着资本主义国家的生

---

① 陈学明：《资本逻辑与生态危机》，《中国社会科学》2012 年第 11 期。

态环境状况一定是糟糕的，二者在一定时期内不成正相关。正如一个人本性是"坏的"，并不意味着这个人可以一览无遗地被人们看作"坏人"，因为这个人完全可以在众人面前做各种伪装。同样，以"资本逻辑"为主宰的资本主义社会，在过去已经造成了严重的生态环境问题（马克思恩格斯文本中已有丰富阐述），而如今为什么有些资本主义国家的生态环境状况得到很大改善呢？或许有三点可以解释：一是一些发达资本主义国家逐渐意识到生态环境问题对本国经济社会发展和民众生活宜居有很大的影响，所以他们更多地从环境立法和监管层面做了一些工作，但对"资本增殖"的追求是矢志不移的。二是一些发达资本主义国家，人口总量较少，向大自然的需求量和排放量相对较少，所以在推进生态环境保护工作方面难度并不大。三是这些发达资本主义国家在既要遵守环境法规保护生态环境，又要发展重工业以刺激经济增长的关系处理中，他们往往会把那些带有很强污染性的企业或垃圾转移到其他发展中或落后的国家，即形成一种生态殖民，结果就是发达资本主义国家的环境好了，其他国家的环境就遭殃了。正如福斯特所言："发达国家每年都在向第三世界运送数百万吨的废料……没有比这更'值得炫耀'的实例来说明帝国主义一直在如何左右第三世界的事务了。"① 然而，这种生态殖民一定只是缓兵之计，因为生态危机问题终究是全球性问题，当其他发展中或落后国家的生态承载限度被突破后，发达国家最终还是要遭殃。

三 资本主义"生态文明"的矛盾修辞

通过以上阐释可知，资本主义本质上是反生态性的，资本主义"生态文明"实为一种矛盾修辞。作为一个具有中国特色的关键词，谈论

---

① ［美］约翰·贝拉米·福斯特：《生态危机与资本主义》，耿建新、宋兴无译，上海译文出版社2006年版，第56—57页。

"生态文明"必须以马克思主义为指导、要发挥党的领导优势、要体现人民群众的利益要求,更要积极参与全球生态治理并共同促进人与自然和谐共生,等等。然而,作为一种被"伪装"起来的资本主义"生态文明"却并不如此,而更多的可能是在向其他各国间接性兜售或渗透资本主义社会的负面思潮或价值观。基于此,我们可以看出,资本主义"生态文明"矛盾修辞至少体现出如下几点。

第一,坚持以马克思主义为指导,呈现的却是漠视眼光。西方资本主义社会盛行这样一种观点,即认为马克思主义缺乏生态的维度,所以谈不上对其继承与发展,更谈不上以其作为指导。美国学者罗宾·埃克斯利(Robyn Eckersley)认为:"马克思完全赞赏资本主义生产力所带来的'文明'与技术成就,完全吸收了维多利亚信仰,其将科学和技术进步作为人类战胜、征服自然的手段。"① 约翰·克拉克(John Clark)更是指责:"马克思的普罗米修斯的……'人'是个不识自然的人,是不将地球视为'生态'之家的人。"② 等。所以,生态马克思主义者福斯特对此评论道:"马克思常常被看作一位反生态的思想家。"③ 从这个意义上看,西方资本主义社会之所以认为马克思主义缺乏生态的维度甚至还是反生态性的,主要在于他们对马克思的生产力理论及其"控制自然"观念进行诘难。此外,弗朗西斯·福山(Francis Fukuyama)认为马克思主义也好,社会主义也好,都是反生态性的,前者意味着人类中心主义的把持,后者意味着经济落后的象征,所以综合起来看是难以改善和拥有健康优美的生态环境的。正如其所言:"健康的环境是一种奢侈,只有那些拥有财富和经济活力的国家才能

---

① Robyn Eckersley, *Environmentalism and Political Theory*, Albany: State University of New York Press, 1992, p.80.
② John Clark, "Marx's Inorganic Body", *Journal of Environmental Ethics*, 1989 (11).
③ [美]约翰·贝拉米·福斯特:《马克思的生态学——唯物主义与自然》,刘仁胜、肖峰译,高等教育出版社2006年版,第1页。

负担得起。"① 这种国家在他看来只有资本主义国家才够资格，因为他进一步指出："资本主义在某种意义上是成为发达国家的必由之路，而僵化集权的社会主义则是创造财富和现代技术文明的重大障碍。"② 所以，从这个意义上看，马克思主义或社会主义的生态环境讨论就被认为是个伪命题，这也就无所谓继承和发展或以其作为指导的问题了。其实，这样一种观点是对马克思主义相关理论和观点的误读，是站不住脚的，一大批生态马克思主义者早已为此做过精彩的观点辩正，在此无须赘言。对于那些反社会主义、反马克思主义生态思想的人来说，对生态环境问题上的解决之道，或者是依赖于科技万能论，或者是求助于市场万能论，或者是倡导精英万能论，或者是呼吁社区万能论等五花八门的"万能论"，这体现出来的只是一种独断理性主义的哲学态势，并不是真正意义上的既有历史渊源性又有时代特色性的思考范式，这无益于当代世界生态危机的有效应对。

第二，坚持党的绝对领导地位，呈现的却是党派之争。生态文明建设的最大政治优势是坚持中国共产党的领导。资本主义国家实行的多为两党制或多党制，他们在国家治理上实行的是不同党派之间的轮流坐庄。西方资本主义国家的政党制度本质上就是各党派之间经济或其他一切利益竞争的政治性产物，反映出资本主义私有制基础之上的权力争夺、尔虞我诈和危机重重的局面。而一旦从这个意义上看，西方资本主义国家在生态危机治理及其政策实施上，显然缺乏了一个始终如一的强有力核心力量作为后盾，这就更难以置信其在生态治理效果上是如何普惠广大民众了。恩格斯批判美国政党制度时指出："我们在那里却看到两大帮政治投机家，他们轮流执掌政权，以最肮脏的手段来达到最肮脏

---

① ［美］弗朗西斯·福山：《历史的终结与最后的人》，陈高华译，广西师范大学出版社2014年版，第106页。

② ［美］弗朗西斯·福山：《历史的终结与最后的人》，陈高华译，广西师范大学出版社2014年版，第117页。

的目的，而国民却无力对付这两大政客集团，这些人表面上是替国民服务，实际上却是对国民进行统治和掠夺。"① 这就说明，其最主要的根源就在于私有制基础之上的资本主义生产方式在作梗，资本逻辑始终贯穿其中，各党派会用最肮脏的手段作用于这个对象化世界，因为他们就是试图从中获得无限额的剩余价值或利润，其结果便是马克思所描述的"在私有财产和金钱的统治下形成的自然观，是对自然界的真正的蔑视和实际的贬低"②。当然，即便在当代一些资本主义国家出现了所谓的绿党并逐渐加入执政党的行列，但是相对于西方的传统政党而言，其力量还是有限而微弱的，甚至存在绿党与其他政党以利益交换为基础的政治联盟，使得绿党最初的建立原则和运行方式发生变化，政治资源的重新分配、政治格局的重新建构似乎优于环境保护本身，澳大利亚工党和绿党的政治联盟关系建立就是典型之例，"工党的竞选专家和一些敏感的党内人士明确地提出：争取来自环保运动的选票对工党的大选利益至关重要"③。所以，就西方资本主义国家的政党政治而言，无论何种政党执政，在不变革资本主义私有制或资本主义生产方式的基础上来引领推动生态环境治理与可持续发展问题，事实上希望是渺茫的。显然，相对于西方资本主义国家的这种经济基础和政党政治而言，我们国家没有这种传统，也不适合中国国情。坚持以公有制为主体多种所有制经济共同发展是中国特色社会主义的基本经济制度，而坚持中国共产党的领导又是中国特色社会主义制度的最大优势。

第三，坚持人类美丽世界的共护，呈现的却是"生态帝国"。生态文明既有民族性意义，更有世界性观照，然而一些发达资本主义国家却在暗地里搞生态帝国主义。这种生态帝国主义就是一些西方发达资本主

---

① 《马克思恩格斯文集》第三卷，人民出版社 2009 年版，第 110 页。
② 《马克思恩格斯文集》第一卷，人民出版社 2009 年版，第 52 页。
③ 韩隽：《澳大利亚工党的绿色战略评析》，《国际政治研究》1999 年第 4 期。

义国家为发展本国经济、维护本国利益而在生态环境领域却忽视他国甚至侵袭掠夺他国的一种霸权主义行为，主要表现在自身环境责任的逃避、对发展中国家生态资源的掠夺、高污染企业的转移、有毒有害"洋垃圾"的出口，等等。一方面，环境责任逃避。生态文明是一个全局性的战略问题，美丽世界需要全球携手共建，但一些发达资本主义国家在环境责任上却表现出消极甚至逃避的政治态度。以美国应对全球气候变化为例，小布什和特朗普对全球气候变化的真实性持怀疑态度，认为任何一项气候治理政策都会影响美国经济发展，因而他们分别选择退出了《京都议定书》和《巴黎协定》。拜登在全球气候治理上虽然表现出了与特朗普相反的立场和态度，但是美国政府的气候议题总体上仍然裹挟着政治资本化的色彩，本质上仍是为了一己之利，而结果在环境责任层面必然是摇摆不定甚至逃避。美国保守派智库传统基金会发布的《领导力授权 2025：保守派承诺》报告已经释放出明确信号，"如果共和党获胜，美国的气候与贸易政策将发生剧变，比如立刻解散众议院气候危机特别委员会，取消《通胀削减法案》中的所有气候条款，对白宫内部和能源部、环保署、商务部、财政部等机构进行'全面去气候化'重组等"[①]。另一方面，环境污染转移。美丽世界需要世界各国共同建设和维护，而生态帝国主义的另一表现形式就是转移环境污染，一些发达资本主义国家只顾着本国的环境建设而忽视他国的环境承载力，他们将高污染产业、各种工业废料和电子垃圾直接输入发展中国家或落后国家，这些国家的环境状况因此而不断恶化。例如，美国每年产生约 84 亿吨废物，总量是中国的 3 倍，人均年垃圾产量约 26 吨。吊诡的是，美国环境问题似乎并不严重，日本的情况也大抵如此，这是因为发达国家并不在国内处理海量垃圾，而是通过各种渠道将垃圾转移到发展中国家。通过这一方式，发达国家既可保障本国充分消费又能实现'垃圾变

---

① 转引自李昕蕾《美国气候治理的话语陷阱》，《人民论坛》2024 年第 4 期。

现',这是对发展中国家隐性的生态掠夺"[1]。当然,一些国家已经意识到环境污染转移背后的生态帝国主义本质,并开始限制这些高污染产业和某些"洋垃圾"的输入。例如,中国政府于2017年7月下发了关于《禁止洋垃圾入境推进固体废物进口管理改革的实施方案》,将废塑料、废纸等4类24种固体"洋垃圾",调整列入了《禁止进口固体废物目录》,并且从2018年1月正式实施"洋垃圾"禁令。应当说,这一禁令的实施对于改善中国生态环境、推进全球生态环境治理起着非常重要的作用。

---

[1] 刘顺:《警惕生态殖民主义陷阱》,《历史评论》2022年第5期。

第三章　人与自然和谐共生现代化的机理诠释

——从"去增长"论的问题说开

中国式现代化的一个重要特征或维度就是要建设"人与自然和谐共生的现代化",换言之,现代化及其生态叙事完全可能而且兼具明确的政治指向。那么,我们又该如何从学理意义上来为这种可能性或政治指向阐明其中的内在机理呢?本章以小见大,拟围绕"去增长"论(主要指经济去增长)这一话题展开,揭示"去增长"论的反现代化倾向,批判"去增长"论的"绿色"论调,提出建设生态文明或生态可持续性社会单纯依靠"去增长"是不可行的,也不切实际,甚至会适得其反。基于这一问题讨论,最后从理论基础与现实旨意层面阐明走人与自然和谐共生的现代化道路才是客观和明智的选择。

第一节　"去增长"论及其反现代化倾向

从某种意义上说,经济增长是一个国家走上现代化之路的重要引擎,其水平高低在很大程度上也反映了这个国家现代化建设的总体水平,"最近一个多世纪的经济增长,是历史上从未有过的重大而特殊事件,它所带来的财富抵得上人类过去几千年的积累……没有这个增长,就不会有高度的现代文明"①。其实，马克思早就给我们揭示了这层意思，他看到英法两国经济增长速度之快、成就之大，便不由自主对资本主义工业文明发出感叹，认为"资产阶级在它的不到一百年的阶级统治中所创造的生产力，比过去一切世代创造的全部生产力还要多，还要大"②。马克思当然认可经济增长的必然性及其成就，但他对其背后的资本主义经济增长模式和剥削模式却始终不渝地保持着批判的立场和态度。但不管怎么说，经济增长仍是一个国家实现现代化的最基本的物质基础，这是不可否定的。

然而，为何当前却流行着一种"经济去增长"（以下简称"去增长"）论呢？一言以蔽之，或许就是因为过去增长的代价太大了，大到危及地球家园和毁灭人类本身，"如果增长导致了过冲、导致需求的扩张超出了地球资源所能维持的水平时，崩溃必然紧随而来"③。的确，谁也不能否认这种客观现实，即片面的经济增长确实给地球家园、给人类社会造成了巨大的生态灾难。从理论上说，前文已阐述了经典马克思主义、法兰克福学派、生态马克思主义，以及有机马克思主义对资本主义唯利润为最高追求的片面经济增长给予了各自视角的批判，认为资本主义的经济增长是不可持续的、灾难性的。其实，20世纪六七十年代的《寂静的春天》《增长的极限》，以及20世纪90年代的《里约宣言》《21世纪议程》的出版发表也可以较好地说明这一问题。早在20世纪80年代，生态学家尤金·斯托莫（Eugene Stoermer）就提出了"人类纪"的概念，他认为200多年前蒸汽机的诞生开启了一个地球历史的新纪元，人类的行为已然成为全面宰制地球的主要力

---

① ［美］理查德·海因伯格：《当增长停止：直面新的经济现实》，刘寅龙译，机械工业出版社2013年版，序言。
② 《马克思恩格斯选集》第一卷，人民出版社2012年版，第405页。
③ ［美］德内拉·梅多斯、乔根·兰德斯、丹尼斯·梅多斯：《增长的极限》，李涛、王智勇译，机械工业出版社2013年版，第XXIV页。

量，生态环境的恶化完全就是人类纪的必然结果，人类被看成了罪魁祸首。当然，也有学者如环境史学家杰森·摩尔（Jason W. Moore）接续这种叙事逻辑，进一步提出了"资本纪"（Capitalocene）的概念，他认为自然是一种被无情地纳入世界资本主义体系中的廉价物，加上其本身在资本主义的伦理政治体系中所处的低级地位，一切自然资源及人类的生存环境因此而陷入危机。其实，无论是基于"人类纪"的人类行为抑或是"资本纪"的资本主义世界体系之叙事情境，表达的一个总的意思就是以资本逻辑为导向的人类经济生产活动对大自然的冲击负有主要责任。

为了担起拯救地球的环境责任，理论界各抒己见，形成了各种观点和看法，其中有一种理论即"去增长"论便应运而生。"去增长"这个概念最早由高兹提出，他反对资本主义以"计算与核算"和"越多越好"为原则的经济理性或生产活动，倡导以"够了就行"和"越少越好"为原则的生态理性或工作（劳动）态度，透露出对资本主义经济极端增长，以及可能引起某种生态灾难的审思性立场。紧随其后，尼古拉斯·乔治库斯－罗根（Nicholas Georgescu–Roegen）是一位真正意义上拉开"去增长"论序幕的学者，其在1971年出版的《熵定律与经济过程》（*The Entropy Law and the Economic Process*）一书中批判了新古典经济学对"热力学第二定律"（熵增不可逆定律）的忽视，揭示了经济过程本质上就是自然界的熵变过程，指出经济增长总是以低熵物质或能量消耗为起点并逐渐转化为以高熵物质或能量污染为终点的结构过程。因此，人类经济活动要重视熵问题，要不断吸收低熵而避免高熵，他因此提出了"人类经济奋斗的中心是环境中的低熵"[①] 的

[①] ［罗］尼古拉斯·乔治库斯－罗根：《熵定律和经济过程》，载［美］赫尔曼·E. 戴利、肯尼思·N. 汤森编《珍惜地球：经济学、生态学、伦理学》，马杰译，商务印书馆2001年版，第93页。

重要观点,并主张以经济"去增长"的方式来推进。1979年《明天的去增长》一书的出版引发了"一场'衰减'思潮"①,其中最值得一提的是,国际学术组织"去增长研究学会"(Research and Degrowth)于2006年发起成立,并促成2008年首届巴黎"国际去增长"研讨会召开,同时创办了法文版报纸 La Décroissance。目前,"国际去增长"研讨会已连续召开了八届,其影响力极大。其间,涌现了一大批力挺或坚持"去增长"论的经济学者,比较著名的有美国的丹尼斯·梅多斯(Dennis L. Meadows)、理查德·海因伯格(Richard Heinberg)及赫尔曼·E.戴利(Herman E. Daly),英国的E. J. 米香(E. J. Mishan)和蒂姆·杰克逊(Tim Jackson)等。此外,西班牙的F.德马里亚(Federico Demaria)、加拿大的彼得·维克托(Peter Victor)、厄瓜多尔的A.阿科斯塔(Alberto Acosta)、意大利的马乌罗·博纳尤蒂(Mauro Bonaiuti)、法国的塞奇·拉图什(Serge Latouche)及澳大利亚的塞缪尔·亚历山大(Samuel Alexander)等也支持"去增长"论。总体上看,经济增长被认为是"当权者政绩的正式象征",人们"对经济增长的普遍追求依然超过了对人类友爱的渴望",尤其是"在20世纪六七十年代,每一个急于博得精准的经济形势判断和严谨的现实主义行为美誉的商人、政治家、评论家或者作家,都在以不同的方式忙于制造令人'眼花缭乱'的状态"②,其严重后果之一便是"环境问题已经变得异常突出"③,"人们失去了许多美好的事物,如无忧无虑的闲暇、田园式的享受、清

---

① [美]理查德·海因伯格:《当增长停止:直面新的经济现实》,刘寅龙译,机械工业出版社2013年版,第207页。
② [英]E. J. 米香:《经济增长的代价》,任保平、梁炜译,机械工业出版社2011年版,第2—3页。
③ [英]E. J. 米香:《经济增长的代价》,任保平、梁炜译,机械工业出版社2011年版,第75页。

新的空气等"①。基于此，一些"去增长"论者明确提出要大胆质疑持续的经济增长，认为虽然"质疑增长行为无异于疯子、狂人、理想主义者和叛逆者。但我们别无选择，必须去怀疑它。经济非增长的思想或许是对经济学家的诅咒，但经济持续增长的思想则是对生态学家的侮辱……"②。所以，他们倡导"经济体系的收缩"，提出"要为人类合作和生态系统留下更多空间"③。换言之，"去增长"论对于经济极端增长是持彻底的怀疑和反对态度的，他们并不认为纯粹的GDP增长会给国民带来幸福，他们所要追求的是一种正如蒂姆·杰克逊所言的"无增长的真正繁荣"④，即能够减少对生态环境的影响，实现更大的社会凝聚力，从而获得永久的更高层次幸福。从维系地球有限资源与保护大自然的角度看，"去增长"论的出发点毋庸置疑，但结合上述阐释可知，如若将其置于现代化及其生态叙事的视野中审视，却可以发现其具有浓厚的后现代主义色彩，"反现代化""反工业化"或"反生产力"⑤ 的倾向十分明显。

例如，他们主张消解科学技术。"去增长"论虽对现代科学技术的贡献表示出客观的赞许，但对于增长的极限而言，科学技术在"去增长"论那里总体上还是处于被消解的境遇。当人们去寻求某种超越增长极限的有效药方时，E.J.米香首先就将科学技术排除在外，他明确提出要打破传统意义上那种"科学救世"的神话，排除其干扰。一方面

---

① [英] E.J.米香：《经济增长的代价》，任保平、梁炜译，机械工业出版社2011年版，第194页。
② [美] 理查德·海因伯格：《当增长停止：直面新的经济现实》，刘寅龙译，机械工业出版社2013年版，第204页。
③ 去增长研究学会：《国际学术组织去增长研究学会》，https://degrowth.org/conferences/。
④ [英] 蒂姆·杰克逊：《无增长的繁荣：GDP增长不代表国民幸福》，乔坤、方俊青译，中国商业出版社2011年版，第1页。
⑤ [荷] 阿瑟·莫尔、[美] 戴维·索南菲尔德：《世界范围内的生态现代化——观点和关键争论》，张鲲译，商务印书馆2011年版，第23页。

是因为当前一些科学家的科研动机发生了异化，他们和公司行政人员、演员、艺术家和政治家一起已"沦陷至无休止的对于认知和物质报酬的争夺中……科学家看待他的出版作品，就像一个守财奴看待黄金那样充满热情"①；另一方面是因为"科学倾向于用无数的触角撕裂大自然的肉体"，这个世界因此而"覆盖着无数荧光灯、电子管、闪光图片等标识，这些景象织成了一张密密麻麻的网，一切都被撕裂和分解"②，科学正以其强大的力量使人们的生活窒息、使生命的精力散去、使地球的芬芳也逐渐消逝。此外，梅多斯等人在《增长的极限》一书中反对技术万能论，认为"我们必须以人类自己的方式来处理问题，采取更多的办法而不仅仅是依赖技术"③，这不仅是因为必然存在着技术开发的高成本性与技术运用滞后性的可能，更重要的是因为技术实践或大面积运用直接导致了生态的不可持续。梅多斯等人曾以建构 Word 3 模型中的农业技术为例来扩展极限，但通过各种场景的对比发现，新的农业技术终究不可能彻底解决粮食问题，因为"较高的农业密集度诱发了土地侵蚀过程的加速——不仅是土壤的损失，还有营养损失、土壤板结、盐碱化和其他降低土地生产力的过程"，而"这被证明是不可持续的"。④其实，科学技术是一把双刃剑，"去增长"论盲目地消解科学技术不可取，否则就有悖现代化的演绎逻辑。

又如，他们也反对自由贸易。"去增长"论对全球化体系下的自由贸易持反对立场，因为他们认为自由贸易虽然有利于竞争，能够使产品

---

① ［英］E. J. 米香：《经济增长的代价》，任保平、梁炜译，机械工业出版社 2011 年版，第 152 页。
② ［英］E. J. 米香：《经济增长的代价》，任保平、梁炜译，机械工业出版社 2011 年版，第 154 页。
③ ［美］德内拉·梅多斯、乔根·兰德斯、丹尼斯·梅多斯：《增长的极限》，李涛、王智勇译，机械工业出版社 2013 年版，第 258 页。
④ ［美］德内拉·梅多斯、乔根·兰德斯、丹尼斯·梅多斯：《增长的极限》，李涛、王智勇译，机械工业出版社 2013 年版，第 202—203 页。

更加便宜并促进世界和平,但是在"不断削弱地球供养生命的能力,从而实际上在毁灭世界"①。值得一提的是戴利,其对自由贸易全球化的反对尤为强烈,他给出的理由可概括为以下几点。一是自由贸易必然带来高昂的运输成本,以及对远方市场的过度依赖,同时贸易专业化导致的独立性必将削弱一个社会对谋生的支配能力。二是自由贸易将倒逼国际竞争趋于低标准化,因为较低的标准意味着较低的成本和价格,但其结果对建立在高标准基础之上的共同体生活造成了严重破坏。三是自由贸易使得自然资本在发达国家与那些发展程度较低的国家之间成为流动性交易对象,其结果很可能因某个国家对自然资本的过度进口而超越了其本身的地理或生态承载能力,从而付出环境代价。四是自由贸易更多的是工业部门内部同类产品的出口和进口,而并不是知识的跨越国界的自由流动和分享,其结果便是对知识的创新开发所引起的风险成本比快速分享知识而产生的效益要大得多。当然,理由或许还远远不止这些,但足以表明戴利坚决反对自由贸易的立场,他甚至在最后还倡导一种封闭性自给自足的社区或地方共同体经济,从而实现对自由贸易经济的真正瓦解,"无论如何,用根本不存在的全球范围的世界性共同体的名义来对我们地方的和国内共同体(这是真实存在的)进行分割,是糟糕的贸易,即便我们称之为自由贸易"②。如果现代化指向着打开国门而非闭关锁国、自由开放而非保守限制之深层要义的话(其实这也不可否认),那么透过上述观点,作为一种"去增长"论的反现代化倾向已然清晰呈现。

不言而喻,"去增长"论的这种反现代化倾向必然是现代化及其生态叙事中的一股阻力,因为他们至少在上述意义上不怎么看好现代化,

---

① [美]赫尔曼·E. 戴利:《超越增长:可持续发展的经济学》,诸大建、胡圣等译,上海世纪出版集团2006年版,第175页。

② [美]赫尔曼·E. 戴利:《超越增长:可持续发展的经济学》,诸大建、胡圣等译,上海世纪出版集团2006年版,第200页。

那这又何以谈兼容叙事的问题呢！那么，为何会造成这种局面呢？换言之，"去增长"论为何就看不到现代化及其生态叙事的一面，反而陷入了一种裹挟浓厚反现代化色彩的极端境遇呢？其实，最根本的原因或许就是"去增长"论自始至终都秉持着这样一种激进观点，即认为"环境与生态的恶化也能证明现代化事业是一条死胡同"①。换言之，这种根源体现为"去增长"论将"生态—经济"对立起来，也可以扩大性解释为这种理论盲目地将现代化及其生态叙事视为非兼容性问题。其实，从《增长的极限》一书中，我们就可以获得一定的答案。书中认为，增长并不必然导致崩溃，但指数型增长（翻倍再翻倍增长）终究导致崩溃，而工业文明以来的"增长"趋势恰恰被证实是一种指数型增长，如果不加以干涉，这种趋势必将长期延续下去，从而成为现代化进程中的特有"现象"，成为对立论或非兼容性的叙事源头。梅多斯等人指出："在一个多世纪的时间里，地球系统的许多物理特征都在迅速发生变化。例如，人口、粮食生产、工业生产、资源消耗以及污染都在不断增长……这些增长是以数学上所说的'指数型增长'的方式进行的……从整体上说，指数型增长是工业革命以来人类社会经济系统的一个主导性特征。"② 这种指数型增长之所以是现代社会或现代文明中的主导性特征，主要原因有两个。一是作为"系统存量"的自生，二是作为"资本存量"的衍生，梅多斯等人将其界定为"如果一个实体是自我再生的，那么这种指数型增长就是天生的；如果一个实体是在什么东西的驱使下呈指数型增长的，那么这种增长就是衍生出来的"③，而这两种情

---

① 参见［荷］阿瑟·莫尔、［美］戴维·索南菲尔德《世界范围内的生态现代化——观点和关键争论》，张鲲译，商务印书馆2011年版，第23页。
② ［美］德内拉·梅多斯、乔根·兰德斯、丹尼斯·梅多斯：《增长的极限》，李涛、王智勇译，机械工业出版社2013年版，第17页。
③ ［美］德内拉·梅多斯、乔根·兰德斯、丹尼斯·梅多斯：《增长的极限》，李涛、王智勇译，机械工业出版社2013年版，第23页。

况在他们看来都是客观存在着的。就前者而言,指数型增长之所以会作为"系统存量"而自生,那是基于"系统动力学原理"中正反馈圈的"自我闭合、自我增强的因果关系链"①,即在过去母体净值的闭环圈中,任何位置或要素的改变效应或影响都会沿着因果链而传续下去,一次增加必然引起更多的增加,"只要一个系统存量处于一个正反馈圈中,这个存量就具有指数型增长的潜在可能……如果没有什么约束,它就具有这种指数型增长的能力"②。那么,就后者而言,指数型增长之所以会作为"资本存量"而衍生,那是基于现代工业文明中"资本"力量的催生或主宰,或者说是一种资本逻辑自我再生产的必然结果。梅多斯等人的话可以很好地印证了这一点,他们明确指出:"工业资本存量是另外一种会呈现天然的指数型增长的东西……在工业经济这种自我再生产、增长导向的生产方式中,无论是实物资本还是货币资本都能产生出更多的资本……只要资本的这种自我再生产没有受到……其他可能限制这种复杂工业系统增长的因素的限制,一个经济就会呈指数型增长。"③ 综合言之,我们不难发现,在以梅多斯等人为代表的"去增长"论者那里,工业文明以来的指数型增长是现代社会或现代化意义上的一种客观的必然呈现,而伴随而来的生态环境问题也是不可阻挡的,因而要放在现代化的视域中来谈论生态可持续性或人与自然和谐共生问题似乎本身就存在着天然的绊脚石,所以这就不难理解为何"去增长"论看不到现代化及其生态叙事的一面了。

---

① [美]德内拉·梅多斯、乔根·兰德斯、丹尼斯·梅多斯:《增长的极限》,李涛、王智勇译,机械工业出版社2013年版,第24页。
② [美]德内拉·梅多斯、乔根·兰德斯、丹尼斯·梅多斯:《增长的极限》,李涛、王智勇译,机械工业出版社2013年版,第25页。
③ [美]德内拉·梅多斯、乔根·兰德斯、丹尼斯·梅多斯:《增长的极限》,李涛、王智勇译,机械工业出版社2013年版,第25页。

第二节 "去增长"论的"绿色"叙事及其辨疑

如上所言,在"去增长"论看来,指数型增长的主导趋势是自然资源耗竭或生态环境危机的罪魁祸首,为了维系适于人类可持续性生存和发展的地球家园,去增长或零增长是其战略选择,但遗憾的是这种选择连同现代化本身也一并质疑或反叛了,毋庸置疑,这给在当下不可逆转的现代化进程中探索可持续发展或生态文明的协同增效制造了障碍。然而,在"去增长"论者的视界中,又何必要求协同推进或增效呢,而且在他们看来这似乎也不可能,唯有去增长、零增长或整体意义上反叛指数型经济增长为主导性特征的现代化社会才是最具可能性的"绿色"出路。不可否认,"去增长"论的"绿色"初衷与家园情怀是值得肯定的,但"去增长"论真的能带来或至少维系地球之绿吗?其实,我们认为,"去增长"论的"绿色"叙事是以偏概全不成立的,"去增长"之路的"绿色"未来或生态文明愿景是难以期待的。

第一,以"熵流"问题为起点的绿色分析范式及其去政治化风险。"熵流"问题是"去增长"论者批判经济增长的生态危机效应,并进一步展开对"去增长"未来绿色逻辑整体分析的起点,这是一种以"生物物理限制"为类型的绿色分析范式。所谓"熵流"(entropic flow),最早由罗根提出,指的是一种"始于资源和终于废物的单向流动"[①],也就是以低熵物质或能量消耗为始点并逐渐转化为以高熵物质或能量污染为终点的结构过程,是不可逆的自然规律,而经济增长总是遵循这一过程,所以去增长就是为了尽可能地实现环境中的低熵。戴利认为"熵流"这一概念填补了"经济学中将经济与它的环境连接在一起"的空

[①] [美]赫尔曼·E. 戴利:《超越增长:可持续发展的经济学》,诸大建、胡圣等译,上海世纪出版集团2006年版,第233页。

白，凸显了其在生态环境问题分析中的起始性或中心性地位。戴利不仅沿着其师罗根的"熵流"理论作了具体的阐扬，更难能可贵的是，戴利还专门以一度被经济学家所忽略的英国化学家弗雷德里克·索迪（Frederick Soddy）的观点作了引证，他论及了索迪所言的"没有磷元素就没有思想"、财富就是"以对人类有用的形式存在的物质和能量"，以及"热力学第一和第二定律应该是经济学的起点"① 等观点，旨在进一步阐明财富的储存或经济的增长与"生物物理限制"（熵流问题）的相关性，所以戴利高度评价"其正确性随着我们发现源头端的低熵输入和接收端的高熵废物输出是无限的而越来越得到验证"②。其实，罗根、戴利及索迪等人要表达的意思是，生态环境问题本质上是一个"熵流"问题，从根本上反映着自然资源的稀缺性假设，透露出自然资源的稀缺性危机问题，如戴利指出："将熵流动放到分析的中心将迫使我们去关注那些产生这种重要流动的自然资本存量。"③ 不可否认，建立在这样一种自然科学基础上的绿色话语分析范式对于生态环境问题的阐释具有一定的科学指导意义。但是，仅限于此的话势必将忽视环境高熵或自然资源稀缺性的社会历史成因，从而在生态环境问题的阐释上具有去政治化的风险，看不到资本主义制度的病理性根源，即"它没有将热力学所揭示的自然过程与资本主导的经济社会过程结合起来……熵的过分外推其实是历史上生态稀缺论在当代的一种翻版，而生态稀缺论在当时则体现出一定的意识形态属性和去政治化倾向"④。历史上比

---

① ［美］赫尔曼·E. 戴利：《超越增长：可持续发展的经济学》，诸大建、胡圣等译，上海世纪出版集团2006年版，第213—223页。
② ［美］赫尔曼·E. 戴利：《超越增长：可持续发展的经济学》，诸大建、胡圣等译，上海世纪出版集团2006年版，第234页。
③ ［美］赫尔曼·E. 戴利：《超越增长：可持续发展的经济学》，诸大建、胡圣等译，上海世纪出版集团2006年版，第237页。
④ 蔡华杰：《恩格斯是反对熵定律，还是批评"热寂说"——生态经济学与生态社会主义的论争及其启示》，《马克思主义研究》2017年第6期。

较典型的自然资源稀缺论主要有新古典环境经济学的稀缺论和新马尔萨斯主义的稀缺论，前者重在阐明自然资源本来的先天性稀缺问题，后者重在阐明人口的爆炸式增长导致了自然资源的稀缺性问题，它们分别被认为是生态危机的罪魁祸首，所以当两方试图要着手解决生态环境问题时，所开出的药方或者是科技万能论或者是市场万能论，而根本未触及资本主义制度及其生产方式本身。从"熵流"定律出发探讨的去增长问题事实上变相地秉承了这样一种稀缺论理念，罗根和里夫金等人均认为，线性的经济增长活动应该在世界观上转向对熵流的充分认识，因为"熵的世界观则以保存有限资源为思想基础"①。换言之，熵的世界观或熵流问题是以有限资源（稀缺性资源）为叙事基础的，从而以此去分析生态危机的根源，甚至还试图构建一种绿色资本主义。其实，这种分析范式本身就没看到自然资源稀缺性的制度性根源，稀缺问题绝对不能脱离一定的社会历史阶段去做纯粹的和永恒的固化。从马克思主义的生态理论视野看，稀缺性源自资本增殖的必然结果，是资本主义生产方式对人与自然的双重宰制的客观效应。因此，对于生态危机的诊断，我们要形成一种科学和辩证的绿色分析范式，不能仅仅从"熵流"问题作单向化的自然科学分析，而应将其放在一定历史阶段作政治经济学的审视，否则在谈论生态危机或建设人与自然和谐共生现代化的过程中就会陷入去政治化的困境，把握不住真问题。

第二，以国民幸福指数为标准的绿色评价机制及其可行性困境。GDP一直以来都是世界各国经济发展状况的一个重要衡量标准，但人们似乎忘却了其背后所带来的负面冲击。在"去增长"论那里，很多

---

① ［美］杰里米·里夫金、特德·霍华德：《熵：一种新的世界观》，吕明、袁舟译，上海译文出版社1987年版，第167页。

学者都反对或质疑 GDP，认为增加一个数字或许会让现实变得更美好，但从长远来看，这个问题想象的"或许有点太简单了"①。其中，一个最重要的原因便是它没有考虑成本和收益的分配，没有考虑生态环境问题对人们幸福感或生活质量的潜在影响。因此，一些去"去增长"论者开始讨论如何用更为科学有效的指数来替代 GDP。例如，詹姆斯·托宾（James Tobin）等人在其论文《增长是否已经过时》（"Is Growth Obsolete"）中提出了"经济福利尺度"（Measure of Economic Welfare, MEW）的概念；戴利和柯布等人则进一步发展了 MEW，提出了"可持续经济福利指数"（Index of Sustainable Economic Welfare, ISEW）的概念；旧金山的某智库国际发展组织则在 MEW 和 ISEW 这两个概念的基础上，提出了"真实发展指数"（Genuine Progress Indicator, GPI）的概念，涵括着衡量人们幸福与否的诸多指标，如环境破坏、资源贬值、收入分配及公共基础设施建设等。由此，从国民幸福的角度来寻找替代 GDP 指标或绿色评价机制的呼声越来越高。一些"去增长"论者不由得喊出："归根到底，如果产品和消费的增加不能增加人类的满足感，这样的增长又有什么意义呢？'幸福经济学家'们已经学会用稳定的模型将主观调查与客观数据结合起来，使得建立国民幸福指数在现实中成为可能。"② 这里的国民幸福指数在"去增长"论者看来，本质上蕴含着"一个国家可以在创造高福利的同时，留下最少的生态足迹"之深刻内涵，表达了对经济生产活动绿色评价机制或标准的科学有效性期待；相反，"那些坚持把 GDP 增长作为衡量公民幸福的政府，就只能绞尽脑汁，凭空杜撰毫无意义的借口，向最不幸的选民解释他们为什么会

---

① ［美］理查德·海因伯格：《当增长停止：直面新的经济现实》，刘寅龙译，机械工业出版社 2013 年版，第 210 页。
② ［美］理查德·海因伯格：《当增长停止：直面新的经济现实》，刘寅龙译，机械工业出版社 2013 年版，第 212 页。

如此失败"①。然而，探索以国民幸福指数（不管何种形式）来取代GDP真的可行吗？情况并非如此。一是国民幸福指数的测算存在较大的主观性，由于经济发展水平以及文化价值观的差异，幸福这个问题本身就是一个见仁见智的主观感受，如何进行一个国民幸福指数的测算在操作上有一定难度。另外，国民幸福指数也是一个软性指标，涉及方方面面的内容。我们不能因为一个国家的幸福指数高，就想当然地认为其生态环境质量也必然高；也不能因为生态环境质量不好，就断然认为国民的幸福指数就低。二是贸然取代GDP指标在实践中很难行得通。GDP是反映某一个国家经济结构、经济规模、经济增长和人均经济发展水平的一个重要硬性指标。当前，"世界上几乎没有哪一个国家不关心经济增长，因为没有经济的适当增长，就没有国家的经济繁荣和人民生活水平的提高"②。我们国家就明确设定了GDP增长不可以跌破6%的理论底线，因为它涉及社会稳定、经济发展与民生幸福等问题。三是国民幸福指数具体指标的质量显示度本身也离不开GDP的支撑。不丹的卡玛·乌拉（Karma Ura）和加拿大的迈克尔·潘诺克（Michael Pennock）等人提出了国民幸福指数的具体指标，包括心理健康、生态、卫生、教育、文化、生活标准、时间利用、社区生活及政府管理等。③试问，这些具体指标能离开一个国家的GDP吗？显然不能。如果没有GDP的物质基础作保障，而只是简单抽象地谈论国民幸福指数，那这并不是历史唯物主义的态度，反而具有制约生产力发展的嫌疑。总之，盲目追求GDP固然不符合生态学原理，但试图以国民幸福指数来完全

---

① ［美］理查德·海因伯格：《当增长停止：直面新的经济现实》，刘寅龙译，机械工业出版社2013年版，第213—214页。
② 许宪春：《GDP：作用与局限》，《求是》2010年第9期。
③ 参见［美］理查德·海因伯格《当增长停止：直面新的经济现实》，刘寅龙译，机械工业出版社2013年版，第213页。

取代 GDP 显然也不具可行性。习近平同志早有所言："我们既要 GDP，又要绿色 GDP……承担起积极推进全面、协调、可持续发展的重任。"① 这句话对于 GDP 的定位已然很清晰，其意在揭示，GDP 本身没有错，关键是我们当代人要始终坚持以人民为中心的发展思想，在全面、协调、可持续的发展中打造绿色 GDP，这也是现代化及其生态叙事的题中应有之义。

第三，以"传统农庄化"为追求的绿色生活方式及其以偏概全问题。一些"去增长"论者认为城市化是增长极限的温床，所带来的问题便是其背后的人口拥挤、生活负债、工作压力、恶性竞争、交通堵塞及环境恶化等溢出效应。基于此，"去增长"论主张要削弱城市化进程，倡导过一种放慢速度的传统农庄化的简朴生活。蒂姆·杰克逊在《无增长的繁荣》一书中通过引用阐释甘地（Mahatma Gandhi）的"简朴"教义、美国科学家杜安·埃尔金（Duane Elgin）"外在简朴，内在富足"的生活信条，以及心理学家米哈伊·西卡森特米哈伊（Mihalyi Csikszentmihalyi）的简单快乐之"福流"（flow）得出了"自愿减少消费能够增加主观的幸福感""简朴的人似乎更加幸福"②的结论，而其中需要做的一项工作便是要"本着公正和尊重自然的原则"去积极建立"生态村庄"甚至是"禅修道场"，③让人们能够为了简朴永续的生活目标而走在一起。理查德·海因伯格以海伦娜·诺伯格·霍奇斯（Helena Norberg – Hodge）的《悠久的未来》（*Ancient Futures*）一书为文本，阐述了霍奇斯所考察的一个偏远传统农业社会圣地的文化生态，并认为那里的"文化显然适合于当地的生态约束和机会；大多数人似

---

① 习近平：《之江新语》，浙江人民出版社 2007 年版，第 37 页。
② ［英］蒂姆·杰克逊：《无增长的繁荣：GDP 增长不代表国民幸福》，乔坤、方俊青译，中国商业出版社 2011 年版，第 157—158 页。
③ ［英］蒂姆·杰克逊：《无增长的繁荣：GDP 增长不代表国民幸福》，乔坤、方俊青译，中国商业出版社 2011 年版，第 157 页。

乎都很愉快，乐于助人、亲善友好"①。菲利普·克莱顿等人则进一步认为城市化问题日益突出，回到"传统农庄经济"或"小型农业社会共同体"② 中过一种原生态的绿色简朴生活或许是一条实现人类自我拯救的好道路。显然，"去增长"论的"农庄"之途带有明显的后现代主义色彩，似乎只有回到传统农庄社会，远离现代化大都市，才能过上一种绿色健康的生活。其实，这种非要将绿色生活方式拉回到传统农庄社会的叙事逻辑是站不住脚的。其一，绿色生活方式的追求不能以生活空间的转移为标准。一些"去增长"论者提供给现代化人的绿色生活建议便是"惹不起躲得起"，生活空间的转移便是当下之策。其实，我们认为，绿色生活方式彰显的绝不是"逃离城市"，甚至"反叛现代化"的私人意志滥用，更多的应该是全民呼吁、携手共进的公共责任和自我内化体现。我们的生活空间或许存在这样或那样的绿色非正义性，但寻求绿色化的生活方式，绝非转移空间，而是要顺现代化之势在一定时间内共同改造空间，实现现代化生活的整体绿色正义。其二，城市化生活未必不能绿色化。人是社会性存在，其完全能够充分发挥主观能动性去改善城市环境、打造生态城市，为营造绿色生活方式奠定时空基础。英国的米尔顿·凯恩斯（Milton Keynes）是一座由政府打造的现代化生态城市，其通过大轴线空间、大尺度生态景观、网格道路布局及人车分流的协同设计，将可持续发展的建城理念体现得淋漓尽致，绿色消费和绿色出行已成为当地民众的一种生活习惯。加拿大的温哥华早在 2009 年就出台了《温哥华 2020：一个明亮绿色的未来》和《温哥华绿色城市行动计划 2020》，明确了绿色经济（零碳）、绿色社区（零废物）及环境与人类健康（健康生态系统）三大建设领域，提出了十项远期目标，

---

① ［美］理查德·海因伯格：《当增长停止：直面新的经济现实》，刘寅龙译，机械工业出版社 2013 年版，第 182 页。

② ［美］菲利普·克莱顿、贾斯廷·海因泽克：《有机马克思主义：生态灾难与资本主义的替代选择》，孟献丽、于桂凤、张丽霞译，人民出版社 2015 年版，第 253 页。

致力于打造健康宜居的生态城市，经过多年努力，目前该城市已被誉为"全球最宜居城市"。近年来，中国政府全面贯彻新发展理念，在能源利用与排放结构优化、快速公共交通和慢行系统建设、城市公园建设、绿色建筑推广，以及城市物联网基础设施建设等方面迈出了大步伐，打造了一座座宜居生态之城。城市化问题倒逼各国政府都在积极打造生态宜居城市，所以城市化绿色生活完全得以可能，大可不必逃离城市。其三，传统农庄生活未必就是绿色的。其实，回到传统农庄本身就是违背了时代逻辑，如果呼吁全民回到传统农庄过一种悠然自得的绿色生活，那整个社会就无法进步了；如果只是一种个人的独自旁白或向往，那跟传统隐士生活又有何区分，这显然与整个社会格格不入，"去增长"论的初心使命难以体现。另外，由于主张回到传统农庄社会，这就存在一种可能，即在未来的时间当中，原生态的传统农庄社会由于大量的"人为"涉入，必然会给当地的人口基数、生态环境、自然资源乃至生活习俗造成各种影响或增加一定负担。所以，以"传统农庄化"为追求的绿色生活方式显然以偏概全。

第四，以"降低劳动生产率"为意向的绿色生产活动及其不可能性问题。在"去增长"论那里，劳动生产率或生产效率是被悬置的，因为在他们看来，劳动生产率提高带来的便是难以避免的自然资源耗竭、生态环境破坏，以及一切美好生活的消逝等。海因伯格曾指责"当今的经济学家几乎只关心效率"[1]这一片面做法，他认为劳动生产率的提高一定不是长久之计，因为其并没有考虑这个世界的现实情况或客观规律，从而造成种种危机，他说："毫无疑问，提高生产效能是市场经济最有效的调整和适应策略。然而，关键的问题依旧是这些策略能在现实中持续多久——显然，这取决于客观规律，而不是经

---

[1] ［美］理查德·海因伯格：《当增长停止：直面新的经济现实》，刘寅龙译，机械工业出版社2013年版，第204页。

济理论。"① 蒂姆·杰克逊更是讽刺道,"对劳动生产率的迷信是破坏工作、社区和环境的一剂'良方'"②,并且指出"不停追求劳动生产率完全没有意义"③,因而他倡导通过"减少工作时间"④来降低劳动生产率,实现生态和经济发展的稳定。E. J. 米香同样呼吁不要过于迷信效率,因为生产效率的提高使人们完全变成了机器的苦力或异化品,当生命中的危机来临时,"我们才意识到效率取胜了,曾经流淌在家人之间的欢乐、歌声和温暖,现在只属于我们业已失去的那个世界"⑤。所以,E. J. 米香坚信,"效率无疑仍是检验的标准,在不远的将来,课堂上的讲课注定会减少"⑥。综上所述,在"去增长"论那里,生产效率其实是不够受待见的。之所以如此,一个最根本的原因就是他们本身倡导的就是"去增长",而提高劳动生产率就意味着对增长的刺激或推动,这有悖他们的绿色初衷。因此,他们倡导一种以降低劳动生产率为意向的绿色生产活动,生产效率的降低意味着对大自然的时空作用力有所弱化,这样既能保证经济的稳态性,又能确保生态的可持续性。其实,这种观点在现代化进程中是站不住脚的。劳动生产率的提高是任何社会形态中不可逆转的趋势,否则社会无法演进和发展。马克思虽然批判资本主义社会中劳动生产率的提高所带来的各种剥削问题,但他绝非要否定劳动生产率,而是认为生产率的提高实为历史发展的产物,诚如其所

---

① [美] 理查德·海因伯格:《当增长停止:直面新的经济现实》,刘寅龙译,机械工业出版社2013年版,第10页。
② [英] 蒂姆·杰克逊:《无增长的繁荣:GDP增长不代表国民幸福》,乔坤、方俊青译,中国商业出版社2011年版,第137页。
③ [英] 蒂姆·杰克逊:《无增长的繁荣:GDP增长不代表国民幸福》,乔坤、方俊青译,中国商业出版社2011年版,第138页。
④ [英] 蒂姆·杰克逊:《无增长的繁荣:GDP增长不代表国民幸福》,乔坤、方俊青译,中国商业出版社2011年版,第141页。
⑤ [英] E. J. 米香:《经济增长的代价》,任保平、梁炜译,机械工业出版社2011年版,第148页。
⑥ [英] 蒂姆·杰克逊:《无增长的繁荣:GDP增长不代表国民幸福》,乔坤、方俊青译,中国商业出版社2011年版,第141页。

言:"作为资本关系的基础和起点的现有的劳动生产率,不是自然的恩惠,而是几十万年历史的恩惠。"① 他客观地肯定了劳动生产率提高的积极效应,从原始社会到资本主义社会乃至更高形态的共产主义社会,劳动生产率的提高始终贯穿于其前进的步伐之中,他认为只有提高劳动生产率,才能"创造新的、更有威力的手段,才能取得新的、更重大的成果"②。因此,在人与自然的主客体关系中,主体客体化与客体主体化是双重的互动逻辑,而生产实践活动则是其中的作用力。随着人类社会的发展,这种作用力不会越来越弱,只会越来越强,这意味着劳动生产率的提高或生产力的发展是一种必然趋势,只有这样才能凸显人类改造(绝非征服)自然和造福人类的能力在提升,这是社会进步的体现,也是现代化的要求。况且劳动生产率的提高还可以创造更多的社会财富,为生态文明建设提供有力的财政支持。有学者指出,"改革开放以来我国劳动生产率年均增长8.7%……目前我国劳动生产率分别为世界平均、G7平均水平的45.2%、25.6%,但增速远高于其他经济体,其中2000年以来劳动生产率年均增速超过世界平均水平的3倍"③。从这个层面说,当今中国拥有世界第二大经济实体的地位,以及取得的其他重大成就必然是水到渠成和毋庸置疑的,这也成为当前我们大力推进生态文明建设的强有力保障。相关数据显示,2016年至2019年,我国一般公共预算生态文明建设支出达到3.1万亿元,年均增速为14.8%;2020年,水、大气和土壤污染防治资金支出共达到了607亿元,较2016年增长了54.2%;而2021年,这三个专项资金的支出更是继续增长。其中,大气污染防治资金安排275亿元,同比增长10%;水污染防治资金安排217亿元,同比增长10.2%;土壤污染防治专项资金安排

---

① 《马克思恩格斯文集》第五卷,人民出版社2009年版,第586页。
② 《马克思恩格斯文集》第二卷,人民出版社2009年版,第335—336页。
③ 张长春、徐文舸、杜月:《我国生产率研究:现状、问题与对策》,《宏观经济研究》2018年第1期。

44亿元，同比增长10%。① 贫穷不是社会主义，贫穷更不是社会主义生态文明，只有全面提高劳动生产率，不断创造社会财富，夯实提升国家经济实力，才能为人与自然和谐共生现代化建设保驾护航，而"去增长"论那种试图以降低劳动生产率的方式来谋求一种所谓"绿色"的做法，其实是难以奏效或完全是不可能的。

第三节　超越"去增长"论：人与自然和谐共生现代化的机理

　　基于以上阐述可知，在全球生态危机的时代背景下，"去增长"论对大自然及人类社会可持续发展的路径或方向给予了充分考虑和设计，其善良的出发点固然不可否认，毕竟当前人与自然之间的关系确实愈加紧张，如若不认真对待并试图解决这个问题，那么人类的未来定当会陷入恐怖之境。然而，遗憾的是，"去增长"论的致思逻辑及其进路似乎剑走偏锋、过于极端。透过"去增长"论的学术观点可知，其本质上早已将现代化及其生态叙事打成两截，呈现的特点便是二者的不兼容性，这恰恰又构成了"去增长"论的逻辑起点，由此延续出所谓的消解科学技术、反对自由贸易、质疑GDP、倡导传统农庄生活，以及主张降低劳动生产率等观点或立场，并认为只有走这样一种"去增长"论的"反现代化"道路方能走向绿色社会或生态文明的未来。而事实上，经过上述辨析可知，在当今社会大发展的关键期，在现代化建设的挺进期，"去增长"论的这种"低调朴素"的绿色设想却又是天真而不可能的。因而与其这样，不如真正回到一种"协同推进"的叙事话语中，超越"去增长"论，我们既要现代化又要人与自然和谐共生。那么，

---

① 人民资讯：《加大财政投入助力治污攻坚》，https://baijiahao.baidu.com/s?id=1695185073107463336&wfr=spider&for=pc。

确实能做到这样吗？显然可以。

一 人与自然和谐共生现代化的理论基础

从理论基础层面看，如果我们将"现代化"与"人与自然和谐共生"姑且看作两种事物或两个事件，那么我们可从逻辑起点上的"系统论"基础、过程运作中的"协同论"基础，以及目标导向上的"和解论"基础三个层面加以阐释。换言之，"系统论""协同论"和"和解论"为我们叙说人与自然和谐共生现代化奠定了重要的理论基础。

其一，逻辑起点上的"系统论"基础。L. V. 贝塔朗菲（L. Von. Bertalanffy）于1968年出版了《一般系统论：基础、发展和应用》（*General System Theory*：*Foundations*，*Development*，*Applications*）一书，该书被公认为系统论的代表作，因而贝塔朗菲也被认为是作为一门科学的系统论的创立者。在贝塔朗菲看来，系统指向的是各要素或环节相互作用的复合体或集合，离开了各作用要素就无所谓系统。在系统科学中，量子力学从微观层次揭示了事物之间的相互关联性，发现了观察者与被观察者之间的相互联系。"量子纠缠"现象更是证明了宇宙间存在着的各种关联性；有机生物学揭示了微生物都是有机体并且与周围的环境处于有机联系中；"具身认知"学派更是揭示了大脑与整个身体的关联性（心理与生理的关联性），也指出二者还与周围的各种环境或文化氛围息息相关。其实，在马克思主义的思想谱系中，这种系统论智慧也十分明显，如恩格斯说，"世界表现为一个统一的体系，即一个有联系的整体，这是显而易见的"[①]，这种有联系的整体性分别表现在自然界、人类社会，以及二者统一的双向界面中。同样，在中国传统文化的土壤中，系统论的内涵也是十分深刻，例如，《周易》作为儒家群经之首，

---

① 《马克思恩格斯文集》第九卷，人民出版社2009年版，第346页。

以其"观其会通"的智慧强调了天、地、人，以及宇宙万物的整体性，而"天人合一"的重要命题更是进一步奠定了宇宙万物作为道德共同体的合法性基础。总的来说，系统论所揭示的一个核心问题便是有机整体性问题，认为这个世界中的各个要素都是处于相互联系和相互作用中，是一个有机整体。但是，需要特别指出的是，作为系统的有机整体性并不是杂乱无序和静止的，而是组织有序和动态的。换言之，系统论凸显三个特点。一是整体性，指在一定组织结构基础上或有组织状态的整体性；二是有机关联的动态性，即其内部结构状况会随着时间的变化而变化，也会与外界环境发生在物质、能量和信息的动态交换；三是系统中各要素的组织结构、相互作用及动态方向都表明系统是有序性的集合体，无序则表明系统解体，所以系统本质上还显现着某种明确的方向性或目的性。就现代化及其生态叙事而言，二者既分属于不同的系统（经济系统、军事系统、科技系统、生态系统等），也隶属于同一个大系统，如人类社会或整个宇宙系统。按照系统论的观点或智慧，无论属于何种系统，其实它们都朝着共同的目标或方向运行，它们总体上都是有序的且具有一定组织状态的大集合。当然，在这个过程中，不排除因为各要素的动态性相互作用、相互制约而产生某些短暂性的"无序"甚至"高熵"，但终将不影响现代化系统或整个生态系统的自组织性、目的性和有序性，否则现代化就无以为现代化、人与自然和谐共生就无以为人与自然和谐共生，人类社会及其美好愿景就根本无法实现。换言之，系统论揭示出以下两个特点。一方面，现代化与整个生态系统有着共同的有机"家园"；另一方面，现代化与整个生态系统有着明确的组织"目的"。这就意味着，人与自然和谐共生现代化完全可能，这是一种最基本的逻辑起点。

其二，过程运作中的"协同论"基础。人与自然和谐共生现代化指向着一定的过程运作，从这个层面说，这种过程运作的可能性从某种意义上决定着现代化及其生态叙事的可能性。换言之，如若这个过程运作原本就空场甚至不成立，那么人与自然和谐共生现代化是不可能的。然而，情况并非如此。借鉴"协同论"（或协同学）的观点，我们可以很好地阐明这一问题。"协同论"本质上其实属于系统科学的一个重要分支，只不过"协同论"更加强调系统内部各组织要素的有序运动及其整体功能实现。德国物理学家赫尔曼·哈肯（Hermann Haken）是"协同论"的创立者，其《协同学导论》一书于1977年正式出版，标志着"协同论"的基本理论框架建立。在哈肯看来，无论是自然科学还是社会科学，其所涉领域或各大系统都遵循着共同的规律或原理，诚如哈肯所说："系统中存在着来自混沌态的很有组织的时间、空间或时空结构的例子，已越来越明显了。而且正如在有生命的有机体中一样，只有在有能量和物质通量通过其中时才能够维持这些系统的功能……当许多系统从无序到有序时，它们呈现非常相似的行为，这一点对很多科学家来说是很惊奇的。这就有力地表明了这类系统的功能遵从着相同的基本原理。"[①] 从哈肯的话语当中可知，"协同论"所蕴含的原理主要指协同效应带来的集体行为的发生（协同效应原理）、自组织的实现（自组织原理），以及对组织内部要素功能的确认（支配原理）。换言之，"协同论"的这三大原理整体揭示出，在复杂开放的系统中，当有来自外界能量流、信息流或物质流的作用或物质本身的聚态达到某一临界值时，各大子系统之间就会产生协同作用，而这种协同作用能够使整个系统本身从无序变为有序，并形成稳定的系统结构，实现各大系统的协同发展。从某种意义上说，各大系统及其各要素或子系统之间都存在着协同的可能，这种协同所孕育着的是系统中步调一致的集体行为，这是普遍存在的规律。"从10—15厘米的微观世界到1028厘米的宏观世界，

[①] [德] H. 哈肯：《协同学导论》，张纪岳、郭治安译，西北大学科研处1981年版，转引自经士仁《H. 哈肯著〈协同学导论〉一书介绍》，《系统工程理论与实践》1982年第1期。

所有系统的宏观有序性质都由组成它的子系统间的协同作用决定。尽管各种系统的子系统是那样的千差万别，但协同作用是普遍存在的。"①其实，这种有组织的和有序性的协同作用也是必然的，在马克思主义的理论视野中亦有相关表述，对于科学社会主义道路的探索，马克思恩格斯在对资本主义生产方式批判的基础上指出，"农业、矿业、工业，总之，一切生产部门将用最合理的方式逐渐组织起来……这些生产者将按照共同的合理的计划进行社会劳动"②，"生产的无政府状态将由生产的有计划的组织所代替"③，这是美好社会形态中的基本特征。基于"协同论"的观点阐释，对于人与自然和谐共生现代化的可能性问题则迎刃而解了。无论是现代化建设还是人与自然和谐共生，其实就是一个人类社会发展进程中的一体两面问题，我们不可忽视任何一方，况且基于人类客观实践活动的"能动干预"，外在世界当中的各种能量流、物质流或信息流也必将作用于二者，使之发挥出各自的内在功能并朝着符合人类发展方向的目标协同迈进。

其三，目标导向上的"和解论"基础。人与自然和谐共生现代化何以可能？这还取决于一个目标导向的问题。如果没有一个明确的导向性目标或者这个目标根本就不可能，那么谈论现代化及其生态叙事也就失去了终极航标。这里的目标导向是什么呢？马克思恩格斯所提的"两个和解"给予了我们重要启示。"两个和解"，即人与自然的和解以及人与自身的和解。恩格斯在《国民经济学批判大纲》中最早指出"我们这个世纪面临的大转变，即人类与自然的和解以及人类本身的和解开辟道路"④。马克思在《1844年经济学哲学手稿》中也进一步阐明了"人

---

① 郭治安、沈小峰编著：《协同论》，山西经济出版社1991年版，第18页。
② 《马克思恩格斯选集》第三卷，人民出版社2012年版，第178页。
③ 《马克思恩格斯选集》第三卷，人民出版社2012年版，第8页。
④ 《马克思恩格斯选集》第一卷，人民出版社2012年版，第24页。

和自然界之间、人和人之间的矛盾的真正解决"① 这一观点。由此可知，"和解论"揭示出了两层关系。一层是人与自然的关系（自然的解放问题），一层是人与自身或社会或人的关系（人的解放问题）。那么，回到人与自然和谐共生现代化这个话题，我们不难发现，现代化蕴含着更浓厚的经济社会关系（人与人或与社会的关系），人与自然和谐共生则表达着更深刻的自然社会关系（人与自然的关系），所以要言人与自然和谐共生现代化何以可能的问题，至少在目标导向上就要追问"两个和解"及其统一何以可能的问题。其实，马克思始终把自然的问题和人的问题当作一个共同的问题来对待，不存在打成互不相关的两截问题，他曾说："历史可以从两方面来考察，可以把它划分为自然史和人类史。但这两方面是不可分割的；只要有人存在，自然史和人类史就彼此相互制约。"② 这就意味着人与自然的关系和人与自身的关系是相互关联、互为制约和作用的。一般来说，人与自然关系是人与自身关系的前提和基础，在某种意义上也起着决定性作用，而人与自身或人与人之间的关系也必将反过来作用于人与自然的关系。例如，资本主义制度框架下对剩余价值的无限追逐所导致的一个严重后果便是反映在人与大自然关系紧张这一层面。对此，马克思道出了其中的奥妙，也即"人对自然的关系直接就是人对人的关系，正像人对人的关系直接就是人对自然的关系，就是他自己的自然的规定"③。所以，马克思恩格斯所提的"和解论"实质上就是一种为了积极应对资本主义制度劣根性、经济剥削性和劳动异化性的理论自觉，而且马克思恩格斯坚信总有一天能够实现人与自然的和解、人与自身的和解，也即自然的解放和人的解放问题。因此，"两个和解"是完全可能的，按照马克思恩格斯的描述，那就是到

---

① 《马克思恩格斯文集》第一卷，人民出版社 2009 年版，第 185 页。
② 《马克思恩格斯文集》第一卷，人民出版社 2009 年版，第 516 页。
③ 《马克思恩格斯文集》第一卷，人民出版社 2009 年版，第 184 页。

了共产主义社会，一种"作为完成了的自然主义，等于人道主义，而作为完成了的人道主义，等于自然主义"①就会真正到来，也即实现了自然的解放和人的解放的统一。所以，从这个意义上说，马克思恩格斯的"和解论"为人与自然和谐共生现代化指明了方向，奠定了目标导向基础。这就进一步隐喻出，当下仍应积极发展生产力，大力推进现代化建设，在这个过程中协调好人与自然的关系。

二 人与自然和谐共生现代化的现实旨意

以上主要从"系统论""协同论"与"和解论"的角度为人与自然和谐共生现代化提供了理论基础方面的诠释，意在阐明其在理论上完全是可能的。那么，在现实中是否可能呢？换言之，理论诠释是否能够在现实中得以验证呢？其实，这完全是可能的。从当前中国式现代化建设的整体情况来看，人与自然和谐共生现代化是一个必须、必要和必然的问题。我们不可能只想着现代化建设而忽视人与自然的关系问题，也不可能只顾着人与自然的关系而延滞现代化建设。基于此，我们认为，作为一种政治引领性、客观指向性和绿色驱动性的现实旨意可为人与自然和谐共生现代化提供充分的解释。

其一，人与自然和谐共生现代化的政治引领性。中国式现代化是符合中国实际的，具有中国特色的现代化，而绝非西方现代化道路的某种翻版，正如习近平总书记指出的："我国现代化是人口规模巨大的现代化，是全体人民共同富裕的现代化，是物质文明和精神文明相协调的现代化，是人与自然和谐共生的现代化，是走和平发展道路的现代化。"②同时，他还明确强调，我们坚持和发展中国特色社会主义，推动物质文明、政治文明、精神文明、社会文明、生态文明协调发展，创造了中国

---

① 《马克思恩格斯文集》第一卷，人民出版社2009年版，第185页。
② 《习近平谈治国理政》第四卷，外文出版社2022年版，第164页。

式现代化新道路，创造了人类文明新形态。① 从中可知，中国式现代化的一个重要特征或维度就是强调人与自然和谐共生，没有人与自然的和谐共生就很难谈得上其他文明形式的协调发展，更难谈得上人类文明新形态的创造。一个被金钱或利润所主宰的人类社会，大自然的危机是可以想象到的，一旦大自然沦落为一种"敌人"，那么人类的最终命运或世界的灾难就会到来，正如恩格斯所说："我们不要过分陶醉于我们人类对自然界的胜利。对于每一次这样的胜利，自然界都对我们进行报复。"② 从党的十九大提出的"人与自然和谐共生的现代化"到党的二十大再次强调的"中国式现代是人与自然和谐共生的现代化"③ 可知，人与自然和谐共生的色调始终蕴含于其中，这从政治的高度明确了我们所要建设的现代化是有别于西方资本社会以资本逻辑为主导的"先污染后治理"的现代化，强调了我们所要建设的现代化是不可阻挡的、是必然的、是具有鲜明生态文明指向的。讲人与自然和谐共生不能抽象化，其必然无法脱离现代化语境来理解，讲现代化同样不能一意孤行，其必然要从人与自然和谐共生的大生境来诠释。在新时代的中国，生态文明建设是政治任务，现代化建设同样也是政治任务，人与自然和谐共生的现代化凸显了一种推动当代中国生态文明建设和现代化建设的政治引领性。因而当我们要追问人与自然和谐共生现代化何以可能时，政治引领性必然是一个不可或缺的解释性要素。政治引领既是我们党百年奋斗的重要经验，也是我们党治国理政的重要特色和重要方式，如果缺少了政治引领，中国特色社会主义各项事业的建设就等于失去了根、丢却了魂，中国之治则很难谈得上"中国特色"。在此，我们必须旗帜鲜明讲政治，要按照党中央决策部署，以人与自然和谐共生的现代化为政治引

---

① 《习近平谈治国理政》第四卷，外文出版社2022年版，第10页。
② 《马克思恩格斯文集》第九卷，人民出版社2009年版，第559—560页。
③ 《习近平著作选读》第一卷，人民出版社2023年版，第19页。

领，不能走"先污染后治理"的老路，也不能走"守着绿水青山苦熬"的穷路，要实现经济社会效益与生态效益的协同增效，这是当代中国政治的现实旨意与必然要求。因而进一步说，人与自然和谐共生的现代化以其政治引领性特质彰显了现代化及其生态叙事现实可能性，使我们更加坚定了走人与自然和谐共生现代化道路的信心。

其二，美好生活需要实现的客观指向性。美好生活是所有人都向往的，因为人是具体的人、现实的人。人类生活在这个地球上首先就是以一个生命体而存在，其有各种各样的需要，而最为基本的需要便是吃穿住行的满足。马克思指出，"全部人类历史的第一个前提无疑是有生命的个人的存在。因此，第一个需要确认的事实就是这些个人的肉体组织，以及由此产生的个人对其他自然的关系"①。"为了生活，首先就需要吃喝住穿以及其他一些东西。因此第一个历史活动就是生产满足这些需要的资料，即生产物质生活本身"②。从中可知，最基本需要的满足是人固有的天然本性，如若没有这一本性的凸显，那么人或许就是一种根本不存在的超人，美好生活也便是一种虚假的说辞。当然，承认这一基本需要并不否认或影响人们去追求更崇高的生活目标、去获得更优质的生活用品、去享受更悠然的生活状态等，这是一种新的需要的自然激发，正如马克思所言："已经得到的满足的第一个需要本身，满足需要的活动和已经获得的为满足需要用的工具又引起新的需要。"③ 从这个意义上说，美好生活需要的满足并不是静态的，而是动态和历史的，我们不能离开一定的历史去谈需要的满足问题，我们应该紧随历史发展的车轮去看待人的需要、去审视人们对美好生活的向往，这是历史唯物主义的基本立场和观点之体现。党的十八大以来，以习近平同志为核心的

---

① 《马克思恩格斯文集》第一卷，人民出版社2009年版，第519页。
② 《马克思恩格斯文集》第一卷，人民出版社2009年版，第531页。
③ 《马克思恩格斯文集》第一卷，人民出版社2009年版，第531页。

党中央接续奋斗，始终把人民对美好生活的向往作为中国共产党的奋斗目标。正是从这个意义上说，人与自然和谐共生现代化更具有了可能性。换言之，美好生活需要实现的客观指向性在某种意义上决定了人与自然和谐共生现代化的现实可能性。一种更崇高、更优质和更悠然美好生活需要的满足一定离不开物质生产，而物质生产的产品数量和质量与一个国家的现代化水平息息相关，落后的生产方式不可能带来"更"字头的美好生活，只有愈加先进或发达的生产方式才能不断满足人民日益增长的美好生活需要。那么，是不是现代化水平越高，人们美好生活需要的满足程度就越高呢？显然不是，在其背后还隐喻着其他诸多要素，而其中"优美生态环境需要的满足"就是一个十分重要的因素。没有好的空气、水源和生态，现代化程度再高最终也是无济于事，一些地方出现的"癌症村"就是典型的反例。党中央高度重视这一问题，习近平总书记明确指出，"既要创造更多物质财富和精神财富以满足人民日益增长的美好生活需要，也要提供更多优质生态产品以满足人民日益增长的优美生态环境需要"[①]。"我们要建设天蓝、地绿、水清的美丽中国，让老百姓在宜居的环境中享受生活，切实感受到经济发展带来的生态效益。"[②] 换言之，美好生活的实现一方面离不开现代化建设中优质的工农商业产品供给；另一方面，离不开生态文明建设中"天蓝、地绿、水清"等绿色"产品"的可持续性输出，毋庸赘言，这种双向互动的客观指向性使得人与自然和谐共生现代化得以实现。

其三，现代工业化生产的绿色驱动性。现代工业化生产在某种意义确实会引发一定的生态环境问题，但我们绝不能因此而全然否定或反对工业化生产，其实任何一种生产方式都具有实现绿色低碳转型的潜能，

---

① 《习近平谈治国理政》第三卷，外文出版社2020年版，第39页。
② 习近平：《论把握新发展阶段、贯彻新发展理念、构建新发展格局》，中央文献出版社2021年版，第127页。

除非这种生产方式完全是基于一种资本逻辑为主导的资本主义大工业化生产方式。在全面建成社会主义现代化强国的时代征程中，我们不可能也不能在反现代工业化生产的基础上去建设生态文明；相反，我们吸取了世界各国的工业化生产经验和教训，已经走出了一条符合中国实际的新型工业化道路，而其中的"新"就新在既要工业化也要生态化，决不能顾此失彼。党的十六大报告提出了"新型工业化道路"这一概念，强调要走一条科技含量高、经济效益好、资源消耗低、环境污染少、人力资源优势得到充分发挥的新型工业化路子。党的十七大报告则提出了"中国特色新型工业化道路"的命题，强调要走"生产发展、生活富裕、生态良好"的文明发展道路。党的十八大以来，以习近平同志为核心的党中央将生态文明建设纳入中国特色社会主义事业的"五位一体"总体布局，带领广大人民群众坚持新发展理念，着力推动工业经济结构调整和转型升级，使工业经济发展由数量规模扩张向质量效益提升转变，①并进一步强调要把"生态治理和发展特色产业有机结合起来，走出一条生态和经济协调发展、人与自然和谐共生之路"②。应该说，进入新时代以来，中国现代工业化生产之路更加注重高质量发展，更加注重绿色内涵的提升。现代化不可逆，现代化建设中的工业生产完全可以实现绿色化，我们不能一听到"现代工业文明"这种词汇就想当然地将其归咎为一种"黑色"文明，其实任何文明形态中都具有一定的绿色因素及其激活可能。在中国式现代化建设进程中，党的政策方针已经给我们调好了色调、定好了方向，提出了"既要绿水青山，也要金山银山"的重要观点。"金山银山"的创造或开发离不开现代工业化生产的推进，但这种推进绝非"黑色"笼罩，而是一种"绿色"驱动，这是

---

① 苗圩：《坚持中国特色新型工业化道路 建设制造强国》，《智慧中国》2019 年第 1 期。
② 新华社：《习近平在陕西榆林考察时强调 解放思想改革创新再接再厉 谱写陕西高质量发展新篇章》，https：//www.gov.cn/xinwen/2021 - 09/15/content_ 5637426. htm。

新型工业化道路或现代工业化之路的必然要求。《中华人民共和国国民经济和社会发展第十四个五年规划和2035年远景目标纲要》就明确提出，要加快发展方式绿色转型，协同推进经济高质量发展和生态环境高水平保护，① 而工信部印发的《"十四五"工业绿色发展规划》更是具体明确了现代工业化生产的绿色低碳转型任务，强调要加快能源消费低碳化转型、促进资源利用循环化转型、推动生产过程清洁化转型、引导产品供给绿色化转型、加速生产方式数字化转型、构建绿色低碳技术体系，以及完善绿色制造支撑体系②，等等。由此可知，我们所要推进的现代化、所要走的工业化路子，是一条"绿色"之路，这条绿色之路是大势所趋。按照这一逻辑，我们大可不必受"去增长"论的干扰，因为在新时代的中国，现代化是必然的，现代工业化生产完全可以做到是绿色的，因而我们讲人与自然和谐共生现代化当然也是完全可能且有重大意义的。

综上所述，我们主要以"去增长"论的相关观点为引子，整体阐释了"去增长"论的反现代化倾向及其根源，系统辨析了"去增长"论的"绿色"论调及其不可能性或不可操作性等问题，从而辩证得出"增长"与"绿色"协同增效之可能；或者从更高层次上说，就是阐明了人与自然和谐共生现代化的内在机理问题。我们说，在全球生态危机形势日益严峻的情况下，虽然"去增长"论为探寻一种适合人类生存的生态可持续性社会的良好初衷是值得肯定的，但是透过"去增长"论一些"异想天开"的观点，其叙事逻辑本质上已然架空了现代化及其生态叙事的可能性，特别是"现代化"及其建设势能（如经济增长）似乎成了生态危机的罪魁祸首。其实，不然！通过上述阐释，人与自然

---

① 新华社：《中华人民共和国国民经济和社会发展第十四个五年规划和2035年远景目标纲要》，http://www.gov.cn/xinwen/2021-03/13/content_5592681.htm?pc。
② 工业和信息化部：《工业和信息化部关于印发〈"十四五"工业绿色发展规划〉的通知》（附件），http://www.gov.cn/zhengce/zhengceku/2021-12/03/content_5655701.htm。

和谐共生现代化完全是可能的，理由在于逻辑起点上的"系统论"、过程方法中的"协同论"、目标导向上的"和解论"为其奠定了重要的理论叙事基础；而作为一种人与自然和谐共生现代化的政治引领性、美好生活需要实现的客观指向性，以及现代工业化生产的绿色驱动性为其夯实了充分的现实解释力。因此，建设生态文明大可不必"去增长"，更不必去反现代化。以经济建设为中心，大力发展生产力，推动经济高质量发展，一个生态可持续性社会、一种人与自然和谐共生的美好愿景同样指日可待。在全面建成社会主义现代化强国的新征程中，习近平总书记高度肯定了我国经济增长的实力，以及对世界经济增长的贡献率（年均超过30%），① 还特别指出"无论是发达的经济体还是发展中经济体，都在努力寻求新的增长动力"②。显然，如果一个国家难以保持一定的经济增长，那么这个国家首先就很难走上经济现代化之路，这就必然会从生产力或物质基础层面制约着这个国家其他方面的现代化建设。当然，这里需要指出的是，经济增长并不等于经济增长主义（或唯经济增长论）。我们要深刻反思人类社会走过的某些错误路子，要摈弃那些错误的经济发展模式，要在更高层面上实现经济的高质量增长或发展，确保能够满足人民日益增长的优美生态环境需要；而不能只为了经济增长而忽视人与大自然之间的和谐关系，否则就真的会踏入"去增长"论的诠释之途。

---

① 《习近平谈治国理政》第三卷，外文出版社2020年版，第232页。
② 《习近平谈治国理政》第一卷，外文出版社2018年版，第344页。

第四章　人与自然和谐共生现代化的理念深化

——对"绿水青山就是金山银山"的深层分析

"绿水青山就是金山银山"这一重要论断是引领新时代人与自然和谐共生现代化建设的科学理念,其中"绿水青山"反映出人与自然和谐共生的形象化意蕴,"金山银山"体现着"现代化"的程度化诉求。"绿水青山就是金山银山"这一科学理念本质上已经释放出人与自然和谐共生现代化的强烈信号,现代化进程要确保人之所处是"绿水青山",人与自然和谐共生同样要尽可能不阻滞经济社会之"金山银山"创造,二者要协同推进。基于"绿水青山就是金山银山"这一重要理念毕竟是一个政治性的表达,因此,为了使人们能够更加深刻理解这一科学理念引领人与自然和谐共生现代化建设的必要性,本章拟对"绿水青山就是金山银山"作学理化深层阐释。

第一节　"绿水青山就是金山银山"的基本内涵

2013年9月,习近平主席在哈萨克斯坦纳扎尔巴耶夫大学发表演讲,讲到生态环境保护问题时指出:"中国明确把生态环境保护摆在更加突出的位置。我们既要绿水青山,也要金山银山。宁要绿水青山,不要金山银山,而且绿水青山就是金山银山。我们绝不能以牺牲生态环境为代价换取经济的一时发展。"① 这是习近平主席对"绿水青山就是金山银山"的最完整表述,其更加系统和成熟地阐明了绿水青山和金山银山之间的辩证关系。2015年3月,"绿水青山就是金山银山"正式写入中央文件《关于加快推进生态文明建设的意见》,提出要"坚持绿水青山就是金山银山"。2017年10月,"绿水青山就是金山银山"写入党的十九大报告,特别强调"必须树立和践行绿水青山就是金山银山的理念",党的二十大报告进一步强调"必须牢固树立和践行绿水青山就是金山银山的理念,站在人与自然和谐共生的高度谋划发展"②。应该说,从2015年至今,"绿水青山就是金山银山"已作为以习近平同志为核心的党中央治国理政的基本方略和重要国策,占据着新时代推进生态文明建设的政策高地,持续发挥着指引中国生态文明理论与实践研究的时代效用。

关于"绿水青山就是金山银山"的基本内涵,主要指向的是如何处理好生态环境与经济增长之间的关系问题,其精神实质就是要实现"经济生态化和生态经济化"③。在中国式现代化建设进程中,我们不仅要推进经济现代化,也要保证经济生态化;而在中国生态文明建设的进程中,我们不仅要强调生态环境保护和提质优化,也要保证生态经济效益凸显,进而从总体上引领并实现现代化及其生态性兼容叙事,结合本书,这应该是"绿水青山就是金山银山"所能够反映出的基本内涵。当然,具体而言,我们还需从以下几个方面进行把握。

第一,"绿水青山"指向着整个生命共同体资源。在习近平生态文明思想中,"绿水青山"绝非限于"水"和"山"的范畴,而是隐喻着

---

① 习近平:《论坚持人与自然和谐共生》,中央文献出版社2022年版,第40页。
② 《习近平著作选读》第一卷,人民出版社2023年版,第41页。
③ "绿水青山就是金山银山"重要思想在浙江的实践研究课题组编著:《"两山"重要思想在浙江的实践研究》,浙江人民出版社2017年版,第12页。

一个更为广泛的概念范畴，即还涵括着类似于"林田湖草沙冰"诸范畴，由此形成一个生命共同体资源。整个自然界并非单一的要素组成，它是一个大系统，其中蕴含的各个要素都是相互联系、相互制约和相互作用的。统筹各要素之间的良性循环、和谐互动，要坚持唯物辩证法的观点，既要看到自然界的无限奥妙，也要感触自然界的有限承载，我们不能为了人类之利而无视自然之貌，否则最终遭殃的终究是人类自己。我们只有真正以辩证法的观点和系统论的思维对待大自然才能体会"山水林田湖草沙冰"作为一个生命共同体维系人类生存和发展需要的生态价值所在。习近平总书记指出："人的命脉在田，田的命脉在水，水的命脉在山，山的命脉在土，土的命脉在林和草，这个生命共同体是人类生存发展的物质基础。"① 他还强调："要坚持保护优先，坚持山水林田湖草沙冰一体化保护和系统治理。"② 从这里可以看出，"山水林田湖草沙冰"作为人类生存发展的物质基础，其以各种自然资源为主线为人类创造"金山银山"埋下了伏笔。作为人类最基本的物质生产实践活动，如果缺乏了"山水林田湖草沙冰"等自然资源，那么这种实践活动是不可能得以展开的，进而也就谈不上"金山银山"的创造问题。诚如马克思指出："劳动和自然界在一起才是一切财富的源泉，自然界为劳动提供材料，劳动把材料转变为财富。"③ 所以，从这个意义上看，"绿水青山"应该作广义的解读，即指向的是诸如由"山水林田湖草沙冰"等所构成的整个生命共同体资源。

第二，"金山银山"凸显着一个经济建设及其效益问题。"金"和"银"在原初意义上指向的是一种金属，诚如马克思所言，金银"是一种藏在地壳里并从那里发掘出来的金属"④。习近平总书记所讲

---

① 习近平：《论坚持人与自然和谐共生》，中央文献出版社2022年版，第12页。
② 习近平：《论坚持人与自然和谐共生》，中央文献出版社2022年版，第198页。
③ 《马克思恩格斯文集》第九卷，人民出版社2009年版，第550页。
④ 《马克思恩格斯全集》第三十一卷，人民出版社1998年版，第550页。

的"金山银山"显然不是在这个基础上展开的。在马克思主义政治经济学中,金银被看作一种货币,但并不是天然的货币,而是当商品交换发展到一定阶段,金银(本身也是一种可交换的劳动产品)从其他商品中分离出来并固定地被充当一般等价物来表现价值时,金银才成为一种货币,而货币恰恰是一种财富的象征。马克思说:"货币在任何时候都可以作为财富保存。"① 所以,"金山银山"实际上蕴含的是一种财富或经济效益。当前,中国最基本的国情是我国仍处于并将长期处于社会主义初级阶段。因此,经济建设是社会主义初级阶段的中心任务,只有坚持以经济建设为中心,不断解放和发展社会生产力才能创造更多的物质财富或经济效益,从而为改善人民群众的生存现状和提升人民群众的生活质量奠定重要的物质基础。习近平总书记曾指出:"坚持发展是硬道理的战略思想,坚持以经济建设为中心,全面推进社会主义经济建设……不断夯实实现中国梦的物质文化基础。"② 2016年《关于新形势下党内政治生活的若干准则》也明确载明:"全党必须毫不动摇坚持以经济建设为中心,聚精会神抓好发展这个党执政兴国的第一要务……不断提高人民生活水平,为实现'两个一百年'奋斗目标、实现中华民族伟大复兴的中国梦打下坚实物质基础。"③ 因此,通俗地讲,"金山银山"是一种坚持以经济建设为中心的人民财富观或经济效益观的形象表达。

第三,"绿水青山就是金山银山"反映着整体意义上的逻辑关系。这句话其实承载着紧密的逻辑关系,即反映在习近平总书记所讲的"我们既要绿水青山,也要金山银山。宁要绿水青山,不要金山银山,而且绿水青山就是金山银山"这句完整表述中。要理解"绿水青山就

---

① 《马克思恩格斯全集》第三十卷,人民出版社1995年版,第185页。
② 《习近平谈治国理政》第一卷,外文出版社2018年版,第41页。
③ 《十八大以来廉政新规定》,人民出版社2022年版,第59页。

是金山银山",一定要从整体意义上的逻辑递进关系层面去把握。首先,"我们既要绿水青山,也要金山银山"是逻辑前提,这从历史唯物主义的高度揭示了自然史和人类史的相互统一和彼此制约,没有绿水青山人类则无依无靠无法生存,没有金山银山人类社会同样趋于萧条而无法迈进,二者是统一的。其次,"宁要绿水青山,不要金山银山"是一个辩证反思,这从辩证法的角度揭示了人类应该选择什么样的发展之路问题,如果选择的是一条唯金山银山是尊的发展之路,那么我们宁愿不要它,因为它终将给大自然、给人类社会带来以"资本逻辑"为宰制力量的灾难性后果。当然,这不是对"既要绿水青山,也要金山银山"的否定,而是试图阐明,我们不要那种无限度无节制竭泽大自然、破坏大自然而获取的"金山银山"。最后,"绿水青山就是金山银山"是一个理念升华,其承接上述两层逻辑意蕴,表明"绿水青山"本身就是无价之宝,保护大自然就是保护我们自己,就是在为人类自己创造"金山银山"。正如习近平总书记所说:"良好生态本身蕴含着无穷的经济价值,能够源源不断创造综合效益,实现经济社会可持续发展。"[①] 因此,科学把握"绿水青山就是金山银山"这一重要理念,一定要坚持辩证唯物主义和历史唯物主义的世界观和方法论,其中所交织的各种逻辑关系不可忽视,否则容易断章取义。

第四,"绿水青山就是金山银山"揭示了社会主义现代化建设的目标样态,即人与自然和谐共生的现代化。习近平总书记指出:"我们要建设的现代化是人与自然和谐共生的现代化,既要创造更多物质财富和精神财富以满足人民日益增长的美好生活需要,也要提供更多优质生态产品以满足人民日益增长的优美生态环境需要。"[②] 我们知道,西方发达资本国家虽走在现代化国家的前列,但是其现代化发展模式在很大程

[①] 《习近平谈治国理政》第三卷,外文出版社2020年版,第375页。
[②] 《习近平谈治国理政》第三卷,外文出版社2020年版,第39页。

度上过度干预了大自然，使得人与大自然之间的关系日益紧张，全球生态危机因此也十分严峻。"我们要建设的现代化是人与自然和谐共生的现代化"这一创新性论断，从其完整表述中，我们可以读出两层含义。一是基于国情之需我们仍然还要走现代化之路，而不是像某些西方绿色思潮所提倡的走反现代化或后现代化之路。这表明，以经济建设为中心，为人民群众创造更多的"金山银山"仍然是当下的重要任务。二是基于生存之需我们要走的现代化一定要做到人与自然和谐共生，而不是在超越大自然有限承载力与违背大自然客观规律的基础上去创造"金山银山"，否则这种现代化就是不可持续的现代化，就是危及人类生存与发展的现代化。因此，从这个意义上说，"绿水青山就是金山银山"很好地揭示了推进社会主义现代化建设的这一目标样态。换言之，"绿水青山就是金山银山"与"人与自然和谐共生的现代化"具有一以贯之的内在逻辑，如果说"绿水青山"可以映射"人与自然和谐共生"，那么"金山银山"则可以看作现代化进程中的一个重要追求。因此，将"绿水青山就是金山银山"放在人与自然和谐共生现代化这个大视野中做整体把握是很有必要的。

第二节　从自然资源价值论看"绿水青山就是金山银山"

学界对"绿水青山就是金山银山"的研究虽已有多年，但相关研究成果大部分还都是局限于"绿水青山就是金山银山"的政策性解读这一层面，似乎缺乏某种学理性的阐释。在此，我们拟从自然资源价值论的场域展开对"绿水青山就是金山银山"的学理性分析，在学理上明确绿水青山在何种意义上就是金山银山，从而为人与自然和谐共生现代化奠定更坚实的理由。

关于自然资源，相关界定众说纷纭，比较有代表性的有如下几点。一是金梅曼（Zimmermann）在《世界资源与产业》一书中较早界定自然资源的含义，认为自然资源就是能够或被认为能够满足人类需要的环境或其某些部分，反之就不是自然资源。这一界定过于主观化，有人类中心主义的倾向。二是《大英百科全书》中对自然资源的界定，认为自然资源就是"人类可以利用的自然生成物，以及作为这些成分之源泉的环境功能。前者如土地、水、大气、岩石、矿物……后者如太阳能、环境的地球物理机能……"①。这一界定对自然资源作了扩大解释，其涵括了自然资源本身的某种功能。三是联合国环境规划署的界定，其认为，"所谓自然资源，是指在一定的时间条件下，能够产生经济价值以提高人类当前和未来福利的自然环境因素的总和"②。这一界定显得狭隘了一些，它只是从人类功用性的角度来看待自然资源。四是中国《辞海》的界定，即所谓自然资源"一般指天然存在的自然物（不包括人类加工制造的原材料），如土地、矿产资源、水利资源、生物资源、海洋资源等，是生产的原料来源和布局场所"③。应该说，《辞海》的界定总体看起来比较客观完整，既强调了自然资源的客观属性，又阐明了自然资源对人类的有用性（是生产的原料来源和布局场所）。因而自然资源简言之就是指对人类有用的大自然天然（客观）存在物。以地球圈层中的自然资源分布标准来看，自然资源可划分为地壳圈的矿产资源、地表圈的土地资源和水资源、生物圈的生物资源，以及大气圈的气候资源等。不过，在当前生态经济学界，自然资源主要还是以可更新（renewable）与不可更新（non-renewable）的划分标准作为理论叙述的起点，前者指的是在正常条件下可通过自然过程再生的资源（包括临

---

① 孙鸿烈主编：《中国资源科学百科全书》，中国大百科全书出版社2000年版，第2页。
② 陈德昌主编：《生态经济学》，上海科学技术文献出版社2003年版，第57页。
③ 参见高应坤《经济管理小词典》，吉林人民出版社1982年版，第219页。

界性资源和恒定性资源),而后者指的是至少在目前难以或根本无法通过自然过程使之再生的资源(包括即用即灭性资源和循环利用性资源),具体划分见表4.1。

表4.1　　　　　　　可更新资源与不可更新资源的划分

自然资源			
可更新资源		不可更新资源	
临界性资源	恒定性资源	即用即灭性资源	循环利用性资源
水、山林、土壤、动植物(草)及鱼类等	太阳能、风能、潮汐能及原子能等	石油、天然气、煤等化石燃料资源	金属材料、无机非金属材料、高分子材料及固体废物等资源

当然,无论是可更新自然资源还是不可更新自然资源,它们其实都是相对的。一方面,所有自然资源都是整个宇宙的循环产物,所以在时间上它们都可以或长或短地自我更新;另一方面,很多优质的或稀有的自然资源如果得不到人类的合理利用,那么在一定时间内这些自然资源就是不可更新的,即便类似于太阳能、风能、潮汐能及原子能等恒定性可更新资源倘若受到人类活动的不合理干预也会逐渐发生质变。我们说,绿水青山中的"山"和"水"及其作为扩大性解释的"林田湖草沙冰"诸范畴显然属于种种自然资源,它们都是整个宇宙系统中的天然存在物,而且这种存在物是作为一种临界性自然资源而存在的,如果得不到保护,它们随时将被掠夺、开采以及污染破坏直至耗竭或者至少其自身更新的速率远远比不上耗竭的速率。从全球范围内看,自然资源耗竭的形势已然严峻,以至于有学者感叹与20世纪的经济发展史相匹配的是环境的破坏史,其现状便是"没有什么能幸免于难——空气、水和陆地,任何一片纯净的自然都没有留下。大气被二氧化碳污染;海洋被当作垃圾处理厂和下水道,鱼类数量大幅度减少;在陆地上,森林即将

毁灭殆尽，土地非农化和农业化学品严重破坏野生动物，其中许多都已经被混凝土掩埋"①。从这个意义上说，任何一种自然资源说到底其实都是临界性的，人类活动的不恰当涉足必然加剧其不断减少和恶化。当然，在推进现代化建设的进程中，人类的实践活动不可能不作用于大自然，但是在这个过程中我们可以采取各种有效措施加强自然资源保护和推进生态文明建设，让"水"更"绿"，"山"更"青"，等等，使人们意识到"绿水青山"也是"金山银山"，从而防止人们为了一己之利和一时之利去无节制地攫取自然资源。

基于以上阐述可知，自然资源的临界性特点说明任何一种资源的存有量本质上其实都是有限和稀缺的。那么，这就引出了一个问题，我们所强调的"绿水青山就是金山银山"是不是就是因为"物以稀为贵"呢？扩大化解释的话，是不是因为自然资源的稀缺性导致其自身的珍贵性（价值性）而要将其看作一种"金山银山"呢？

关于稀缺性，从经济学的角度来看，主要是指基于人的欲望无限性而言的当下用来满足人类欲望及其经济生产活动的资源总量之有限性。稀缺有绝对稀缺和相对稀缺之分，前者指全球意义上自然资源的总需求超过总供给所造成的稀缺，后者指在区域意义上由于自然资源的分布不均而造成的稀缺（总供给尚能满足总需求，但其他客观原因而导致有些区域的自然资源却不能满足当地的需求），一般来说，当前所讲的稀缺主要还是相对稀缺。前一章在论及新古典环境经济学的主要观点时已经阐明，新古典环境经济学是以自然资源的稀缺性作为其理论叙事的立足点的，换言之，自然资源的稀缺性促使人们不得不寻求一种有效的资源配置方式以实现稀缺性资源的自我满足。这其实在整体意义上也是西方经济学研究的核心问题，正如萨缪尔森等人认为的，"经济学的精髓在

---

① ［英］迪特尔·赫尔姆：《自然资本：为地球估值》，蔡晓璐、黄建华译，中国发展出版社2017年版，第19页。

于承认稀缺性的现实存在，并研究一个社会如何进行组织，以便最有效地利用资源"①。不可否认，充分意识到稀缺性的经济学假设对于珍惜自然资源与保护生态环境具有重要意义。但是，也正是稀缺性的经济学假设，其或多或少会对"绿水青山就是金山银山"这一理念带来一定的理解误区，因而我们要加以厘清。例如，对于新古典环境经济学家而言，他们认为稀缺性问题是可以解决的，出路就在于以资本主义的市场机制响应来实现资源的有效配置，而其中隐喻的深刻内涵便是对自然资源定价。注意，这里的"价"是"价格"的"价"，正如新古典环境经济学家彼得·伯克（Peter Berck）等人指出的，"如果一种物品是稀缺的，一些人的需求就会得不到满足。此时，必须采用一些办法对有限的物品数量进行配置。价格是市场配置稀缺物品的方法之一"②。或者反过来说，如果不以有效的市场机制响应来为自然资源定价，那么自然资源的价格就会被严重"低估"，一旦这种被低估降到了"零"的水准，那么所谓的"资源无价"就产生了，其严重后果便是自然资源必将被人类无节制地攫取占有和污染破坏。正如新古典环境经济学家埃班·古德斯坦（Eban Goodstein）等人指出的："从经济学家的角度来看，市场体系产生污染的原因在于生产货物和服务过程中用到的很多来自自然的投入品——如空气和水——其价格都被'低估'了。因为没有人拥有这些资源，所以在缺乏政府监管或者缺乏对污染受害者进行法律保护的情况下，企业会自由无约束地使用这些投入品，却不顾强加给其他人的外部成本。"③因此，在他们看来，必须以定价的形式对稀缺

---

① ［美］保罗·萨缪尔森、威廉·诺德豪斯：《经济学》，萧琛等译，华夏出版社2003年版，第2页。
② ［美］彼得·伯克、格洛丽亚·赫尔方：《环境经济学》，吴江、贾蕾译，中国人民大学出版社2013年版，第37页。
③ ［美］埃班·古德斯坦、斯蒂芬·波拉斯基：《环境经济学》第7版，郎金焕译，中国人民大学出版社2019年版，第35页。

性自然资源给予市场机制的积极响应,从而确保自然资源作为一种"金山银山"而不被人们所低估。在新古典环境经济学中,常见的自然资源定价方法主要有影子价格法、机会成本法、替代价格法及市场估价法,详见表4.2。[①]

表4.2　　　　　　　　自然资源定价方法及内涵

定价方法	具体内涵
影子价格法	从资源的有限性出发,以资源的合理分配为核心,以最大化经济效益为目标来测算资源价格。当影子价格大于零时,表示资源稀缺,且稀缺程度越大,影子价格越高。影子价格仅仅表示该资源稀缺时的使用价值
机会成本法	以自然资源的稀缺性和有限性为前提,将自然资源安排于这种用途而不安排于另外几种用途,或者放弃其他用途所造成的损失和付出的代价。它是一种比较逼近某种自然资源对人类社会真实的使用价值的表征
替代价格法	自然资源的替代价格主要是在某种自然资源接近枯竭之时,根据人们研究和开发替代物质的机会成本,并参照其对社会经济发展的作用,以价格形态给出的。它只能作为确定不可再生性自然资源价格的参照,或作为预测其价格的重要参数
市场估价法	人们对自然资源的开发和利用既会给人类带来正的经济效益,也会对环境产生负效应,通过自然资源在市场上的价值表现,将两种效益进行换算,通过直接或间接的市场价格来估算自然资源和环境资源的经济价值的价格模型。市场估价法主要有直接市场估价法和间接市场估价法

不可否认,通过以上各种方式或方法对自然资源定价可以使人们在现代经济活动中充分权衡成本收益,逐渐意识到自然资源也是一种对自己有利的"金山银山",从而在某种程度上有利于保护自然资源。但是,就新古典环境经济学的话语体系来说,有一个问题应该引起我们的

[①] 何爱平、任保平主编:《人口、资源与环境经济学》,科学出版社2010年版,第104—107页。

注意，那就是从资源的有限性或稀缺性出发去给自然资源定价，其初衷并不是为了保护自然资源，而纯粹是为了将稀缺的自然资源"激活"，从而为维系资产阶级追求经济利益的需要开辟广阔的生产资料空间，这也从本质上揭示了新古典环境经济学的自然资源稀缺性价值导向是为资产阶级服务的，是对资本主义经济发展模式的捍卫。生态经济学家迈克尔·雅各布斯揭露，"把环境转换成可以买卖的商品，他们认为只要赋予环境以商品的属性，赋予它们以价值，就可以在实际的操作中对其进行适当的保护"①。而事实上，这种所谓的"适当保护"是以计算主义（价格核算）为出发点的，这本质上是资本主义社会设置的一种陷阱，正如威廉·莱斯（William Leiss）所说："把环境质量问题归属于无所不包的经济核算问题那就会成为落入陷阱的牺牲品。按照这种思路，结果是完全把自然的一切置于为了满足人的需要的纯粹对象的地位。"②福斯特则进一步指出新古典环境经济学的重大缺陷，"其最糟糕之处在于自以为一切事物都有价格，或者说，把金钱看作所有价值的最高体现"③。霍尔姆斯·罗尔斯顿（Holmes Rolston）更是直接指出了其中的弊端，他认为："如果我们用衡量经济价值的普通货币去计算生态价值的话，会严重地扭曲生态价值。"④显然，如果只是从自然资源稀缺性假设的范式去给自然资源设定"价格"以解决"资源不足"的问题必然会使人抽象化地理解人与自然的关系，这就看不到人与自然关系背后或"资源不足"背后的资本主义生产关系，这样对自然资源的保护就

---

① ［美］约翰·贝拉米·福斯特：《生态危机与资本主义》，耿建新、宋兴无译，上海译文出版社2006年版，第18页。

② ［加］威廉·莱斯：《自然的控制》，岳长龄、李建华译，重庆出版社1993年版，第3页。

③ ［美］约翰·贝拉米·福斯特：《生态危机与资本主义》，耿建新、宋兴无译，上海译文出版社2006年版，第25页。

④ ［美］霍尔姆斯·罗尔斯顿：《哲学走向荒野》，刘耳、叶平译，吉林人民出版社2000年版，第125页。

显得冠冕堂皇甚至适得其反。马克思认为这是一种"虚幻的价格"后果，它将"掩盖实在的价值关系或由此派生的关系"①。显然，这无疑不是自然资源价值论科学内涵的生成逻辑，也无助于自然资源（绿水青山）作为一种"金山银山"的科学理解。

基于此，我们是否可以确立一种更加合理的自然资源价值论的阐释范式呢？对此，我们提出作为一种人与自然生命共同体理解范式的自然资源价值论，也即应该从生命共同体的角度去客观把握自然资源实质意义上的"价值"，而非从稀缺性假设的角度去主观生成自然资源形式意义上的"价格"，这或许是对"金山银山"进行学理性理解的一个必要方向。我们之所以应该从生命共同体的角度去确立自然资源价值论的理解范式，其实有着充分的依据。一方面，生命共同体的理解范式具有明确的科学依据，即生态学依据。生态学的最早提出者海克尔就将生态学界定为一门科学，主要研究生物有机体和无机体之间的关系。生态学家欧德姆（E. Odum）指出，"生态学是一门整合的科学"（an integrative science）②，他倡导的研究方法是一种宏观系统性的思维方法。生态学家贝根（begon, M.）、汤森（Townsend. C. R.）和哈珀（Harper, J. L.）也共同指出："没有什么物种是孤立存在的，它们的生存总是与其他物种紧密相关；对很多生物来说，它们所占据的生境就是另一个物种。例如，寄生物生活在宿主的体腔甚至是细胞中，固氮菌生活在豆科植物根瘤中，等等。共生（symbiosis，生活在一起）指物种间在物理上紧密相关，在这种关系中共生者（symbiont）占据了宿主提供的栖息地。"③ 应该说，生态学有别于现代科学中的还原论科学，它超越了还原

---

① 《马克思恩格斯文集》第五卷，人民出版社2009年版，第123页。
② Odum E. P., *Ecology: A Bridge Between Science and Society*, Sunderland: Sinauer Associates, 1997, p. 13.
③ ［英］贝根、［新西兰］汤森、［英］哈珀：《生态学——从个体到生态系统》第4版，李博、张大勇、王德华主译，高等教育出版社2016年版，第362页。

论科学"可以把它们分开,再把它们合并,各个小块又浑然成为一体"①的线性表达方程,它倡导把整个大自然视为关系网。另一方面,生命共同体的理解范式具有明确的哲学依据,即历史唯物主义依据。一般来说,"共同体"哲学在马克思主义的理论视域中具有两重指向。一是作为资本主义社会的"虚幻共同体";二是作为共产主义社会"自由联合体"的真实共同体。以真实共同体为主轴,马克思提出"自然史和人类史彼此制约"以及"自然主义和人道主义相统一"的重要观点,一方面揭示出历史演变过程中不可回避的"自然—人类"双重考察维度;另一方面又表明基于资本主义"虚幻共同体"中的异化劳动所造成的人与自然关系的异化,必须要有一场对私有财产积极扬弃的生态革命来实现"人类与自然的和解以及人类本身的和解",从而真正呈现人们对自己本质全面占有的真实共同体,即共产主义社会。马克思主义崇尚的是一种共产主义的真实共同体,它既关心人类本身的生存与发展,又体恤着整个大自然的承载力与脆弱性,这是作为一种真实共同体的生命关怀。人与自然本来就是相互联系着的生命共同体,未来共产主义社会的真实共同体是作为完成了的自然主义和人道主义的统一。应该说,它是建立在以生态学为科学依据和以历史唯物主义为哲学依据基础之上的生命共同体理解范式,对科学把握自然资源价值论具有重要意义。一方面,以生态学为科学依据的生命共同体理解范式明确了人与大自然(资源)最为纯粹的共生关系,超越了新古典环境经济学"人为构造无极限论"的利己主义倾向;另一方面,以历史唯物主义为哲学依据的生命共同体理解范式揭示了资本主义市场价格配置论的背后始因,明确了把握人与大自然(资源)关系应该要具有的社会历史语境或历史辩证法。因而只有从这个意义上去把握自然资源价值论才能较为深刻地确证"绿

---

① [美]詹姆斯·格雷克:《混沌:开创新科学》,张淑誉译,高等教育出版社2004年版,第22页。

水青山就是金山银山"的学理内涵。

那么，基于生命共同体理解范式中的自然资源价值论究竟如何生成才能更好地确证"绿水青山就是金山银山"这一基本理念呢？如前所述，在关于"绿水青山就是金山银山"的政策性表达中可知，"金山银山"是一种坚持以经济建设为中心的人民财富观或经济效益观的形象表达，强调"绿水青山就是金山银山"。换言之，"山水林田湖草沙冰"等自然资源本身也是人类的一笔财富，具有巨大的价值，正如习近平总书记所言，"生态是资源和财富，是我们的宝藏"①，因而我们要保护它们，而如果只是像新古典环境经济学那样单纯地以"定价"的方式主观生成自然资源价值论显然是过于狭隘甚至不科学。换言之，我们不能因为自然资源稀缺而有"定价"的期待就认为自然资源是"金山银山"，我们应该从人与自然是生命共同体的视域敬畏大自然，要从根本上认为自然资源对于人类来说它内在性的就是"金山银山"、内在性的就是有价值。

哲学是研究一般性或普遍性问题的智慧和学问，基于生命共同体理解范式中的自然资源价值论，如果从哲学意义上来生成显然更具代表性。一般来说，哲学意义上的价值体现为两个层次的内涵，即作为满足人类需要的工具价值和作为体现客体本身优异特性的内在价值。一是工具价值。马克思借助《试论哲学词源学》（1844年布鲁塞尔版）一书考证了英语的 value、法语的 valeur、德语的 wert 及立陶宛语的 wertas 等词汇，得出，这里的"价值"（中译）与古代梵文"wall"即"掩盖、加固"；以及拉丁文"vallo"，即"掩盖、保护"的词义有渊源关系，它是在该词义派生出的"尊敬、敬仰"和"喜悦、珍爱"的意思的基础上形成的，② 其孕育的就是客体属性对满足人的需要的积极意义。因

---

① 《习近平的小康情怀》，人民出版社2022年版，第564页。
② 马克思：《剩余价值理论》第三册，人民出版社1975年版，第327页。

而，马克思进一步指出，"'价值'这个普遍的概念是从人们对待满足他们需要的外界物的关系中产生的"①；价值是"表示物的对人有用或使人愉快等等的属性"②。从中可以看出，马克思对"价值"的含义作了更加明确的界定，它实质指向的是一种效用关系，即客体属性对主体需要的满足关系，所以这个层面的价值在本质上是一种外在的工具价值，这种价值应该被肯定。二是内在价值。英国哲学家摩尔（G. E. Moore）最早提出"内在价值"这一概念，认为某一事物是否具有这种价值和在什么程度具有这种价值，完全依赖于这一事物的内在性质（intrinsic nature）。内在价值更聚焦于某一事物本身的优质特质或性质，这在亚里士多德那里叫作"善"，事物自身就是目的，它是"某种本己的、固有的、难于剥夺的东西"。环境伦理学家罗尔斯顿和克里考特等人从大自然（资源）的先在性、系统性及自组织性等方面作了论证。马克思恩格斯在一定意义上也认同这个层面的界定，他们指出："为什么要分什么人、兽、植物、石头呢？我们都是物体！"③ 这说明连同人在内的大自然（资源）其实都是同源同质的。又如，恩格斯所言的"整个自然界，从最小的东西到最大的东西……处于不断的流动中，处于不息的运动和变化中"④ 已然揭示出大自然（资源）必然有它自身的自组织性。所以他进一步说："大自然是宏伟壮观的……我总是满心爱慕地奔向大自然。"⑤ 为什么要奔向大自然？因为大自然（资源）本身拥有着优异的内在特质或价值，值得人们爱慕或青睐。因此，不管过去人类中心主义和非人类中心主义如何争论，我们认为自然资源的工具价值和内在价值必然是兼具的，这完全符合马克思主义的哲学立场。一方面，自然资

---

① 《马克思恩格斯全集》第十九卷，人民出版社1963年版，第406页。
② 《马克思恩格斯全集》第三十五卷，人民出版社2013年版，第277页。
③ 《马克思恩格斯全集》第三卷，人民出版社1960年版，第551页。
④ 《马克思恩格斯选集》第三卷，人民出版社2012年版，第856页。
⑤ 《马克思恩格斯全集》第三十九卷，人民出版社1974年版，第63页。

源作为人类对象性活动的物质载体或对象，它对人类社会存在和发展所发挥的效用是不可估量的；另一方面，自然资源之所以能够成为人类对象性活动的物质载体或对象，很大意义上是因为自然资源本身的内在特质或属性所决定的，正如马克思在论及物的有用性（工具价值）时所说，"这种有用性。它决定于商品体的属性，离开了商品体就不存在"①。当然，无论是自然资源的工具价值还是内在价值，都不能撇开人类社会来谈论，我们一定要坚持历史唯物主义的立场，通过人的对象性活动来搜寻和发现。

按照哲学意义上的价值生成逻辑，从生命共同体的理解范式去把握自然资源价值论，无非就是应给予大自然（资源）更加合理和充分的价值解释。罗尔斯顿站在对人类中心主义某些观点进行批判的基础之上，从人与自然是生命共同体的角度展开了对自然价值的界定，明确了以下十种自然资源的价值类型及基本内涵②（见表4.3）。这十种价值类型既有工具价值的指向，也有内在价值的蕴含，"工具价值和内在价值都是客观地存在于生态系统中的"③，这从整体上对我们跳出基于自然资源稀缺性假设意义上的自然资源"定价"思维框架，去把握自然资源价值论具有重要的学术参考意义。

表4.3　　　　　　　　自然资源的价值类型及基本内涵

价值类型	内涵表征
经济价值	大自然是一片肥沃的土地，自然资源十分丰富，人类可以对它们进行安排以构建一个适于我们生活的家园

---

① 《马克思恩格斯文集》第五卷，人民出版社2009年版，第48页。
② 参见［美］霍尔姆斯·罗尔斯顿《哲学走向荒野》，刘耳、叶平译，吉林人民出版社2000年版，第122—150页。
③ ［美］霍尔姆斯·罗尔斯顿：《环境伦理学》，杨通进译，中国社会科学出版社2000年版，第254页。

续表

价值类型	内涵表征
生命支撑价值	土地、森林、草原、河流等自然资源以各自的方式贡献于环境的总体质量,从而贡献于对人类生命的支撑
消遣价值	出于职业或业余爱好之需,人们可愉悦地欣赏自然界中的一切东西
科学价值	大自然中的各种资源具有复杂性特征,可成为人们求知探索的对象
审美价值	难以用语言证明的但能够满足人们审美需求的那些自然资源的特质,它能够使人们看得更远,而不受日常生活的视野所限
生命价值	生命价值是一条普遍性原则,所有的生命现象都是自然的
多样统一性价值	人类心智是自然资源多样化与统一化双重趋向的产物,当人类心智对大自然进行沉思时,自然资源则凸显出多样而又统一性的价值
稳定自发性价值	大自然的有序稳定性支撑着地球生命与人类心智,自然资源的可解读性、美感和依赖性也可看作是有价值的
辩证价值	生命的过程是在充满矛盾斗争的环境舞台上进行的,文化与大自然虽然看起来是一对矛盾,但人类的文化是从大自然中创造出来的
精神价值	大自然对人们心智的激发是永无止境的,它不仅是科学的源泉,也是诗、哲学与宗教的源泉

基于以上对自然资源价值论诠释的基本理论可知,自然资源肯定是有价值的,这种价值从普遍意义上的哲学视域来说,是自然资源之于人类而言的工具价值和自然资源本身所蕴含的优良特质,当然这两重向度的价值在一定程度上也可分解为上述罗尔斯顿所言的十大价值指向。那么,对于"绿水青山就是金山银山"这一重要理念而言,其以自然价值论为切入点的学理性内涵就不言自明了。一是"绿水青山"作为一种自然资源,其"就是金山银山"的逻辑生成依据在于人与自然是生命共同体意义上的价值理解范式,而并非稀缺性假设意义上对自然资源"定价"的价值期待。二是基于生命共同体意义上的自然资源价值理解

范式给予了"金山银山"更加丰富的学理性内涵。如果说"金山银山"的政策性内涵指的是一种以经济建设为中心的人民财富观或经济效益观的话，那么我们完全可以将其上升到哲学意义上的工具价值和内在价值。这里所谓的工具价值，指的是绿水青山（水资源和山林资源等）可以通过人类的对象性活动使之满足人类生存和发展的多维度需要，进而推动现代社会的进步；而所谓的内在价值，指的是绿水青山本身的优良特质（如绿和青等）对人类社会以及整个地球家园的内在意义，如习近平总书记所讲的"青山就是美丽，蓝天也是幸福"① 就是其中关于生态意义的生动写照，当然还有其他意义，如科研意义和审美意义等。从最终来看，无论是"绿水青山"的工具价值还是内在价值，它们本质上都共同聚焦于对人民有利、对社会有用以及对国家有益这一点上，这是不可否认的，因而这是一种更为深层次的"金山银山"，是人类的巨大财富！三是从哲学意义上看待"金山银山"并不意味着忽视"绿水青山"最直接和最现实的经济价值表达。哲学与具体学科的关系就是一般与个别、共性和个性的关系。哲学意义上的价值作为一般性的阐释论域，它必然可以指导具体学科的价值界定，当罗尔斯顿从环境哲学的论域界定自然资源的价值时，他第一条就阐释了自然资源的经济价值问题。因此，我们从学理上诠释"绿水青山就是金山银山"并没有要将这一理念束之于形而上的哲学玄思之意，因为哲学本身就是关切社会的，马克思强调，"任何真正的哲学都是自己时代的精神上的精华"②。所以，当我们在如上文一样批判新古典环境经济学的自然资源"定价"论时，这并不意味着我们不能讨论"绿水青山"的经济学价值，也并不意味着不能明确"金山银山"的市场化内涵。当然，如果要讨论、要明确，必然会与马克思主义的劳动价值论交汇，或许在某种程度上产生一定的

---

① 《习近平谈治国理政》第二卷，外文出版社2017年版，第209页。
② 《马克思恩格斯全集》第一卷，人民出版社1995年版，第220页。

疑难问题，从而影响对"绿水青山就是金山银山"的科学把握。因此，站在对"绿水青山就是金山银山"进行学理性阐释的一般性论域前提下，我们很有必要继续围绕"自然资源价值论"的叙事主线，与马克思主义的劳动价值论结合起来进行探讨。

第三节 自然资源价值论与马克思主义劳动价值论的交汇与辨正

上一节主要对新古典环境经济学自然资源"定价"论进行批判，从而引出我们应该要从生命共同体的理解范式去把握自然资源价值论的观点，其中最主要的价值生成逻辑就是哲学意义上的工具价值和内在价值两个向度。最终得出哲学意义上的一般性结论，即自然资源肯定有价值，也即"绿水青山就是金山银山"的学理性逻辑必然成立。然而，学界有一种观点认为，如若从经济层面上看，自然资源价值论是不成立的，因为其违背了马克思主义劳动价值论的核心观点，即自然资源并未经过人类劳动加工过，不是劳动产品，所以没有价值。正如有学者指出："若问：自然资源有没有'价值'？长期以来在我国人们的回答却是否定的，其理论依据就是劳动价值论，依据这种理论，价值只由劳动所创造，商品价值是人类劳动的凝结，价值量决定于社会必要劳动量；自然资源是'天赐之物'，不是劳动的产品，本身没有包含物化劳动，因而没有价值，虽然它们对人类有巨大的效用。"[①] 真的是这样吗？如果这个问题没有厘清，人们就很容易对"绿水青山"就是"金山银山"的学理性逻辑产生疑问，认为"绿水青山"作为一种自然资源并未经过人类加工何以就是一种有价值的"金山银山"呢？因而在此很有必要就这一问题进行辨析。

[①] 晏智杰：《自然资源价值刍议》，《北京大学学报》（哲学社会科学版）2004 年第 6 期。

在此，首先要把握住一个历史语境。在马克思看来，哲学层面的价值主要指的是一种客体属性对主体需要的满足关系或意义关系的表达。因此，作为一般性的哲学概念及其意义必然适用于特殊性的学科概念阐释，即哲学意义的"价值"内涵肯定适用于经济学层面上的"价值"概念界定，因而按道理说，既然自然资源价值论从哲学层面上看是成立的，那毫无疑问在经济学层面上肯定也是成立的。可是，为何马克思又要专门从政治经济学层面来界定"价值"，从而恍惚间似乎为后人对"自然资源价值论"是否成立这个问题的争议埋下了伏笔呢？其实，"价值"概念的政治经济学转向与马克思的思想变迁有很大的关系。马克思在大学期间读的是法律专业，后来转学攻读的是哲学专业，并于1841年以《德谟克利特的自然哲学和伊壁鸠鲁的自然哲学的差别》一文获得了哲学博士学位。然而，马克思毕业后在《莱茵报》从事编辑工作过程中却遇到了系列的物质利益难题，从而使得马克思猛然发现哲学之于物质利益难题的解释显得无能为力，因而转向了政治经济学的研究。在《〈政治经济学批判〉序言》中，马克思指出："我作为《莱茵报》的编辑，第一次遇到要对所谓物质利益发表意见的难事。莱茵省议会关于林木盗窃和地产分析的讨论，当时的莱茵省总督冯·沙培尔先生就摩泽尔农民状况同《莱茵报》展开的官方论战，最后，关于自由贸易和保护关税的辩论，是促使我去研究经济问题的最初动因。"① 马克思早期秉持的启蒙理性主义精神或旧哲学理念根本无法使其所处的社会状态得到合理的阐释和认同，更不用说能够提供什么样的变革武器了。此时，马克思唯一想做的是直击"敌人"心脏，研究资本主义制度及其生产方式本身。其中，劳动价值论就是最为重要的内容，因为劳动价值论通过对"价值"概念的特殊界定明确了资本主义剩余价值的来源，进一步揭示了资本家或资本主义制度对广大工人阶级剥削的秘密所在。

---

① 《马克思恩格斯文集》第二卷，人民出版社2009年版，第588页。

在马克思主义政治经济学中，价值是由抽象劳动创造的，而剩余价值是工人剩余劳动的凝结，如果只是将价值概念停留在哲学层面上的效用关系或意义关系的表达，那就无助于从具体化和形象化层面揭露资本家的野心和资本逻辑的生成路径，也就无法揭露广大工人阶级受苦受难的根源。这是马克思对价值概念作政治经济学界定的最直接最现实的原因。明确了这个语境之后，我们再来分析自然资源价值论的问题。

由哲学转向政治经济学的研究，马克思将"价值"概念落地为一个经济学的诠释范畴，这是一个必然，而从这一概念场域出发，马克思经典表述中给我们呈现的内容显示，自然资源似乎确实没有价值，因为自然资源一开始并没有走进经济学的范畴，其缺乏了对象化劳动的参与，马克思的系列经典表述如下。

"劳动是一切价值的创造者。只有劳动才赋予已发现的自然产物以一种经济学意义上的价值。"① "这些物现在只是表示，在它们的生产上耗费了人类劳动力，积累了人类劳动。这些物，作为它们共有的这个社会实体的结晶，就是价值——商品价值。可见，使用价值或财物具有价值，只是因为有抽象人类劳动对象化或物化在里面。"② "一个物可以是使用价值而不是价值。在这个物不是以劳动为中介而对人有用的情况下就是这样。例如，空气，处女地、天然草地、野生林等等。"③ "瀑布是自然存在的……是一种自然的生产要素，它的产生不需要任何劳动。"④ "瀑布和土地一样，和一切自然力一样，没有价值，因为它本身没有任何对象化劳动。"⑤

---

① 《马克思恩格斯选集》第三卷，人民出版社2012年版，第580页。
② 《马克思恩格斯选集》第二卷，人民出版社2012年版，第99页。
③ 《马克思恩格斯选集》第二卷，人民出版社2012年版，第100页。
④ 《马克思恩格斯文集》第七卷，人民出版社2009年版，第724页。
⑤ 《马克思恩格斯文集》第七卷，人民出版社2009年版，第729页。

由上可知，劳动创造价值，价值指向的是一种无差别人类劳动的表征，而类似于空气、处女地、天然草地、野生林以及瀑布等自然资源由于一开始就并未有对象化劳动的参与，因而就谈不上价值问题，所以自然资源价值论并不成立，其有悖劳动价值论。其实，问题没有那么简单，以马克思主义政治经济学为场域或依据展开分析，我们要辩证性思考，要历史性看待劳动价值论问题，要科学研判自然资源价值论问题。

劳动价值论的叙事起点是对剩余价值来源的揭示。马克思由哲学批判转向政治经济学批判，旨在发掘资本家剥削工人阶级的秘密所在，揭示出资本主义的基本矛盾，从而为资产阶级的消灭和无产阶级的解放服务。因此，当马克思在论及劳动价值论时，明确指出商品价值是由工人的劳动（抽象劳动）创造的，其中包含的新价值即是工人在必要劳动时间创造的劳动力价值（V）和在剩余劳动时间创造的剩余价值（M），而作为生产资料的自然资源本身是不发生增殖的。所以，这种价值生成逻辑可以较好地反映资本家对工人的剥削程度（$M' = M/V$），资本家所获得的每一分钱其实都是工人的血汗钱，因此这就不难理解，为何"剩余价值不是由全部资本创造的，而是由可变资本创造的，雇佣工人的剩余劳动是剩余价值的唯一源泉"了。换言之，马克思是从这个意义上否认自然资源的价值的，目的就是揭示剩余价值的来源，揭穿资产阶级剥削工人的面纱，以体现马克思主义的战斗性。有学者说："如果马克思不是从经济学的角度否认自然的价值，那就等于帮了资产阶级的忙，就等于为资产阶级的不劳而获提供合法性辩护，马克思主义的革命性和实践性也就由此被遮蔽、被消解了。"[①] 因此，马克思主义劳动价值论所涉的"价值"概念是商品经济社会中的一个修辞，是商品交换过程中表现出来的一个共同的质，是具有剥削性的资本主义生产方式基础上生

---

① 孙道进：《马克思主义环境哲学研究》，人民出版社2008年版，第81页。

成的。所以，论及劳动创造价值，目的指向并不是一个生态环境危机问题，而是一个革命性的社会政治问题，从这个意义上讲自然资源无价值是合乎历史逻辑的。

然而，关于自然资源价值论问题，是不是真的就止于上述历史逻辑的叙事呢？其实，马克思的眼界早已涉猎了类似疑问，并作出了一定的阐释，只是学界有时因以偏概全地理解马克思主义的劳动价值论而忽视了问题的深究罢了。

其一，从生态危机的现实逻辑来看，劳动价值论本质上并未忘却自然资源的价值。生态危机是20世纪六七十年代兴起的世界性大问题，资源短缺、废弃物污染、大气污染、水污染、植被破坏等波及面广，对人类身心健康的影响巨大。当我们将目光聚焦于这一系列生态危机问题时，谁又敢说自然资源没有价值呢？马克思主义劳动价值论即便针对的是一个社会政治问题，但其并未遗忘对大自然或自然资源的价值观照。劳动价值论揭示了人与大自然紧张关系的根源，从而为自然资源的价值观奠定了话语基础。劳动价值论的最直接效应便是发掘出剩余价值的来源，明确资本主义生产的目的就是赚取更多的剩余价值。换言之，使用价值从属于交换价值成了资本主义生产的逻辑起点，这样一种为追求剩余价值积累的生产方式必然导致生态环境的恶化，过度生产、过度消费以及过度排放等无不冲击着大自然。诚如马克思所说："当一个厂主卖出他所制造的商品，或者一个商人卖出他所买进的商品时，只要获得普通的利润，他就满意了，至于商品和买主以后会怎么样，他并不关心……至于后来热带的倾盆大雨竟冲毁毫无保护的沃土而只留下赤裸裸的岩石，这同他们又有什么相干呢？"[①] 从这个意义上说，保护生态环境、保护自然资源显得至关重要，劳动价值论正是通过从正面揭示生态危机的根源而流露出对大自然及其资源要素的价值观照。其实，在马克

---

① 《马克思恩格斯选集》第三卷，人民出版社2012年版，第1000—1001页。

思的众多言辞中已经表明了这一点,他首先强调任何改变物质形态的生产实践劳动都"要经常依靠自然力的帮助"①,因为在马克思看来,"自然界一方面在这样的意义上给劳动提供生活资料,即没有劳动加工的对象,劳动就不能存在;另一方面,也在更狭隘的意义上提供生活资料,即维持工人本身的肉体生存的手段"②。如果违背大自然的客观规律或无视自然资源的价值性,那么人类必然会招致大自然的报复,这一点恩格斯在考察英国工人阶级的状况时也已作了详细描述。所以,我们考察自然资源价值时,应该与时俱进地看待劳动价值论,应该立足于时代的突出问题去理解和发展劳动价值论,这样才能客观地把握自然资源的价值性问题。

其二,从劳动形态的特殊内涵来看,劳动价值论在客观上蕴含着自然资源的潜在价值。马克思指出,价值"只是无差别的人类劳动的单纯凝结,即不管以哪种形式进行的人类劳动力耗费的单纯凝结"③。从中可知,对于劳动创造价值中的"劳动"应该辩证地看待,当然其肯定是抽象劳动问题,只不过其形式或形态应该是多样化或发展着的。换言之,对于劳动或生产劳动的理解不能仅仅局限于物质生产领域的劳动,因为这仅仅只是一般性的具象考察视域。马克思认为对于特定社会形态的考察要考虑到劳动的多样化和特殊性,他说:"这个从简单劳动过程的观点得出的生产劳动的定义,对于资本主义生产过程是绝对不够的。"④ 换言之,考察劳动的内涵一定要与特定历史的生产关系相联系,不仅要考虑资本主义的生产目的本身,更要考虑工人脑力劳动的耗费。其实,无论是直接抑或间接地作用于生产资料的劳动,本质上都是劳动。马克思很明确地指出,"随着劳动过程本身的协作性质的发展,生

---

① 《马克思恩格斯选集》第二卷,人民出版社2012年版,第103页。
② 《马克思恩格斯选集》第一卷,人民出版社2012年版,第52页。
③ 《马克思恩格斯选集》第二卷,人民出版社2012年版,第98—99页。
④ 《马克思恩格斯选集》第二卷,人民出版社2012年版,第173页。

产劳动和它的承担者即生产工人的概念就必然扩大""为了从事生产劳动，现在不一定要亲自动手，只要成为总体工人的一个器官，完成他所属的某一种职能就够了"①。从这个意义上看，对于劳动价值论中劳动的理解就不能教条化，而应该进行概念的扩大化理解，这也符合马克思主义的观点。基于此，有一种劳动形态在马克思主义的文本中隐约出现过，即发现劳动，其对解释自然资源的价值很有参照意义。马克思以金刚石为例指出："金刚石在地壳中是很稀少的，因而发现金刚石平均要花很多劳动时间。因此，很小一块金刚石就代表很多劳动。"② 对此，金刚石显然是一种纯天然的自然资源，按照劳动内涵的一般性理解，其或许就没有价值，因为其没有融入人类的物质生产实践劳动。但是，马克思这里却强调了金刚石作为一种地壳自然资源的价值性，原因在于其凸显了对金刚石的搜寻发现本身也是一种劳动，这也确实没有违背劳动价值论。应该说，这对于我们进一步理解自然资源的价值具有重要启发意义。在现当代社会，马克思主义劳动价值论有待诠释的问题已然多样化，这就决定我们不能把眼界局限于马克思的那个年代去解释问题，更重要的是要以发展着的眼光看问题，要以辩证的思维审视问题。例如，在全球生态危机日益严峻而危及全人类生存状况的时代背景下，人类在维系人与大自然（资源）和谐层面付出的努力已然很大，而这种努力背后却是各种各样人类生态劳动的凝结。河流里的水为什么这么清，门前屋后的山为什么那么绿，矿藏森林为什么还那么丰富？其本身就隐喻着人类在以某种特殊性的劳动形态保护着和维系着自然界中的一切资源；因而从劳动价值论的角度看，它们是有价值的，至少也隐喻着一种理性化的潜在价值。

其三，从虚拟价格的资本逻辑来看，劳动价值论事实上反映着自

---

① 《马克思恩格斯选集》第二卷，人民出版社2012年版，第236页。
② 《马克思恩格斯选集》第二卷，人民出版社2012年版，第100页。

然资源的虚拟价值。在马克思的经典文本中，确实有类似于"空气、处女地、天然草地、野生林等"自然资源无价值的表述，但是这并不意味着它们不可以没有价格，如马克思以土地这种自然资源为例指出："没有价值的东西在形式上可以具有价格。在这里，价格表现是虚幻的……——如未开垦的土地的价格，这种土地没有价值，因为没有人类劳动对象化在里面——又能掩盖实在的价值关系或由此派生的关系。"① 为什么土地价格是虚拟（虚幻）的？因为土地本身没有价值，其价格并不是土地价值的真实货币表现，而只是一种地租资本化的预期收入。马克思指出："土地的购买价格，是按年收益若干倍来计算的，这不过是地租资本化的另一种表现。实际上，这个购买价格不是土地的购买价格，而是土地所提供的地租的购买价格，它是按普通利息率来计算的。"② 换言之，土地价格是以地租为前提并按照一定的利息推算出的。例如，一块土地的一年地租是 10000 元，而当时的存款利息率是 5%，土地所有者为了取得相当于 10000 元地租的利息，其必须要有 20 万元的存款。那么，这块土地固然相当于将以 20 万元的价格出售。所以，土地价格本质上是虚拟化的，它是地租的资本化呈现。对于这种资本逻辑，以劳动二重性为核心的劳动价值论说得很清楚，资本主义的生产过程区分为劳动过程和价值增殖过程，而价值增殖过程是其主要方面，它是始终贯穿于资本主义生产方式中的绝对规律。所以，为了获得高额利润或最大化的剩余价值，资本家会不择手段，这当然包括各种虚拟化的价值增殖方式，所以马克思说："这个想象的财富，就其原来具有一定名义价值的每个组成部分的价值表现来说，也会在资本主义生产发展的进程中扩大起来。"③ 因而对于土地这种自然资源来说，难怪

---

① 《马克思恩格斯文集》第五卷，人民出版社 2009 年版，第 123 页。
② 《马克思恩格斯选集》第二卷，人民出版社 2012 年版，第 609 页。
③ 《马克思恩格斯选集》第二卷，人民出版社 2012 年版，第 583 页。

马克思会说:"地租是土地所有权在经济上借以实现即增殖价值的形式。"① 由此可知,基于资本作为一种增殖了的价值逻辑,地租资本化的土地价格必然以一定的虚拟价值为基础,"只不过这种虚拟价值是人们后来赋予它的"②。例如,马克思在论述级差地租时曾经提出过"虚拟的社会价值"一词,他说:"关于级差地租,一般应当指出:市场价值始终超过产品总量的总生产价格……这种决定产生了一个虚假的社会价值。"③ 此外,当马克思在论述商业流通费用时也提出过"名义价值"一词,他认为"就总商品资本来看,也就是高于它的价值出售,并且把商品的名义价值超过它的实际价值的这个余额攫为己有;一句话,就是商品卖得比它的原价贵"④。无论是"虚拟的社会价值"还是"名义价值",本质上都是价值的虚拟或虚幻性,它往往通过而且必然会通过价格的虚拟性体现出来,否则就违背了劳动价值论中的价值增殖逻辑。基于以上可知,不仅是土地资源,其他任何一种所谓"无价值"的自然资源,本质上或许都有价值的虚拟性即虚拟价值的特性,劳动价值论在某种意义上是能够反映出自然资源的虚拟价值的,注意,这里的"虚拟价值"并不是空无价值之意,而是预期增殖之意。

综上所述,自然资源从哲学层面上说具有作为客体的属性满足主体各种需要的价值,从经济学层面上说具有不违背劳动价值论的叙事语境,因而自然资源总体上是有价值的,自然资源价值论的提法是成立的。或许,从哲学层面上说,自然资源价值论好理解,但从经济学层面说则有一定的理解困难。因而我们要整体理解劳动价值论,要以发展着的眼光和辩证的思维对待劳动价值论,这样才能更好地把握自

---

① 《马克思恩格斯选集》第二卷,人民出版社2012年版,第606页。
② 马艳、李韵:《自然资源虚拟价值的现代释义——基于马克思经济学视角》,《马克思主义研究》2008年第10期。
③ 《马克思恩格斯选集》第二卷,人民出版社2012年版,第627页。
④ 《马克思恩格斯文集》第七卷,人民出版社2009年版,第315页。

然资源价值论的政治经济学叙事逻辑。我们首先从当代社会生态危机的现实逻辑来看待劳动价值论是否忽视了自然资源的价值,旨在切换对劳动价值论理解的时代背景,从中明确劳动价值论所聚焦问题的多样化观照。再者,我们还从劳动形态的深刻内涵进一步作了阐释,劳动创造价值当中的"劳动"这一概念应该作扩大化解释,它不仅包括一般意义上的物质生产劳动,还包括搜寻、发现和维护等层面的劳动,因而这就无形之中将人类所涉足的大自然及其资源要素纳入了"劳动"的过程当中,因而自然资源的潜在价值无疑不可忽略。当然,还存在一种确实没有价值而有价格的自然资源,但这并不意味着自然资源就是彻底空无价值,而是通过虚拟价格的资本逻辑进一步验证了自然资源的虚拟价值,这种虚拟价值是资本主义生产过程中价值增殖的题中应有之义,它往往通过价格的虚拟化而呈现对自然资源真实价值的偏离,但无论怎么说,其流露出的都是遵循资本主义生产方式绝对规律的,是资本逻辑效应发挥的现实使然。

从这种叙事语境来看待自然资源价值论,或许让人难免觉得有些彷徨甚至惊悚,但这恰恰印证着马克思主义劳动价值论的科学性和革命性的统一,这对我们从学理意义上理解"绿水青山就是金山银山"更具重要意义。"绿水青山就是金山银山"这一重要论断是引领新时代人与自然和谐共生现代化建设的科学理念,我们既要绿水青山,也要金山银山,我们不走反现代化的路子,我们始终要坚持以经济建设为中心,不断解放和发展社会生产力,不断推进社会主义现代化建设,让中国人民过上幸福美好的生活。当然,在推进现代化建设中也要注重生态文明建设,要让人们明白,大自然中的"绿水青山"也是人民幸福美好生活中的"金山银山"。如何把这个问题讲清楚,这不仅需要常规性的通俗宣传,更需要学理性的深刻阐释。以自然资源价值论为切入点,这对较好地阐明"绿水青山就是金山银山"这一重要理念具有深刻启发,具体体现在以下几个方面。一是从理论层面肃清了自然资源无价值论的观点，避免了对自然资源无偿开发、无偿占有和无偿享用的公地悲剧，让绿水青山常在。二是从实践层面将问题进一步引向了自然资源资产产权制度、使用制度、核算制度、补偿制度和监管制度等方面的探索，使金山银山凸显。当然，无论何种意义上的学理诠释，我们始终要坚持马克思主义的批判性和人民性立场。一方面要批判资本主义生产方式中对待自然资源的资本逻辑态势，也要摒弃新古典主义环境经济学对自然资源"定价"的不当目的；另一方面要坚持以人民为中心的发展观，要在社会主义市场经济背景下辩证地看待资本的价值，从而使自然资源价值论的叙事话语在诠释"绿水青山就是金山银山"的过程中真正能够凸显社会主义的特质。

第五章 人与自然和谐共生现代化的话语考辨

——新时代生态经济学话语体系的学术史生成

不论从何种角度看,现代化反映的基础性问题必然是一个经济发展问题,犹如马克思在论述现代资产阶级社会时就已明确指出,现代社会本质上就是生产方式和交换方式等系列变革的产物。同样,人与自然和谐共生不论做何种解释,其揭示的最小限度性问题也必然是一个尊重大自然和保护大自然的问题,如果这都无法达成共识,那就谈不上生态文明的其他深度研究或高位推进了。所以,从这个意义上看,我们探讨人与自然和谐共生现代化,其最为基础性的话语其实也就是如何看待"经济—生态"之间的关系。因此,沿着这样一种关系线索,我们拟从新古典环境经济学说起,然后引出生态经济学的立场或观点,最后再从新时代生态经济学的视角来建构其话语基础。

第一节 新古典环境经济学的"环境"之思及其实质

事物总是具有两面性,随着人类现代化进程的开启,人们在享受便利生活的同时也遭遇着生态环境问题的困扰。美国学者 J. R. 麦克尼尔

（John R. McNeill）在其著作《阳光下的新事物：20世纪世界环境史》中指出，人类在过去的500多年里取得了巨大的经济成就，但因此而付出的代价也是巨大的，这些代价以将人变为奴隶、剥削或是杀戮的形式出现，这是"创造性的毁灭"，其中也包括牺牲环境，所以环境代价必须受到共同关注。例如，20世纪世界最严重的十大环境公害事件所付出的环境代价就十分惨重，相关国家数以万计的无辜民众因此而丧生。20世纪六七十年代的代表性关键词似乎可以说是"生态危机"，对此，人们也猛然觉醒并不断呼吁着爱护大自然就是爱护我们人类自己。动物权利论、生态中心论、深生态学、生态社会学、生态经济学、生态神学以及生态马克思主义等西方绿色思潮都从各自的立场对全球性生态危机的根源及其解决之道进行着各种争论和探讨，并着力建构着自己的学术体系，以期能够为人类地球家园的建设贡献力量。在此我们选取生态经济学的角度来分析其中的原理，审思其中的启发性出路。当然，从更加细微或具体的角度看，我们还是要先从环境经济学谈起，因为从广义的角度说，生态经济学一般被认为是环境经济学的子学科，当然二者肯定存在差异。

对于环境经济学，一般来说指的是运用经济学的原理来研究如何有效管理或运用生态环境资源的一门学科，其重在考察人类的某些决策究竟是如何影响以及如何有效缓解人与自然的紧张关系。论及环境经济学，一般有古典环境经济学和新古典环境经济学之分，前者主要是以古典经济学为基础展开对环境问题的思考，后者主要以新古典经济学为基础展开对环境问题的思考。古典经济学的代表主要人物有威廉·配第（William Petty）、亚当·斯密（Adam Smith）、托马斯·罗伯特·马尔萨斯（Thomas Robert Malthus）、大卫·李嘉图（David Ricardo）等，虽各自理论有所差异，但总体上都承认自利行为的合理性并主张经济或市场自由主义，反对国家干预，强调生产和成本，其价值理论为劳动价值论，其对环境问题的思考也都是围绕这一基本主张展开的，形成了所谓的古典环境经济学。例如，配第提出"劳动是财富之父，土地是财富之母"的观点，指出财富的创造不仅要依靠劳动要素，还要依靠以土地为代表的自然要素。斯密将财富的不受约束或自由化追求发挥得淋漓尽致，他认为自然资源是非常充足的，他追求的主要是以自我为中心的经济结构发展，他在《国民财富的性质和原因的研究》中指出，"提升自己的自由和理性存在，促动人们去追求自我利益，而这将有功于社会整体利益"，而对于其他问题（如自然资源问题）他并不在意，因为他认为"竞争最终会解决问题"①。然而，后来的马尔萨斯和李嘉图似乎提出了更加明确的观点。马尔萨斯提出自然资源绝对稀缺论的观点，他认为人口按几何级数增长，而自然资源按算术级数增长，前者的增长速度明显快于后者，但自然资源是稀缺的，其承载力也是有限的，最终结果将造成所有的自然资源被人类消耗殆尽，所以他提出要通过限制人口增长来解决这一问题。李嘉图提出自然资源相对稀缺论的观点，他不认为自然资源之于经济增长的极限性，因为在他看来自然资源形态各异、品质不一，以及肥力或满足人们需求的标准也存在悬殊，所以自然资源只存在相对稀缺而非绝对稀缺，因此他主张科学技术完全可以处理其中的资源稀缺性或环境冲突性问题。新古典经济学②是对古典经济学的继承和发展，其基本主张仍然是强调作为"无形之手"的自由市场对经济发展的重要性，但是其从效用和需求出发，进一步提出经济发展的边际效用问题，试图通过边际革命来实现经济社会的均衡发展，均衡价格理

---

① ［英］E. 库拉：《环境经济学思想史》，谢扬举译，上海人民出版社2007年版，第17页。

② 这里所言的新古典经济学指的是"坚信任何时点上经济活动的目的都是满足主观的个体偏好，是市场经济条件下经济体系中所有产品和服务的供给和需求达到均衡，同时用货币来衡量的经济剩余最大化。人通常被认为是贪婪的，所以经济活动的目标就是持续的经济增长"（乔舒亚·法利，2018）。

论是其核心所在，代表人物有阿尔弗雷德·马歇尔（Alfred Marshall）、阿瑟·塞西尔·庇古（Arthur Cecil Pigou）、威廉姆·斯坦利·杰文斯（W. S. Jevons）、罗纳德·哈里·科斯（Ronald H. Coase）以及彼得·伯克（Peter Berck）、巴利·C. 菲尔德（Barry C. Field）埃班·古德斯坦（Eban Goodstein）①等。因此，基于这些主张而展开的对生态环境问题的系列思考就形成了所谓的新古典环境经济学，"新古典环境经济学在新古典主义框架下探讨环境问题的经济根源和治理途径研究如何实现资源利用最优化"②。相对于古典经济学对生态环境问题的思考，新古典经济学对生态环境问题的思考在当前环境经济学研究领域中占据支配地位，正如有学者指出："新古典环境经济学长期以来在环境经学济学领域占据主导地位。"③因此，我们主要从以下几个方面来阐释新古典环境经济学的主要观点。

第一，新古典环境经济学以环境资源的稀缺性作为基本假设。稀缺性的基本内涵是指某种环境资源的供给不足，它是环境经济学的一个基础性概念。约翰·伊特韦尔（John Eatwell）等人认为："稀缺性的概念在经济理论中起着至为重要的作用。有的经济学家真的认为这个概念是给经济语下个恰当定义时所必不可少的。"④ 稀缺性假设原初意义上指的是某一时代人们对某种生活必需品的渴望，但又无法得到有效供给的矛盾认知，然而随着生产力水平的提高，这种稀缺性假设逐渐成为人们获得或占有某种私利的基本理由，特别是在资本主义社会表现得尤为明

---

① 说明：科斯主要是新制度经济学的代表人物，本书将其放在新古典经济学的范围中，主要是因为这一学派仍然运用新古典经济学的逻辑和方法去分析制度的构成和运行，并发现这些制度在经济体系运行中的地位和作用，包括科斯之后的一些当代著名环境经济学家或流派其实本质上也是以新古典经济学为基础拓展而来的，所以我们也统一放入其中。

② 任力、吴骐：《奥地利学派环境经济学研究》，《国外社会科学》2014年第3期。

③ 任力、吴骐：《后凯恩斯主义环境经济学研究》，《国外社会科学》2015年第5期。

④ [英]约翰·伊特韦尔、默里·米尔盖特、彼得·纽曼编：《新帕尔格雷夫经济学大辞典》第4卷Q–Z，陈岱孙主编译，经济科学出版社1996年版，第272页。

显。资本家已经超出人类的基本需要而向往某种更加高级的环境资源或资本积累了。无论是古典环境经济学抑或新古典环境经济学，稀缺性假设都是其共同议题，只不过新古典环境经济学更加强调资本主义的私有产权、市场自由以及经济增长的合法性等。在这个意义上，莱昂内尔·罗宾斯（Lionel Robbins）将新古典环境经济学看作"把人类行为当作目的与具有各种不同用途的稀缺手段之间的一种关系来研究的科学"[①]。换言之，人们必然考虑如何在稀缺性假设的条件之下获得有效的资源配置或实现自我满足了，正如罗宾斯进一步指出，"经济学家研究如何配置稀缺手段，对不同商品的不同稀缺程度如何使不同商品之间的估价比率发生变化感兴趣"[②]。在这个基础之上，新古典环境经济学遵循的一个基本逻辑就是，如何以某种有效的手段来克服环境资源的稀缺性，从而实现环境资源的优化配置和经济增长的最大化。对环境资源的最早的一份国家级研究报告是《自由的资源，增长和稀缺的基础》（*Resources for Freedom, Foundation for Rrowth and Scarcity*）[③]，该报告是美国总统物资政策委员会于1952年发表的，其中就指出，第一次世界大战以来单美国的矿物燃料和其他物资的消费就比从前所有世纪消费量的总和还要大得多，其结论就是稀缺的自然（环境）资源对国民经济的良好运转至关重要，政府必须为未来的经济发展做好长远规划。因此，稀缺性假设之于经济社会发展的重要性已然凸显，其构成了环境经济学系列问题研究的重要引题。

第二，新古典环境经济学以环境资源的商品化作为突围起点。环境

[①] ［英］莱昂内尔·罗宾斯：《经济科学的性质和意义》，朱泱译，商务印书馆2000年版，第20页。
[②] ［英］莱昂内尔·罗宾斯：《经济科学的性质和意义》，朱泱译，商务印书馆2000年版，第20页。
[③] ［英］E. 库拉：《环境经济学思想史》，谢扬举译，上海人民出版社2007年版，第131页。

资源的商品化就是将自然界的一些资源市场化，使之能够凸显某种价值和使用价值，同时能够在市场上以各种形式进行交易，这是新古典环境经济学应对经济增长与环境问题二律背反的突围起点。生态马克思主义者福斯特就指出，新古典环境经济学要做的第一步就是"将环境分解为某些特定的物品和服务，令其从生物圈甚至从生态系统中分离出来，以便在某种程度上使其转化为商品"①。何以要这样？按照新古典环境经济学的观点来说，生态危机抑或生态环境问题的引发主要是因为人们并没有把环境资源纳入市场当中，没有按照供需规律来进行管理或保护，导致作为一种公共性质意义上的环境资源随时都面临任人宰割和践踏的危险；而相反，如果将其纳入市场体系必然能够得到珍视和保护，正如迈克尔·雅各布斯（Michael Jacobs）所言："本质上，新古典环境经济学有一个目标：把环境转换成可以买卖的商品，他们认为只要赋予环境以商品的属性，赋予它们以价值，就可以在实际的操作中对其进行适当的保护。"② 此外，有环境经济学家甚至将环境资源的商品化界定为一种自然资本化，如迈里克·弗里曼（A. Myrick Freeman）就明确提出："我们应该将环境资源看作一种资产或者能够为人类提供各种各样服务的一种非再生性资本。这些服务是具体的（诸如流水和矿藏）、功能性的（诸如对废物和残余物的去除、扩散、容纳和降解等），或者是非具体的（诸如对景观的欣赏）。"③ 其实，无论是商品化还是资本化，目的都是一样的，那就是将自然界（环境资源）打磨为一种可以交易的对象，使之成为交易过程中人们能够感觉到的且值得重视的存在物。对于

---

① ［美］约翰·贝拉米·福斯特：《生态危机与资本主义》，耿建新、宋兴无译，上海译文出版社2006年版，第19页。
② ［美］约翰·贝拉米·福斯特：《生态危机与资本主义》，耿建新、宋兴无译，上海译文出版社2006年版，第18页。
③ ［美］A. 迈里克·弗里曼：《环境与资源价值评估》，曾贤刚译，中国人民大学出版社2002年版，第18页。

马歇尔、庇古、罗伯逊、科斯、彼得·伯克、巴利·C.菲尔德以及埃班·古德斯坦等人而言，在他们所建构的环境经济学理论中，商品化、市场化、资本化等关键词确实始终贯穿于其中并发挥着一种理论起点的效应，即都是围绕着一种作为商品化交易对象的东西在寻求环境与经济均衡发展的突围之策。

第三，新古典环境经济学以"收益—成本"作为主要分析方法。"收益—成本"分析法是新古典环境经济学用于研判环境资源保护与经济增长效应之间收益成本关系的主要方法，其目的在于"识别一项活动的收益是否能够超过成本"①。环境投入值不值得，在新古典环境经济学家看来，这取决于总体社会经济效益是否能到某种平衡点或最优化，所以这就必然需要借助"收益—成本"的分析方法进行估算，"新古典环境经济学使用成本—收益分析法以货币价值估算社会成本……"② 在彼得·伯克看来，新古典环境经济学的"收益—成本"分析法内含的要素主要包括收益、成本、所选项目与替代选择之间的收益与成本的对比以及贴现率等，并且指出这种分析方法无论在道路和大坝建设方面，还是在濒危物种保护和健康安全管理方面，都被广泛运用。此外，巴利·C.菲尔德等人也指出，"收益—成本"分析是一种被广泛使用的极其重要的决策制定方法，公共部门的决策结果会影响公共政策的有效性，私人部门的决策后果则会影响它们的盈亏，所以在制定环境政策时，公共部门或私人部门所做的分析主要是收益—成本分析（benefit - cost analyasis）。③ 在菲尔德看来，"收益—成本"分析需要对公共或项目的全部收益及其成本进行测定、加总和比较，其主要步骤是：一是要

---

① ［美］彼得·伯克、格洛丽亚·赫尔方：《环境经济学》，吴江、贾蕾译，中国人民大学出版社 2013 年版，第 311 页。
② 任力、吴骅：《后凯恩斯主义环境经济学研究》，《国外社会科学》2015 年第 5 期。
③ ［美］巴利·C.菲尔德、玛莎·K.菲尔德：《环境经济学》，原毅军、陈艳莹译，东北财经大学出版社 2010 年版，第 13 页。

界定工程和项目；二是要量化项目的投入及其产出；三是要估计这些投入及产出的社会成本和收益；四是要比较这些收益和成本，即通过净收益法（net benefits）和收益—成本率法（benefit – cost ratio）① 分情况进行比较。1936年美国颁布的《全国洪水控制法案》首次运用"收益—成本"分析法来评价洪水控制和水域资源开发项目。2000年，美国颁布的《规制知情权法》（Regulatory Right to Know Act）进一步要求所有的政府决策都应该严格按照"收益—成本"的分析方法进行，特别是在环境政策的制定方面更应如此。应该说，作为"收益—成本"的分析方法是新古典环境经济学探讨"环境—经济"效益关系的最主要工具，其在资本主义国家政府部门的决策过程中发挥着重要作用。

第四，新古典环境经济学以"庇古税—产权晰"作为主流应对方案。如前所述，新古典环境经济学认为环境资源是稀缺性的，其必须通过环境资源的商品化使其进入市场交易体系，才能更好地保护或维系环境资源。然而，当商品化的世界（或市场化世界）有时无法改善也将影响人们的环境状况和生活质量时，那该怎么办？新古典环境经济学家其实也最为关注这一点，他们将此看作一个市场化世界中的负外部性对生态环境的影响。例如，在涉及环境污染、噪声和人口稠密等非常广泛的层次上，马歇尔首次尝试通过引入外部性的概念开展经济分析，他揭示了商人们没有支付市场外部的成本而分享的那种利益。庇古也认识到，外部性是一把双刃剑，它不仅包含利益和好处，也包含成本花费，他曾多次举铁路引擎的火花引起森林地带破坏的例子。那么，是不是要彻底取消外部性呢？必然不是。其实，外部效应打破了经济学中资源最适宜配置的条件，但要彻底取消外部性既不可能，也不应当。

---

① ［美］巴利·C. 菲尔德、玛莎·K. 菲尔德：《环境经济学》，原毅军、陈艳莹译，东北财经大学出版社2010年版，第103—104页。

正因为如此,新古典环境经济学家们试图运用马歇尔的原理,辨明社会最可接受的副作用标准。① 换言之,他们在寻求一种能够为大多数人普遍接受的解决方案。当前,比较流行的方案主要是庇古税和科斯产权定理。正如有学者指出:"目前,新古典理论在环境经济学中占据支配地位。庇古税、产权界定等方法仍然是解决环境问题的主流。"② 所谓庇古税,是庇古最先提出来的,其作用机理是:"根据污染者所造成的危害程度对其进行征收税额,通过税收的方式实现污染者自身的私人成本和其行为所造成的社会成本之间的均衡,从而把社会成本内部化。"③ 从中可知,庇古税所要实现的是某一行为所造成的社会成本与个体成本之间的均衡化,这一均衡化的界点就是个体行为对生态环境的最佳状态。而科斯产权定理,是在对庇古税做进一步反思的基础上提出来的,其大概意思是通过界定产权来解决负外部性问题。按照科斯的观点,如果环境资源或其他被严格制度化并获得法律保障,那么基于市场化的外部性所牵涉的所有生态环境问题只需交给参与各方自行解决即可,正如 E. 库拉(E. Kula)进一步指出,依据科斯的这种假设,"最可取的环境恶化标准,可以通过污染者和被污染者的协议达到"④。当前,虽然庇古税和科斯定理存有各种争议甚至批判,但新古典环境经济学当前主要还是围绕着这两种方案在不断推进和创新升级。

综上所述,新古典环境经济学总的观点是,生态环境问题产生的

---

① [英] E. 库拉:《环境经济学思想史》,谢扬举译,上海人民出版社2007年版,第77—78页。

② 吴易风、丁冰、李翀主编:《经济全球化与新自由主义思潮》,中国经济出版社2005年版,第439页。

③ Yew-Kwang Ng, *Optimal Environmental Charges/Taxes: Easy to Estimate and Surplus-Yielding*, Environmental and Resource Economics, Vol. 28, 2004.

④ [英] E. 库拉:《环境经济学思想史》,谢扬举译,上海人民出版社2007年版,第119页。

内生性原因在于一种环境资源的稀缺性假设，而外在性原因在于市场失灵所导致的负外部性效应，这种负外部性效应的影响极大，它扭曲了收益和成本的关系，偏离了环境经济发展的帕累托最优状态。所以，新古典环境经济学倡导要沿着庇古税和产权界定的方案，利用"收益—成本"分析法，继续在市场当中创新环境经济协同发展模式，力图将负外部性效应或环境影响降低到最小限度或人们最合意的水平。不可否认，新古典环境经济学无论在理论还是实践中，其实都发挥着重要作用，甚至很多国家的生态环境因此也得到了某种程度的改善。然而，不可忽视的是这种新古典环境经济学的本质仍然是基于资本主义制度框架之下，以追求经济效益或利润为根本的一种形式上善待环境而实质上却利用环境的资本主义绿色话语表达。E. 库拉在评价新古典环境经济学时指出："改进的经济行为应包括减少物资使用、削减能量消费的浪费和避免物种多样性的损失。说到底，他们相信唯有经济增长方能解决我们的社会问题。"① 换言之，所谓"改进的经济行为"其实指的就是新古典环境经济学那些貌似好的理念和做法，但本质上是为经济增长服务的，所以 E. 库拉进一步感叹道："过度的重商精神，可能已经使我们形成了条件反射，以至于我们相信，增长是唯一可接受的生活方式。"②

挪威著名经济学家阿利德·瓦顿（Arild Vatn）指出："在一段时间里，增长极限的思想一直具有影响力，甚至到了新古典经济学时代依然如此。"③ 瓦顿认为，现在的经济学理论大多由以往关注生产的古典环

---

① [英] E. 库拉：《环境经济学思想史》，谢扬举译，上海人民出版社 2007 年版，第 174 页。
② [英] E. 库拉：《环境经济学思想史》，谢扬举译，上海人民出版社 2007 年版，第 186 页。
③ [挪] 阿利德·瓦顿：《关于极限》，载 [美] 乔舒亚·法利、[印] 迪帕克·马尔干编《超越不经济增长：经济、公平与生态困境》，周冯琦等译，上海科学出版社 2018 年版，第 117 页。

境经济学的研究视角转变为如今更加关注交换过程的新古典环境经济学的研究视角（比如杰文斯），并指出在新古典环境经济学的文章中，"标准生产函数随着时间的推移逐步变为只包含资本和劳动两种变量要素。自然作为一种独立的投入和一个需要担忧的单独问题几乎消失不见"[①]。当然，这并不是说自然或环境要素不重要，而是反映出这种要素已经成为市场化世界中可交易或可替代的要素。换言之，如果某种自然或环境要素能够用更好的要素或资本替代，那么这样便可达到可持续的社会（一种弱的可持续性），"只要我们能找到可以提供相同或更好结果的替代品，就不需要维持任何特定资源。这取决于一点，即在改善人类福祉的过程中，制造资本、人力资本或社会资本可以代替自然资本"[②]。正是基于新古典环境经济学这种市场化逻辑，当罗马俱乐部推出《增长的极限》这份研究报告时，遭到了帕萨·达斯古普塔（Partha Sarathi Dasgupta）、杰弗里·希尔（Geoffrey Heal）、罗伯特·索洛（Robert Merton Solow）等一大批新古典环境经济学家的强烈反对，他们的一个总的观点就是，用人造资本代替自然资源有能力支撑无限的经济增长，其依赖的经济学模型便是"使用自然资本和人在资本之间的替代弹性系数等于或大于1的增长模型"[③]，而并非真正意义上基于对自然或环境资源的有限性评估。所以，在这个意义上，新古典环境经济学的理念或做法本质上是代表资产阶级的利益的，是为资本主义服务的，经济增长或资本积累或追求利润永远是其核心主题。正如巴利·

---

① ［挪］阿利德·瓦顿：《关于极限》，载［美］乔舒亚·法利、［印］迪帕克·马尔干编《超越不经济增长：经济、公平与生态困境》，周冯琦等译，上海科学出版社2018年版，第118页。

② ［美］埃班·古德斯坦、斯蒂芬·波拉斯基：《环境经济学》第7版，郎金焕译，中国人民大学出版社2019年版，第141页。

③ ［挪］阿利德·瓦顿：《关于极限》，载［美］乔舒亚·法利、［印］迪帕克·马尔干编《超越不经济增长：经济、公平与生态困境》，周冯琦等译，上海科学出版社2018年版，第118页。

C. 菲尔德坦言，新古典环境经济学家除了研究效率和分配问题，还肩负着一项重要任务，那就是"为政策制定者提供选择政策所需的信息……我们必须认识到，现实中的政策制定充满政治色彩，并不是按照经济学的原理来选择最优，而往往是有什么就用什么，在几个选项当中选择一个，这就是我们制定政策的实质"①。从菲尔德的这句话中，我们可以看出，新古典环境经济学的绿色话语必然裹挟着强烈的资本主义色彩，无论其如何审视自然或环境资源的稀缺性，无论其如何精算"收益—成本"的均衡效益，也无论其如何落实各种税费、界定各种产权，经济增长才是主要的，对环境问题的思考只是在为经济增长服务，正如 E. 库拉明确指出："资本主义对环境和劳动阶级是噩耗……为了保证资本家贪婪的敛财欲望，资本主义需要处在不停的增长状态。为了多多益善的回报，食利者有强烈的投资欲望。"②

第二节 生态经济学对新古典环境经济学的批判及其主张

新古典环境经济学在本质上是一种基于"收益—成本"计算的经济增长主义，只不过它披上了一件"环境"外衣而已。那些经济学家相信技术以及技术替代可以解决资源限制，他们对这些生态影响问题的解决充满自信。然而，遗憾的是，20世纪六七十年代以后，"全球环境问题越来越糟糕，收入不平等问题越来越严重，全球人口向100亿进军。世界上最富裕的国家——美国的贫困率实际上增加了……人们似乎

---

① ［美］巴利·C. 菲尔德、玛莎·K. 菲尔德：《环境经济学》，原毅军、陈艳莹译，东北财经大学出版社2010年版，第19页。

② ［英］E. 库拉：《环境经济学思想史》，谢扬举译，上海人民出版社2007年版，第62—65页。

越来越相信,我们已经担负不起解决环境以及不平等问题的经济成本了"①。换言之,这种环境经济学本质上或许根本就无法解决全球性生态环境问题,因此人们对其的诟病也就越来越多,其中生态经济学就是与其对峙的新力量,试图寻找新的出路。正如德国学者 F. 泽尔纳所言:"鉴于物种灭绝、雨林破坏、臭氧洞和温室效应等全球性和长期性的环境问题,新古典环境经济学日益受到批评,人们提出了解决环境问题的新理论——生态经济学。"②

从学术史的角度看,最早提出生态经济学概念并对其进行学科构想的是美国经济学家肯尼斯·鲍尔丁(Kenneth Boulding)和赫尔曼·戴利(Herman E. Daly),当然,真正意义上将概念落地是在 20 世纪 80 年代,在这一时期,生态学家和经济学正式碰头研讨这一学科,主要做了以下事情。一是 1982 年在瑞典萨尔特舍巴登举办了一场以"整合生态学和经济学"为主题的学术研讨会,会议达成共识,即生态学和经济学有着不可逾越的鸿沟,建立生态经济学势在必行。二是 1987 年在《生态建模》杂志中刊出了一期以"生态经济学"为主题的特辑,引起学界强烈反响。三是 1987 年出版了第一本以"生态经济学"为标题的书,即《生态经济学:能源、环境与社会》。四是 1987 年国际生态经济学会在西班牙巴塞罗正式宣告成立,并陆续推动多次会议召开。五是 1989 年创办《生态经济学》国际专业刊物,罗伯特·科斯坦扎(Robert Costanza)任主编,赫尔曼等人任副主编,其影响因子在同类刊物中排名靠前。随着学术界对生态经济学理论和实践的不断推进,人们愈加意识到"我们需要一个全新的经济体系,

---

① [美] 乔舒亚·法利:《生态经济学的基石:概览》,载 [美] 乔舒亚·法利、[印] 迪帕克·马尔干编《超越不经济增长:经济、公平与生态困境》,周冯琦等译,上海科学出版社 2018 年版,第 4—5 页。

② [德] F. 泽尔纳:《生态经济学——解决环境问题的新尝试》,《国外社会科学》1998 年第 3 期。

这个体系能够在生态环境变成不可逆转灾难、生理阈值导致经济社会崩溃之前解决生态和生理阈值问题"①。这个全新的经济体系就是生态经济学。

关于生态经济学的概念界定众说纷纭，但总的来说，它是关于生态学和经济学互为关联、相互影响的交叉性学科。康芒和斯塔格尔首先对生态学和经济学分别做了界定，指出"生态学是研究动植物与其所处的有机和无机环境间关系的一门学科，而经济学则是研究人类如何生存以及他们如何满足自己的需要和欲望的一门学科"②。所以，他们进一步认为，生态经济学就是研究生态系统和经济系统间相互作用的学科。生态经济学的叙事原理是，人类的经济活动处于一个大的生态环境系统中，并且与这个生态环境系统随时随刻进行着能量和物质的交换，在这个过程中经济活动作用于生态环境，而生态环境也必然反过来影响经济活动，因这种相互作用过程而形成的交互系统就是生态经济学的所涉领域。因此，一个基本共识是，生态经济学是关于生态系统和经济系统交互关系的一门学科，其重点探讨人类经济活动何以影响生态系统，主要关心当下最为严峻的全球性生态环境问题，重心落在有别于新古典环境经济学"弱可持续性"（weak sustainability）的"强可持续性"（stong sustainability）之未来目标。当生态经济学家们在极力倡导其基本理念并努力推动其理论落地时，他们期望做的第一件事便是要从理论上"清除"一个障碍，那就是展开对新古典环境经济学的批判，因为在他们看来，新古典环境经济学的某些理念或做法对生态环境或自然资源的强可持续性维系是极其危险的。基于这种立场的

---

① ［美］乔舒亚·法利:《生态经济学的基石：概览》，载［美］乔舒亚·法利、［印］迪帕克·马尔干编《超越不经济增长：经济、公平与生态困境》，周冯琦等译，上海科学出版社2018年版，第4—5页。

② ［英］康芒、斯塔格尔:《生态经济学引论》，金志农、余发新、吴伟萍译，高等教育出版社2012年版，第1页。

批判性观点主要体现如下。

其一，对新古典环境经济学"人为构造无极限论"的批判。新古典环境经济学构造了一个可供人们做出无限替代性选择的世界，"一些自然的极限可能被视为是不存在，而一些人工构建的极限却被视为'自然的'"①。而这种"人为构造无极限论"的基本预设主要表现在"人类创建的资本可以替代生产过程中需要使用的自然资本"，以及"随着自然资本变得稀缺，技术进步将可以让人类发现相关替代品"②，所以在新古典环境经济学看来，这并不会导致"资源消耗光"，反而能够实现人类社会的可持续性发展。然而，生态经济学家却指出，"其他形式的资本不能用于代替自然资本；自然资本是必要且不可替代的"，否则就会"彻底改变自然生态环境"，以及"可能会导致灾难性问题"③；其批判的基本理由为：第一，经济本身就是自然界的一部分，谈不上替代的问题，反而经济嵌入全球生态系统会使得该系统变得更加脆弱，因为自然资本的存量会随着人类的经济活动而逐渐降低。第二，自然资本的某些组成部分是极其关键的，它构成了人类和其他物种的生命支持系统，根本无法被替代，如"人们需要氧气来呼吸，但我们无法制造出人类所需的那种量级的氧气"，而只能"依靠树木和其他植物在光合作用中产生"④。第三，对技术抱悲观态度，生态经济学家虽承认当下人类生活水平的迅速提高或许确实源自先进技术的变革，但又指出这只是一种暂时的现象，因为其根本上是"对自然资本进行不可持续的使用后产

---

① [挪]阿利德·瓦顿：《关于极限》，载[美]乔舒亚·法利、[印]迪帕克·马尔干编《超越不经济增长：经济、公平与生态困境》，周冯琦等译，上海科学出版社2018年版，第114页。

② [美]埃班·古德斯坦、斯蒂芬·波拉斯基：《环境经济学》第7版，郎金焕译，中国人民大学出版社2019年版，第156页。

③ [美]埃班·古德斯坦、斯蒂芬·波拉斯基：《环境经济学》第7版，郎金焕译，中国人民大学出版社2019年版，第143页。

④ [美]埃班·古德斯坦、斯蒂芬·波拉斯基：《环境经济学》第7版，郎金焕译，中国人民大学出版社2019年版，第142页。

生的",其最终结果必然导致人类福祉的下降。所以,生态经济学家认为,任何技术创新都"不可能拯救我们,因为它们往往会带来意想不到的后果,可能导致更多的污染和资源枯竭,从而加剧可持续性问题"①,因此这就更不用说依赖于技术变革去"构造无极限"了。

其二,对新古典环境经济学"经济增长万能论"的批判。在新古典环境经济学中,"增长被广泛认为是治疗所有现代社会主要经济'疾病'的灵丹妙药……只要有了钱,问题就更容易解决,怎样才能变有钱呢?答案就是经济增长,而经济增长通常是用GDP来衡量的"②。真是这样吗?生态经济学家持否定观点,他们对新古典环境经济学的这种经济增长万能论给予了深刻的批判。一方面,生态经济学家揭示出新古典环境经济学所讲的GDP增长只是数量的或非物理的,而忽视了GDP的质量或物理性质。所谓GDP的质量或物理性质指的是清洁的增长,是物质吞吐量不增长的情况下实现的GDP增长的状态,其期望的是"产品结构由高资源密集型向低资源密集型转变"③,但是新古典环境经济学家期望的是保持量的增长,而不是一种质的状态。古德兰指出,那种只追求量的GDP持续增长将使我们更穷而不是更富,最终"病态"的增加也将胜于财富的增加。④换言之,这种所谓的"灵丹妙药"或增长目标在不断地将人类引向危险境地。另一方面,生态经济学家还指出,

---

① [美]埃班·古德斯坦、斯蒂芬·波拉斯基:《环境经济学》第7版,郎金焕译,中国人民大学出版社2019年版,第143页。
② [美]罗伯特·古德兰:《"超载的世界":致敬赫尔曼·戴利对生态经济学——关于可持续性的科学的贡献》,载[美]乔舒亚·法利、[印]迪帕克·马尔干编《超越不经济增长:经济、公平与生态困境》,周冯琦等译,上海科学出版社2018年版,第31页。
③ [美]罗伯特·古德兰:《"超载的世界":致敬赫尔曼·戴利对生态经济学——关于可持续性的科学的贡献》,载[美]乔舒亚·法利、[印]迪帕克·马尔干编《超越不经济增长:经济、公平与生态困境》,周冯琦等译,上海科学出版社2018年版,第51页。
④ [美]罗伯特·古德兰:《"超载的世界":致敬赫尔曼·戴利对生态经济学——关于可持续性的科学的贡献》,载[美]乔舒亚·法利、[印]迪帕克·马尔干编《超越不经济增长:经济、公平与生态困境》,周冯琦等译,上海科学出版社2018年版,第51—52页。

全球性 GDP 增长的惯性也并没有发挥所谓"金钱"效应来抑制当今摆在人类面前的最大生态危机即全球气候变暖，反而带来的是更大的气候灾难。古德兰明确指出，气候恶化的主要原因就是新古典环境经济学所奉行的"无休无止、多多益善的增长"论调在作祟。诺德豪斯更是指出，"世界各国都增长迅速……而且它们把像煤和石油这样以碳为基础的资源作为经济增长主要的燃料。能源使用效率一直在提高，但改进率不足以使排放曲线向下弯曲。因此，CO_2 排放总量持续在上升"①，其结果便是全球气候的持续恶化。这被看作当今世界已知的最大的经济增长负外部性。

其三，对新古典环境经济学"资源配置效率论"的批判。在生态经济学家看来，新古典环境经济学"几乎只关注高效率的资源配置"②，而忽视了公平分配的伦理优先问题和生态可持续性的规模问题。例如，生态经济学家菲利普·朗就指出："试图先解决资源配置效率问题，然后再矫正所输入资源流向以保证生态可持续和分配公平，是毫无意义的。因为资源配置过程中涉及资源输入流在不同生产性用途之间的相对分割（通过交换），借由矫正资源流的物理规模来实现可持续性为时已晚。此外，个人对资源输入流的配置能力取决于其对需求或欲望满足手段的支付能力，在资源配置之后再通过矫正资源输入流在人与人之间的分配来实现公平，为时晚矣。"③ 换言之，新古典环境经济学即便意识到公平分配问题，也只是将其放在资源配置高效率之后，这种排序是不

---

① ［美］威廉·诺德豪斯：《气候赌场：全球变暖的风险、不确定性与经济学》，梁小民译，中国出版集团东方出版中心 2019 年版，第 27 页。
② ［澳］菲利普·朗编：《公平分配在"满"的世界中的重要性》，载［美］乔舒亚·法利、［印］迪帕克·马尔干编《超越不经济增长：经济、公平与生态困境》，周冯琦等译，上海科学出版社 2018 年版，第 229 页。
③ ［澳］菲利普·朗编：《公平分配在"满"的世界中的重要性》，载［美］乔舒亚·法利、［印］迪帕克·马尔干编《超越不经济增长：经济、公平与生态困境》，周冯琦等译，上海科学出版社 2018 年版，第 228 页。

恰当的。一方面是因为缺乏公平性目标的任何资源配置过程都是有瑕疵的；另一方面是因为在任何高效率的资源配置之后再着手人与人之间的公平性问题探讨显得本末倒置和无所适从。古德兰从另外一个角度揭露了新古典环境经济学"不认同存在可持续规模问题"，而只是盲信"矫正价格会解决规模问题"，也即认为只要价格正确市场就会将我们导向最优的规模。① 换言之，新古典环境经济学遵循的是从价格机制的矫正来实现资源的高效率配置，从而认为这足以确保生态可持续规模问题。然而，古德兰则反击，他认为必须要根据生态标准设定总量以明确生态可持续性规模问题，然后再依靠政策来推进，"一个可持续的规模，就像公平的分配，不能由市场确定——……必须在政策上强制实施，服从此政策，市场才能实现有效资源配置和确定相应的价格"②。换言之，政策力量，或者说国家政治在确保生态可持续性规模中发挥着重要作用，任由价格机制去实现资源高效率配置，是无益于可持续性规模问题的。

其四，对新古典环境经济学"弱可持续性发展目标论"的批判。从构词上看，新古典环境经济学中的"环境"意蕴本质上指的是一种"弱可持续性"之意。所谓"弱可持续性"（weak sustainability），其"要求支撑高质量生活的整体资本存量——制造资本、人力资本、社会资本和自然资本——得到维持即可"，如"在粮食的生产中，如果化肥和杀虫剂等制造资本的增加能够代替土壤中养分的流失和病虫害控制，弱可持续性就能实现"③。换言之，新古典环境经济学虽冠以"环境"

---

① ［美］罗伯特·古德兰：《"超载的世界"：致敬赫尔曼·戴利对生态经济学——关于可持续性的科学的贡献》，载［美］乔舒亚·法利、［印］迪帕克·马尔干编《超越不经济增长：经济、公平与生态困境》，周冯琦等译，上海科学出版社2018年版，第49页。

② ［美］罗伯特·古德兰：《"超载的世界"：致敬赫尔曼·戴利对生态经济学——关于可持续性的科学的贡献》，载［美］乔舒亚·法利、［印］迪帕克·马尔干编《超越不经济增长：经济、公平与生态困境》，周冯琦等译，上海科学出版社2018年版，第48页。

③ ［美］埃班·古德斯坦、斯蒂芬·波拉斯基：《环境经济学》第7版，郎金焕译，中国人民大学出版社2019年版，第141页。

二字，但其反映的只是一种以经济增长为中心的低限度的可持续性发展目标论，类似于西方绿色思潮当中的"浅绿"思潮，即建立在人类中心主义价值观基础之上并通过市场化的价格机制和技术革新来实现资本主义经济的可持续性发展。显然，这在生态经济学家看来是一种不科学的甚至有害的发展目标论，因为生态经济学家在任何情况下都拒绝"收益—成本"分析中的任何潜在性假设，他们认为自然资本的总存量必须得以完整保留，任何价格机制的市场化渗透都无益于自然资本总存量的保留。所以，生态经济学家主张一种"强可持续性"（stong sustainability）的发展目标论，所谓"强可持续性"主要指的是以维系自然资本的总量为核心，只要自然资本总量下降了，就是违背了强可持续性，就是对大自然的侵害，这有点类似于生态中心论的价值观立场。显然，新古典环境经济学不可能做到生态经济学所言的"强可持续性"的发展指向，因为经济增长、价格核算、成本—收益计量以及自由化市场始终蕴含其中，它们追求的只有经济效益。

其五，对新古典环境经济学"错置具体性谬误方法论"的批判。对于"错置具体性谬误"，简言之，指对抽象性的具体化滥用，或者直接把抽象当具体看。怀特海指出，必须抑制这种错误的方法论，他说："推理的方法论需要对所涉及的抽象有所限制。相应地，真正的理性主义必须不断地通过回归具体情景寻找灵感来超越自我。自满的理性主义事实上是一种反理性主义。它意味着武断地停留在一系列特殊的抽象中。"[1] 然而，对于新古典环境经济学而言，戴利等人就揭露了其裹挟着"错置具体性谬误"的方法论痕迹。例如，戴利指出，新古典环境经济学过于学术化和专业化而忽视了经济现象本身的社会化和具象化特质，从而导致理性的指导力量被削弱、处于领导地位的人缺乏平衡力，使人们看不清整体的发展方向。再如，戴利也指出，新古典环境

---

[1] A. N. Whitehead, *Science and the Modern World*, New York: Macmillan, 1925, p. 200.

经济学热衷于对数学模型的建构来解释问题而导致其本身又脱离了活生生的现实世界。戴利引用 J. E. 凯尔恩斯的话指出,"利用数学这种工具发现不了经济学原理……我还没有发现存在任何这样的证据可以对数学方法的有效性加以佐证"①。换言之,戴利想阐明的意思是作为一种高度抽象化的数学模型融合于环境经济学中来说明问题其实就是直接把抽象当作具体看,犯了错置具体性谬误。更重要的是,戴利还指出,新古典环境经济学经济人假设(如成本—收益的唯利是图核算)也是一种抽象化的模型呈现,其试图以此来解释作为现实世界中的具体人性,可是这恰恰又是不准确的(如公益慈善行为)。所以戴利指出:"经济人模型没有很好地刻画出现实的人……这一模型的使用影响了人的现实行为,使其离开关心共同体的模式而走向了自私自利。"②或许这一点是以戴利为代表的生态经济学家对新古典环境经济学"错置具体性谬误"的最深刻揭示,因为其一系列理论观点的展开和宣扬其实都是围绕"经济人"在展开,而根本就谈不上对"环境"的切实观照。

综上所述,如果说现代化指向的最基本要义是经济现代化,那么新古典环境经济学则把这种经济现代化推向了极端并使之发生了某种扭曲,无论其如何粉饰"环境",其经济效益大于环境效益的算法和野心是有目共睹的,这显然无助于全球生态环境治理或生态文明建设。正是基于此,生态经济学对新古典环境经济学给予了上述批判。那么,在批判的背后,生态经济学究竟呈现什么样的独特观点或主张呢?我们大致可提炼出以下要点。

一是从哲学基础来看,主张以有机整体论取代机械原子论。柯布曾

---

① [美]赫尔曼·E. 达利、小约翰·B. 柯布:《21 世纪生态经济学》,王俊、韩冬筠译,中央编译出版社 2015 年版,第 31 页。
② [美]赫尔曼·E. 达利、小约翰·B. 柯布:《21 世纪生态经济学》,王俊、韩冬筠译,中央编译出版社 2015 年版,第 95 页。

经提出:"有两种理解我们周遭世界的方式,机械模式与有机模式。前者源自物理学,偏好因果力和决定论的结果。后者源自生命系统的运行方式,强调整体性和进化关系。"① 换言之,前者以机械原子论哲学为主导,后者以有机整体论哲学为主导。新古典环境经济学就是建立在近代西方机械原子论的哲学基础之上的,自私自利的个体主义和市场原教旨主义的裹挟是其必然,大自然的身份难以受到真正重视也是其理所当然的。然而,生态经济学则不同,其是建立在有机整体论的哲学基础之上的。在生态经济学家看来,有机整体论的哲学身份是怀特海过程哲学,并把这种哲学看作可持续发展或生态文明的哲学基础。"我们的哲学基础是视万物为一有机整体的过程哲学或曰'有机哲学'。"② 我们知道,怀特海过程哲学所强调的就是"现实世界是一个过程",而"过程"就是现实实有的生成,它勾勒出"动在"和"互在"紧密相连、相互依赖的宇宙关系网,而"生态经济学就是从这样一个事实开始,即人类与自然系统是相互依赖的"③。所以,生态经济学家主张应以有机整体论的哲学形态来奠定其话语基础,这样才能更好地把握大自然的规律,尊重大自然,维系人与大自然的和谐共生。

二是从衡量指标来看,主张以可持续经济福利指标(ISEW)取代 GDP 福利指标。新古典环境经济学一味强调 GDP 的指标效应,认为这是衡量发展的根本,也是判定国民福祉的标准。然而,生态经济学家如戴利和柯布等人强烈批判这种指标,认为这种指标不一定能够给国民带来福祉,因为没有真正"考虑环境问题",所以戴利提出务

---

① [美] 菲利普·克莱顿、贾斯廷·海因泽克:《有机马克思主义:生态灾难与资本主义的替代选择》,孟献丽、于桂凤、张丽霞译,人民出版社 2015 年版,第 5 页。
② 冯俊、[美] 柯布:《超越西式现代性,走生态文明之路——冯俊教授与著名建设性后现代思想家柯布教授对谈录》,《中国浦东干部学院学报》2012 年第 1 期。
③ [英] 康芒、斯塔格尔:《生态经济学引论》,金志农、余发新、吴伟萍译,高等教育出版社 2012 年版,第 15 页。

必"停止将自然资本消耗算作收入",罗伯特·科斯坦扎则将其进一步阐释为要"将作为经济福祉衡量标准的GDP转变成一个更加全面的能够考虑资本消耗的衡量指标"①,并认为这是戴利等人一以贯之推进的工作。那么,这种更加全面的衡量指标就是可持续的经济福利指标(ISEW),并期望以此来取代GDP指标。该指标全面考虑了生活中的其他资本消耗,如医疗保健成本、交通事故成本、农田水利损耗成本、基础设施建设成本、各种污染成本、个人消费或分配不公成本及不可再生资源的耗竭成本等,要把诸如这些要素都考虑进去,才能实现人类的真正福祉。在生态经济学家看来,作为可持续的经济福利指标(ISEW)虽包罗万象,但最根本的还是要认真考虑生态环境这一核心要素,诚如菲利普·克莱顿所言:"如果不考虑社会最下层人民和人类所赖以生存的生态系统为此所付出的代价,即使把幸福作为经济指标,这种改革也不彻底。"②

三是从生活立场来看,主张以质量型生活原则取代数量型生活方式。新古典环境经济学的核心诉求是求得经济增长,但是经济增长又是建立在人们的有效需求上,所以激发消费者需求,实现产品的更新换代是新古典环境经济学的一贯逻辑,因为这样才能提高企业的收入和利润。显然,这种生产逻辑的背后就是人们数量型生活方式的呈现,这无疑会导致各种资源浪费和垃圾成山的现象。基于此,生态经济学家主张要以质量型的生活原则取代数量型的生活方式,告诫人们要注重过拥有"越少越好"的有品质生活,而不是过拥有"越多越好"的浪费型生活。戴利和柯布等人指出:"经济生活质量并不依赖商品的数

---

① [澳]罗伯特·科斯坦扎:《迈向可持续的理想未来:与赫尔曼·戴利携手并进的35年》,载[美]乔舒亚·法利、[印]迪帕克·马尔干编《超越不经济增长:经济、公平与生态困境》,周冯琦等译,上海科学出版社2018年版,第76页。
② [美]菲利普·克莱顿、贾斯廷·海因泽克:《有机马克思主义:生态灾难与资本主义的替代选择》,孟献丽、于桂凤、张丽霞译,人民出版社2015年版,第235页。

量，而是依赖它们提供的服务数量和质量。生产更少的、更精良的和更耐用的商品也能满足我们的需要。"① 所以，他们建议高质量的商品坏了，应该重新修理继续使用；对新鲜事物的合理要求，可在二手市场上通过交换来满足；房屋要建得结实耐用舒适，以减少各种能源的后期使用；要控制小汽车的生产数量，以减少高速公路的修建和汽车能源的过度开采；一些街道不允许私家车进入，就可以让大家更加倾向于绿色出行；等等。对此，生态经济学家坚信："现在依靠减少来促进减少也没有让生活质量有多少损失。实际上，我们认为生活质量还会得到改善！"②

四是从需求类型来看，主张以内生型国家自给自足取代外向型全球自由贸易。我们需要什么样的需求？这仍然取决于新古典环境经济学和生态经济学的根本性分歧，即是否以"增长获得拯救"③。显然，生态经济学持否定性观点，所以我们就不难理解，为何生态经济学主张一种内生型国家自给自足的需求生产，而反对那种作为外向型的全球自由贸易。从本质上说，生态经济学家认为全球化的世界共同体是虚假的和抽象的，并指出"自由贸易者们已经摆脱了国家层次的共同体的制约，并且已经进入了全球化世界，全球化世界不是一个共同体"④。并且揭露基于这种意义上的全球化自由贸易是对民族共同体的破坏，是对劳动力的摧残、是对资本逻辑的扩展，更是对全球生态环境资源的侵袭和挤占。因此，他们期望一种建立在民族国家基础之上的共同体经济，鼓励

---

① [美] 赫尔曼·E. 达利、小约翰·B. 柯布：《21 世纪生态经济学》，王俊、韩冬筠译，中央编译出版社 2015 年版，第 309 页。
② [美] 赫尔曼·E. 达利、小约翰·B. 柯布：《21 世纪生态经济学》，王俊、韩冬筠译，中央编译出版社 2015 年版，第 309 页。
③ [美] 罗伯特·古德兰：《"超载的世界"：致敬赫尔曼·戴利对生态经济学——关于可持续性的科学的贡献》，载 [美] 乔舒亚·法利、[印] 迪帕克·马尔干编《超越不经济增长：经济、公平与生态困境》，周冯琦等译，上海科学出版社 2018 年版，第 30 页。
④ [美] 赫尔曼·E. 达利、小约翰·B. 柯布：《21 世纪生态经济学》，王俊、韩冬筠译，中央编译出版社 2015 年版，第 240 页。

本民族国家自力更生,要发展自给自足的经济并且认为"国家层面是我们可以期望实现这种相互关心的最高层面"①。换言之,共同体经济排斥对全球市场的依赖,他们要的是自给自足的农业(粮食)生产和独立自主的民族工业,他们还建议设置有效的关税来抑制全球自由贸易等,这样才能达到戴利等人所言的"国家可以成为真正自给自足的。我们可以避免预见到的生态灾难的最坏情况"②。

五是从产业形态来看,主张以传统有机农业取代现代石化农业。相对于工业社会而言,生态经济学家更加寄可持续发展的希望于农业社会,因为农村具有更加丰富的原生态自然资源。所以,生态经济学家认为首先应该关注农业社会,如柯布所言:"生态文明是建立在农业基础上的,故应首先关注农业社会。"③ 当然,这里的农业主要指的是传统有机农业,而并非以现代技术构成为主导的石化农业,因为在生态经济学家看来,现代石化农业是不可持续的,即"以近乎败家的方式对土地进行疯狂的榨取,表现在技术上是大量施用化肥农药,设备上粗暴使用巨型农机,时间上野蛮采取连续耕作,空间上实施单一农作物的耕种"④。基于此,生态经济学主张要以传统有机农业取代现代石化农业,"如果返回到比较传统的农业生产模式,上述做法产生的问题就会减少很多"⑤。返回到传统的有机农业生产,大致进路就是,提出要发展中等规模农业的作物轮作和传统家庭农庄经济、建议

---

① [美]赫尔曼·E. 达利、小约翰·B. 柯布:《21世纪生态经济学》,王俊、韩冬筠译,中央编译出版社2015年版,第278页。
② [美]赫尔曼·E. 达利、小约翰·B. 柯布:《21世纪生态经济学》,王俊、韩冬筠译,中央编译出版社2015年版,第310页。
③ [美]小约翰·柯布:《论生态文明的形式》,董慧译,《马克思主义与现实》2009年第1期。
④ 王治河:《第二次启蒙呼唤一种有根的后现代乡村文明》,《苏州大学学报》2014年第1期。
⑤ [美]菲利普·克莱顿、贾斯廷·海因泽克:《有机马克思主义:生态灾难与资本主义的替代选择》,孟献丽、于桂凤、张丽霞译,人民出版社2015年版,第236页。

在城市高楼间隙和橱窗庭院闲置处发展都市农业、提出发展免耕农业和利用植物固定土壤中的氮的建议、强调要用生物的方法而非农药来防治病害虫,等等。最后,戴利和柯布从更高的站位进一步指出,以传统有机农业取代现代石化农业本质上就是为了更好地保护和重建一种健康可持续的农村共同体,从而"在乡村背景中自然和人类关系有一种全新的相遇"①。

六是从最终出路来看,主张以稳态经济的探索方案取代传统经济的增长模式。关于稳态经济学,鲍尔丁等人都有所论及,但真正意义上做过系统研究并最具代表性的学者是戴利,其《稳态经济学:生物物理平衡与道德成长经济学》(Steady-State Economics: The Economics of Biophysical Equilibrium and Moral Growth)一书是对稳态经济学探讨的扛鼎之作。书中关于稳态经济的定义是:"人口和人工制品存量保持不变的经济,通过较低的'生产量'维持率保持在期望的足够水平,即从生产的第一阶段(耗尽来自环境的低熵物质)到消费的最后阶段(高熵废物和特殊材料导致环境污染)物质和能量的最低可行流量。我们应始终记住,稳态经济是一种物理概念。非物质的东西大概能发展得更快。"②戴利界定稳态经济着眼于两点。一是人口和人工制品存量均保持在较低的生产率水平;二是生产资源及废弃物同化必须与环境有效容量联系在一起。而其中反映出的基本观点是,任何经济系统都只是生态大系统中的子系统,要限制人口和财富的直线增长,要将人类所需的物质能量流通率降低到最低水平,试图超越生物物理限制的人类经济活动是不可能且也是灾难性的,不排除经济增长但这种增长更应该表现在高质量的非物质化增长,等等。戴利的意思很明显,即认为新古典环境经

---

① [美]赫尔曼·E. 达利、小约翰·B. 柯布:《21世纪生态经济学》,王俊、韩冬筠译,中央编译出版社2015年版,第287页。

② Daly H. E., *Steady-State Economics: The Economics of Biophysical Equilibrium and Moral Growth*, San Francisco, CA: W. H. Freeman, 1977, p.17.

济学的"增长"模式其实是不可取的，因为那种增长只是数量规模或效益的增长，而非质量福祉或可持续的观照。而事实上，前述关于可持续经济福利指标、质量型生活原则、内生型国家自给自足及传统有机农业等生态经济学基本主张，其内在逻辑就是根植于这种稳态经济学的探索方案，而且在生态经济学家看来，该方案或许能够助力这些主张的落地并有望取得实质性进展。

综上所述，究竟如何看待经济现代化与生态可持续性之间的关系，生态经济学家显然不认同新古典环境经济学的观点和立场。因为新古典环境经济学再怎么讲"环境"问题，本质上还是服务于"经济增长"这一根本性问题的。相反，对于生态经济学家来说，经济系统应该嵌入生态大系统中，而不是生态大系受制于经济系统的数理模型或价格机制宰制，即生态经济学所倡导的是生态第一，而非经济第一。从上述生态经济学对新古典环境经济学的批判及其基本主张完全可以看出，生态经济学不追求盲目的、大规模的、线性的传统经济增长，而崇尚一种小规模的、追求质量的、保持较低生产水平的及够了就可以的稳态经济方案，因为前者是不可持续的。后者是可持续的，戴利指出："只要现代经济体系以增长为基础，追求可持续性就是不可能的。"① 不可否认，较之于新古典环境经济学而言，生态经济学的良好初衷，以及对可持续性方案的倡导和探索之努力是更加值得肯定的，毕竟新古典环境经济学完全是立足于资本主义的制度框架及其增殖本质的基础之上展开探讨的，而生态经济学则是基于对资本主义制度及其生产方式批判的基础之上展开论说的，这也符合中国语境的基本学术立场，柯布甚至还基于比较视野下对中国的生态文明建设给予了高度评价，他认为"生态文明的希望在中国"，因为"中国不再唯GDP

---

① ［美］赫尔曼·E. 达利、小约翰·B. 柯布：《21世纪生态经济学》，王俊、韩冬筠译，中央编译出版社2015年版，中文版序言第3页。

论了，这是巨大的变化"①。然而，我们在此需要思考的是，生态经济学的初衷是好的，立场是批判性的，对中国的赞赏也确实是由衷的。那是不是意味着生态经济学的话语可以用来解释中国的相关问题呢？显然，生态经济学也有其诸多不足，但或许我们更应该关注的是究竟如何获得一种必要的启发意义，这是值得再思考的。

第三节　新时代生态经济学的话语体系构建及其基本论域

如上所述，作为以追求经济效益或利润为根本宗旨的新古典环境经济学，无论其进行何种缜密的"绿色化"思考，最终都是徒劳无益的，甚至是适得其反的，因为贯穿其中的"资本逻辑"本质上是反生态性的。正如马克思指出："资本害怕没有利润或利润太少，就像自然害怕真空一样，一旦有适当的利润……它就敢践踏一切人间法律；有300%的利润，它就敢犯任何罪行。"②福斯特更是指明："把追求利润增长作为首要目的，所以要不惜任何代价追求经济增长，包括剥削和牺牲世界上绝大多数人的利益。这种迅猛增长通常意味着迅速消耗能源和材料，同时向环境倾倒越来越多的废物，导致环境恶化。"③因此，从这个意义上看，生态经济学对新古典环境经济学的批判立场是值得肯定的。

但是，当生态经济学家进一步致力于探寻生态环境问题的解决之道时，其某些叙事理路或观点就存在很大的局限，如所谓的"返回传统农业生产""反对全球化自由贸易"和"稳态经济方案"等主张本质上既

---

①　[美] 小约翰·柯布：《生态文明的希望在中国》，《人民论坛》2018年第30期。
②　《马克思恩格斯全集》第二十三卷，人民出版社1972年版，第829页。
③　[美] 约翰·贝拉米·福斯特：《生态危机与资本主义》，耿建新、宋兴无译，上海译文出版社2006年版，第2—3页。

无现实性，也无可行性，对生态环境问题的有效解决似乎无济于事，以至于有学者评价这种生态经济学"充满了不切实际的妄想，缺乏足够的科学性"①。一是"返回传统农业生产"的倡议不太现实。之所以如此，是因为其逻辑起点是对现代工业文明的否定（甚至还提出要走建设性后现代之路），认为以科学技术为主导的现代工业文明是生态危机的罪魁祸首。这显然过于偏激和绝对。现代工业社会的确造成了相对于传统农业社会更大的环境问题，但其为人类所带来的各种便利条件、所提升的各类幸福指数是以往社会形态所不可比拟的。如今，现代工业社会正经历着由机械制造时代到电气化、信息化时代再到智能化时代的转型跃迁，其中生产力各要素的绿色升级也在不断推进，生态问题的解决最终还是要靠现代工业社会的整体发力，要走新型工业化道路，而不是单纯地回到传统农业生产中去。二是"反全球化自由贸易"的提出有悖历史潮流。反全球化自由贸易本质上就是想走一条本民族的小规模共同体经济之路，认为这才能抵制全球化的资本渗透及其可能引起的生态灾难。其实，全球化是把双刃剑，有利有弊，但总体来说是利大于弊，全球化是人类社会发展不可阻挡的必然趋势。人类共处地球村，各国只有打开国门、相互交流、合作共赢，才能实现全球资源的优化配置，促进经济社会共同发展，才能携手推动人类命运共同体的构建。我们不能因为全球化自由贸易导致资本渗透、能源耗费甚至"生态帝国主义"滋生，就简单地认为其不利于生态可持续性发展而决然排斥，这显然过于武断，有悖历史潮流。三是"稳态经济方案"的探索过于理想化。一方面，试图通过人口数量的持衡来"稳"生态不切实际。人口数量并不是生态问题的根本原因，一个国家的物质生产方式才是其根源。况且人口数量的持衡也并不意味着生态环境就能好，当前欧洲一些国家的人

---

① Zachary G. Pasca, "A Green Economist Warns Growth May Be Overstated", *Wall Street Journal*, No. 6, 1996.

口都已经出现零增长甚至负增长的趋势了,但生态环境就并未得到改善。另一方面,试图通过资本存量的持衡(生产力等于折旧率)来"稳"经济不太可行。在资本主义国家,资本家追逐剩余价值的本性是不变甚至日渐凸显的,他们必须生产出足够多的东西以实现马克思所言的"商品的惊险跳跃"。所以,生态经济的"稳态"方案有些乌托邦性质。以上主要是从"返回传统农业生产""反对全球化自由贸易"和"稳态经济方案"三个层面揭示了生态经济学的局限性,当然还有其他有待商榷之处,如生态经济学的技术悲观论、过程神学论以及宗教事件论等,在此限于篇幅不再作重点阐释。

即便生态经济学存在以上甚至可能还有更多的局限性,但相比较而言,我们还是更加倾向于生态经济学的叙事框架,而不是新古典环境经济学。因为新古典环境经济学完全是为"经济利润"而"环境化"的,走的是一条"先污染后治理"的路径,而生态经济学的出发点首先考虑的是"生态效益"或生态系统承载力,然后再考虑经济效益问题,如古德兰所言,经济最优规模的一个特性就是可持续性,即"资源吞吐量所需的源和汇必须维持在一个生态系统资源再生和废物消纳能力范围内"[①],否则就要去经济增长。另外,生态经济学也提出了一些值得我们借鉴的观点,如以可持续经济福利指标(ISEW)取代 GDP 福利指标、过一种低碳质量型的人类生活、自然资源绝对稀缺论及其可持续性规模与公平分配的伦理优先性问题等,这对于全球生态环境治理都有其积极意义。当然,不管怎么说,生态经济学的局限性还是客观存在的,理想化的成分太多,这就在某种意义上造成了"好心"(为人类生存家园着想)难以办成大事的困局。那么,立

---

① [美]罗伯特·古德兰:《"超载的世界":致敬赫尔曼·戴利对生态经济学——关于可持续性的科学的贡献》,载[美]乔舒亚·法利、[印]迪帕克·马尔干编《超越不经济增长:经济、公平与生态困境》,周冯琦等译,上海科学出版社 2018 年版,第 44 页。

足本土，在全球生态危机日益严峻，而经济现代化建设又不能"落伍"的时代大背景下，我们究竟该如何破解这种困局呢？我们认为，很有必要构建新时代生态经济学话语体系，形成生态经济学研究的中国学派和中国风格，为人与自然和谐共生现代化建设赢得国际话语权。

为何构建新时代生态经济学话语体系就能够走出西方"生态经济学"的那些困局呢？回答这个问题之前，首先有个问题事先需要弄清，即当前国内从事生态经济学研究的学者和团队众多，各类论著成果也相当丰富，①难道就还没有形成新时代生态经济学的话语体系吗？笔者认为，或许还不成熟。一方面，话语体系的构建仍然具有浓厚的西方生态经济学（甚至新古典环境经济学）痕迹。换言之，国内生态经济学"移花接木"式的研究较为普遍，很多概念或专有名词、分析方法或理论视角运用于本土生态经济学研究的情况较多，诸如福利经济学、产权理论、公共物品理论及外部性理论在国内生态经济学研究中有着很高的参引率，造成了"以西解中"的话语构建局面。另一方面，话语体系的构建明显落后于时代步伐。无论是中国经济发展体量还是生态文明建设成效，相比过去，不得不令世界各国叹服。在既要注重经济发展又要强调生态环境保护的双重境遇中，当代中国是如何做到稳妥协调二者共进的？照理说，作为理论层面的生态经济学本可以提供恰如其分的诠释理由，但似乎理论界还并未呈现系统的可供参考的新时代生态经济学话

---

① 著名经济学家许涤新于1980年首次提出要建立生态经济学科，其助手王松霈牵头编写了中国第一本生态经济学论文集《论生态平衡》（1981），组织创办了中国第一份全国性的学术刊物《生态经济》（1985），组织撰写出版了中国第一本生态经济学专著《生态经济学》（1986），从无到有建立了中国生态经济学的初步理论体系，二位老先生称得上是中国生态经济学的开拓者和奠基人。随后刘思华、马传栋、姜学民、沈满洪等众多学者对生态经济学进行了系统研究，撰写出版了系列论著，如《生态经济协调发展》（王松霈）、《生态学马克思主义经济学原理》（刘思华）、《生态经济学》（马传栋）、《生态经济学通论》（姜学民），以及《生态经济学》（沈满洪）等，为推动中国生态经济学研究作出了重要贡献。

语体系之作①。

因此，我们很有必要构建新时代生态经济学话语体系，当然这不仅是因为可弥补理论界的研究不足，更重要的是能够为走出西方"生态经济学"的某些困局提供坚实理由，从而避免学界"以西解中"的话语盲从。

其一，新时代生态经济学话语体系构建具有政治合理性。一种话语体系，如果在政治上无法得到普遍认可，其受欢迎程度或许会大打折扣，较之于新古典环境经济学，西方生态经济学的"弱势"地位就是这种情况。习近平总书记在哲学社会科学工作座谈会上的讲话中指出，我国哲学社会科学"在国际上的声音还比较小，还处于有理说不出、说了传不开的境地"②，强调"要注意加强话语体系建设"③。从理论界的研究现状来看，新时代生态经济学话语体系构建必然属于我国哲学社会科学话语体系建设的重要组成部分。从中国经济社会发展现实出发，构建具有中国风格和中国气派的生态经济学话语体系在理论上是必要的且具有明显的政治合理性。

其二，新时代生态经济学话语体系构建内蕴历史唯物主义方法论基础。坚持历史唯物主义的方法论基础是区别于其他生态经济学方法论基础的关键所在。当戴利、柯布等西方著名生态经济学家在寻求以过程哲学或宗教神学为终极方法论基础而被人指责为"不科学"的时候，我们却始终从中国社会经济发展状况的实际出发，运用历史唯物主义的方

---

① 笔者试图以"中国特色社会主义生态经济"为主题词进行搜索，只见中国人民大学曾贤刚所著《中国特色社会主义生态经济体系研究》(2019)。该著作紧跟时代步伐，注意到以往生态经济学研究没有涉及的内容，特别是单独用一章论述了新时代生态经济学理论，较为清晰地呈现了中国特色社会主义生态经济学体系的研究必要、提出背景、理论含义及时代价值等。但遗憾的是，该著作后面八章都是专题式研究（如生态服务均等化、生态产品市场、生态价值核算、生态资源产权及生态产业化等），让人感觉欲言又止，最后又回到了具有浓厚西方生态经济学叙事色彩的话语体系（如充满了各种经济模型和西式理论分析框架）中。
② 《习近平谈治国理政》第二卷，外文出版社2017年版，第346页。
③ 《习近平谈治国理政》第二卷，外文出版社2017年版，第24页。

法来分析生产力与生产关系、经济基础与上层建筑的矛盾运动规律，科学把握人们在认识自然和改造自然过程中所遇到的各种问题，积极拟定方案协同推进经济社会发展与生态文明建设，这是构建新时代生态经济学话语体系的方法论优势，不可能会陷入西方生态经济学那种所谓的"不科学"困局。

其三，新时代生态经济学话语体系构建体现人民性立场。习近平总书记指出："我国哲学社会科学要有所作为，就必须坚持以人民为中心的研究导向。"① 坚持以人民为中心的研究导向充分反映了马克思主义的人民性立场，顺应民意、尊重民意是新时代生态经济学话语构建的价值原则。习近平总书记反复提到的"保护生态环境就是保护生产力，改善生态环境就是发展生产力""良好生态环境是最公平的公共产品，是最普惠的民生福祉"，以及"要提供更多优质生态产品以满足人民日益增长的优美生态环境需要"等重要论断深刻反映着新时代生态经济学话语体系构建的人民性意蕴。这就决定了新时代生态经济学所提出的相关主张，并不会像西方生态经济学的那些主张一样看似人们很向往，但本质上却难以符合人民群众的根本利益要求。例如，让大家回到传统农业社会的情景下搞生产，让大家限于本土发展民族共同体经济，甚至倡导社会的物质生产力要等于折旧率，等等，这显然不符合人类社会发展的客观要求，不符合生产力发展水平的要求，难以受到人民群众的欢迎。基于以上，构建新时代生态经济学话语体系显然具有强大的"社会主义"优势，其必然能以其坚定的政治立场、鲜明的理论品格，以及科学的研究方法走出西方"生态经济学"的某些困局。

那么，我们该如何构建新时代生态经济学话语体系呢？关于话语体系，一般来说指的是，通过一定概念范畴和结构内容所表达出来的系统化的理论观点或思想主张，它是一定时代人类生存发展诉求和社会整体

---

① 习近平：《在哲学社会科学工作座谈会上的讲话》，人民出版社 2016 年版，第 12 页。

运行过程的价值观表达范式。就构建新时代生态经济学话语体系而言，显然是个很宏观的问题，在此仅抛砖引玉，略谈几点粗见。

其一，要明确多维的研究范式。明确一种研究范式对学科话语体系构建至关重要，这是一个风向标的问题。构建新时代生态经济学话语体系应该树立"马魂、中体、西用"的多维研究范式。首先，要以马克思主义生态经济学为"魂"，要体现马克思主义生态经济学的立场、观点和方法，要汲取马克思主义生态经济学的自然优先理论、资本批判理论、劳动二重性理论、物质变换与循环理论及全面生产理论等精髓，这是最根本的问题。其次，要以新时代生态经济学为"体"，也即其话语体系的构建必须根植于中国特色社会主义道路的伟大实践中，坚持以中国的重大现实问题为抓手，善于总结改革开放以来中国经济发展和生态文明建设所取得的辉煌成就，探索出新时代生态经济学的主线索，为构建新时代生态经济学话语体系奠定重要基础。最后，要以西方生态经济学（或新古典环境经济学）为"用"，也即构建新时代生态经济学话语体系不能孤芳自赏，更不能排斥异己；而应该有开放精神和包容情怀，要批判性借鉴西方生态经济学或新古典环境经济学的合理成分，做到为我所用，诸如庇古税和科斯定理、自然资源商品化、强可持续性发展，以及过高质量的简约生活等观点孕育着许多值得我们借鉴的成分，而现实中我国很多省份确实也在试点类似做法，我们应该把这些合理的成分融入构建新时代生态经济学话语体系中。

其二，要厘定基本的概念范畴。任何话语体系的构建都不是凭空臆断的，它必须通过一定的概念范畴来反映其理论观点或思想主张，没有成熟的概念范畴就很难有成熟的话语体系。显然，构建新时代生态经济学话语体系，必须形成最基本的概念范畴，实现从具体到抽象的跨越。概念范畴的厘定途径有三条。一是对马克思主义生态经济学的概念范畴进行丰富和发展，如"人化自然""使用价值和交换价值""经济社会形态""自然报复论""物质代谢""物质资料生产与再生产"以及"自然生产力"等;二是对新时代中国特色社会主义道路实践中所提出的新概念新范畴加以整合运用,如"以人民为中心""生命共同体""人类命运共同体""创新、协调、绿色、开放、共享""高质量发展""供给侧结构性改革""绿水青山就是金山银山""环境生产力""环境就是民生""生态红线""绿色发展""清洁生产""绿色生产方式和生活方式"以及"人与自然和谐共生的现代化"等;三是对西方经济学(或新古典环境经济学)的某些概念范畴加以甄别采用,如"边际成本和供给""环境估价""社会贴现率""条件价值评估""自然资本""包容性财富""陈述偏好法""公平分配""超越不经济增长"以及"可持续经济福利指数"等。这些概念范畴或许只是经典文本、政策报告和学术著作中的"零散性"表达,却能够彰显一定的话语力量,构建新时代生态经济学话语体系有必要对诸如此类的概念范畴进行提炼梳理和价值排序,从而呈现一定的章法。

其三,要形成系统的理论框架。话语体系的构建不仅要有微观的概念范畴做铺垫,更要有宏观的理论框架做支撑;构建新时代生态经济学话语体系应该初步形成一个相对完整的理论框架,从而增强话语体系的中国显示度,这至少要包括三个维度。维度一:基础理论问题的阐明。包括新时代生态经济学的内涵界定(关于生态—经济复合结构系统的互动功能及其运行规律的学科体系)、核心理念(绿水青山就是金山银山)、根本宗旨(以人民为中心)、研究对象(产业生态化和生态产业化)、本质特征(协同推进论)、理论基础(马克思主义生态经济观和习近平生态文明思想)及其形成发展过程等问题。维度二:重大现实问题的探究。这是话语体系构建的重中之重。构建新时代生态经济学话语体系,应抓住重大现实问题,推动"政策话语"的学理性转化。例如,要着力建立以反映生态要素稀缺性为基础的市场体系、以生态创新为依托的技术支撑体系、以高质量发展为导向的现代生态产业体系、以生态资本增值和价值实现为目标的投资体系、以生态经济效率和效益为引领的绩效评价体系；同时还需建立一套以生态资产产权制度为基础、以生态产业政策为导向/以绿色税收和金融政策为支撑，以及以生态保护红线制度为约束的保障机制①，通过政策性的体系和机制的实践探索及其理论化诠释和学理性升华，为构建新时代生态经济学话语体系奠定重要基础。维度三：国际视野问题的拓展。这是话语体系构建的世界意义所在。构建新时代生态经济学话语体系，不仅要讲清楚中国的重大现实问题，更要以构建人类命运共同体的使命，将改革开放以来中国所取得经济发展成就和生态文明建设成效总结提升为"中国奇迹"与"中国方案"并使之转化为全球话语优势，从而破除所谓的"中国经济崩溃论"和"中国环境威胁论"的谬论。为了构建新时代生态经济学话语体系，我们必应立足本土，放眼全球，勇于发声，从而为全球经济社会发展与生态文明建设协同推进、为人与自然和谐共生现代化建设赢得国际话语权。

---

① 陈洪波：《构建生态经济体系的理论认知与实践路径》，《中国特色社会主义研究》2019年第4期。

第六章　人与自然和谐共生现代化的模式探索

——从 A 模式到 B 模式再到 C 模式的构思

基于上文阐释可知，人与自然和谐共生现代化的理论基础与现实意义毋庸置疑，也正因此，我国正全面推进人与自然和谐共生现代化的建设。党的十八大以来，习近平总书记提出了"绿水青山就是金山银山""保护生态环境就是保护生产力，改善生态环境就是发展生产力""绿色发展理念"以及"高质量发展"等重要论断并具体阐明了其深刻内涵，这无不说明人与自然和谐共生现代化的可能性与重要性。本章主要从现实的视界论及人与自然和谐共生现代化的主要模式。

第一节　A 模式与 B 模式及其问题

积极探索人与自然和谐共生现代化的模式，很有必要事先从学术史中追溯以往讨论非常激烈的 A 模式和 B 模式问题，通过分析 A、B 模式的不足，进一步探寻一种能够超越这两种模式的第三种模式。A 模式和 B 模式都是莱斯特·R. 布朗（Lester R. Brown）提出的，但 A 模式是其提出来加以批判的，B 模式是其所倡导的。布朗的主要贡献在于提出了一种将生态环境纳入经济社会发展体系加以考量的 B 模式，换言之，就是率先提出了基于生态环境考量的可持续发展模式并积极推动。从布朗的生态环境相关论述中反思人与自然和谐共生现代化的模式问题将获得一定的启发。

众所周知，自工业革命以来，全球生产力水平不断提升，世界各国的经济增长不断取得新突破，国家现代化水平逐渐提高。毋庸赘言，布朗必然感受到现代化进程中的种种便利或福利，但其更深切体会到现代化背后所付出的资源或环境代价是有史以来最为严重及不可估量的。他说："在过去的半个世纪里，随着全球人口数量的翻番和经济增长六倍，我们对地球资源的索取变得异乎寻常的大，我们向地球索要的已超出了它所能不断提供的限度。"[①] 布朗进一步详细阐释了我们的地球是如何的"负担沉重"，主要表现在水资源的日益短缺，土壤受侵蚀、耕地在缩小，气温升高、海平面上升，以及社会的分化日益明显，这一切都表征着我们人类的"生态债即将到期"[②]，所以我们人类必须时刻警醒着该如何来偿还这一生态债。布朗认为，要偿还这一生态债，首先要充分认识到过去的发展模式到底是一种什么模式，如若对这一问题不加以反思，一切都是枉然。布朗指出，过去的发展模式就是一种"一切照旧"（business as usual）模式，亦言之指向的就是传统意义上以指数型经济增长为追求的高耗能、高排放以及高污染的经济发展模式，布朗将其称为 A 模式。这是一种对大自然必然会造成严重影响的不可持续的经济发展模式，到头来便是人间地狱的造就，正如布朗所示，"'一切照旧'已经开始可以读成'世界末日'了"[③]。

---

① ［美］莱斯特·R. 布朗：《B 模式：拯救地球 延续文明》，林自新、暴永宁等译，东方出版社 2003 年版，第 1 页。
② ［美］莱斯特·R. 布朗：《B 模式：拯救地球 延续文明》，林自新、暴永宁等译，东方出版社 2003 年版，第 4 页。
③ ［美］莱斯特·R. 布朗：《B 模式 4.0：起来，拯救文明》，林自新、胡晓梅、李康民译，上海科技教育出版社 2010 年版，第 ix 页。

A模式的最突出特点就是注重经济的指数型增长,认为这是第一位的。当然,需要特别指出的是,这种模式并不意味着对生态环境完全置之不顾,而是一种具有一定"绿色"意蕴的发展模式,只不过其"绿色"底色完全被对增长的追求所覆盖了。那么,为何A模式还要讲求一种"绿色"呢?其实,A模式的"绿色"只是一种假象,其试图以一种虚假的环境经济"协同"来为经济增长服务。大自然的承载力或资源容量是有限的,而经济增长必然离不开生产资料或自然资源的支撑。20世纪六七十年代的全球性环境灾难已使人类逐渐意识到生态环境对人类生存和发展的重要性,所以即便是以纯粹的经济利益为追求的生产活动也不得不重新考虑生态环境或自然资源保护的问题,特别是在资本主义社会大机器生产所造就的"黑色"图景时代,人们的体会更加深刻。所以,A模式多多少少都带有一丝丝绿意。也正是从这个意义上讲,A模式的话语基础更加倾向新古典环境经济学,它是"浅绿"思潮中以人类中心主义价值观为内核、以自然资源依托为增长动力的传统现代化经济发展模式,其在生态环境治理方面的"贡献"仅仅只是末端层面的,即走的是先污染后治理的路径。所以,在布朗看来,这种A模式必须得超越,否则造成的后果将进一步扩大。例如,将产生大量环境难民,"如果不能迅速扭转我们自身造成的各种破坏环境的趋势,这些破坏将会产生大量的环境难民——人们不得不抛弃水源耗尽、地力衰竭、荒漠推进、海平面上升的家园而远走他乡"[①]。又如,将导致经济崩塌,"如果我们只是左顾右盼、小打小闹,经济泡沫仍会继续膨胀,以致最终突然破碎"[②]。再如,将引发社会动荡,"随着人类的索取超出了自然系统的可持续产出,世界进入了一个未知的领域。危险的是,人们可

---

① [美]莱斯特·R.布朗:《B模式:拯救地球 延续文明》,林自新、暴永宁等译,东方出版社2003年版,第15页。

② [美]莱斯特·R.布朗:《B模式:拯救地球 延续文明》,林自新、暴永宁等译,东方出版社2003年版,第17页。

能丧失对政府解决这些问题的信心,导致社会动荡。转向无政府状态的现象已经在索马里、阿富汗和刚果发生"①。基于此,布朗认为,必须要立刻行动起来,要彻底改变或超越 A 模式,为此他提出了一种与之相对立的 B 模式。

那么,何谓 B 模式?布朗说:"人类需要一个新的社会经济模式——不妨就称之为 B 模式,以迅速重新安排轻重缓急,重组世界经济,避免经济的崩溃。"②布朗其实并没有明确界定到底什么是 B 模式,但是从其相关阐释来看,B 模式实质上就是一种旨在追求生态环境可持续性的经济发展模式,其"要求经济与环境脱钩的减物质化模式"③。换言之,B 模式的环境压力要求是实现零增长,它是一种强可持续性经济发展模式,其话语基础更加倾向于西方生态经济学的范畴,属于"深绿"思潮中以生态环境或自然资源为中心的后现代化经济发展模式。布朗说,这种模式的理念比过去任何设想都目光远大,其创议在规模或紧迫性上也是史无前例的。④ 从 B 模式的现实架构或运作上看,布朗着力从以下几点推进。一是描绘蓝图。布朗从人类文明的高度谈论 B 模式,认为 B 模式是"拯救文明的蓝图""B 模式是'一切照旧'地执行传统模式的替代方案。它的目的是把世界领出通向衰弱和崩溃的老路,转而踏上使食物安全得以重建、人类文明得以长久维系的新途"⑤。二是设定目标。布朗提出了四个目标,即到 2020 年减少二氧化

---

① [美]莱斯特·R. 布朗:《B 模式:拯救地球 延续文明》,林自新、暴永宁等译,东方出版社 2003 年版,第 16 页。
② [美]莱斯特·R. 布朗:《B 模式:拯救地球 延续文明》,林自新、暴永宁等译,东方出版社 2003 年版,第 17 页。
③ 诸大建、黄晓芬:《循环经济与中国发展的 C 模式》,《环境保护》2005 年第 9 期。
④ [美]莱斯特·R. 布朗:《B 模式 4.0:起来,拯救文明》,林自新、胡晓梅、李康民译,上海科技教育出版社 2010 年版,第 18 页。
⑤ [美]莱斯特·R. 布朗:《B 模式 4.0:起来,拯救文明》,林自新、胡晓梅、李康民译,上海科技教育出版社 2010 年版,第 18 页。

碳净排放80%、世界人口稳定于80亿或者更少、消除贫困以及恢复地球的自然体。① 这四大目标相互制约、相互作用，消除贫困是最主要的目标，这个目标没实现就意味着将产生不稳定的人口结构，而人口结构的不稳定则意味着必将难以稳定气候，其结果便是地球自然系统将遭遇危机，而这又必然反转过来影响人口稳定，从而使得贫困问题又进一步加剧。应该说，这四大目标的实现对构建人与大自然之间的和谐关系，对布朗所言的"拯救地球、延续文明"具有重要意义。三是建构模型。B模式的替代性方案具有全局性效应，究竟如何使这种模式真正落地，从而实现经济社会的整体变革，布朗提出了三种模型，即"珍珠港模型""柏林墙模型"和"三明治模型"。"珍珠港模型"又称灾难事件模型，意指需要等到灾难性事件来临或发生时才作出某种行为方式的变革；"柏林墙模型"意指当权者未必支持某种变革，但其仍然会渐渐带来某种变革；"三明治模型"意指某种变革既有在下的草根阶层不断推进，又有在上的政治阶层充分支持。这三种模型相比较而言，"珍珠港模型"显然风险系数最高，其次是"柏林墙模型"，"三明治模型"是最优的方案或模型，这也是布朗在B模式探索中所要重点推进的模型。四是"战时"动员。强调"战时"动员意味着B模式的探索或方案推进必须马上行动起来，只有这样才能快速扭转当前生态环境和经济社会发展领域的严峻形势。布朗对此做了一个类比，他以美国珍珠港遭遇偷袭后的迅速反应为例指出，"美国进行了全面总动员，终于与别的国家一起扭转了形势，在历时3年半之后，领导盟军取得了胜利"②。布朗认为以B模式拯救文明的动员与第二次世界大战期间美

---

① [美] 莱斯特·R. 布朗：《B模式4.0：起来，拯救文明》，林自新、胡晓梅、李康民译，上海科技教育出版社2010年版，第18页。
② [美] 莱斯特·R. 布朗：《B模式：拯救地球 延续文明》，林自新、暴永宁等译，东方出版社2003年版，第189页。

国的总动员在逻辑上是颇为相似的，如果能够充分意识到问题的严重性并采取果断迅速的行动，那么对化解当前的生态危机和经济泡沫并最终实现生态可持续性的经济发展指日可待。五是提出对策。在实践中探索 B 模式还需要积极应对各种现实挑战并提出具有可行性的具体对策。例如，布朗提出了诸如照明技术的革命、倡导零碳建筑、实现交通系统电气化、转向可再生能源、重新设计城市交通、让自行车重新回归城市、减少城市用水、改善棚户区居住条件、倡导人人有学上、积极提供医疗保障、救援失能国家、植树固碳、保护动植物多样性、修复土质、提高土地和水的生产力、提高环境污染税以及停建所有燃煤发电厂等对策。

综上所述，对于 A 模式和 B 模式而言，二者对于人与自然和谐共生现代化建设都具有一定的启发意义。我们姑且先撇开制度框架的差异来说，A 模式注重发展或经济增长，这本身没有错，因为现代化的推进必然离不开经济现代化的显现，此外其还注重末端环境治理，这也没错，至少这种模式在表面上还能注意到生态环境问题，所以这就在人与自然和谐共生现代化建设的过程中还有点"迹象"。但是，这种模式绝不是我们要效仿的模式，因为其本身就隐喻着致命的缺陷或虚情假意的态度，表现为经济至上主义或利润至上主义，而"绿色"的迹象终究还是"赚钱"的幌子，其"先污染后治理"的路子始终是不合理的。所以，如果要在人与自然和谐共生现代化建设的语境中定位 A 模式，其存在利用和被利用、掩盖和被掩盖的问题，根本找不到共生共荣、和谐共进的本心。那么，对于 B 模式而言，其显然在很大程度上超越了 A 模式，至少在本心上始终坚守着生态可持续性的价值立场，大自然始终是 B 模式关怀的首要对象。B 模式并不是以经济利益或经济发展为第一性的，自然或生态环境才是其切入的要点，但是该模式又不是不要经济发展，而是在大自然的象限内倡导一种更优更好的经济发展。所以，从这个意义上看，无论是 B 模式的目标设定、模型建构，还是对策提出，其实 B 模式本质表征着一种有别于 A 模式末端治理的始端治理，即 B 模式更加注重从一开始就杜绝生态环境问题的出现或从一开始就要提前意识到生态环境问题并给予及时治理，这一点与 A 模式完全相反，这对于人与自然和谐共生现代化建设来说，显然更具借鉴意义。但是，B 模式也存在一些潜在性问题。一是这种模式具有浓厚的"大跃进"或运动式的色彩。全球生态危机日益严峻，探索一种优良模式来应对显然是必要的，但是对这种危机或挑战的应对切不可急于求成、不可"一刀切"，否则必将适得其反。B 模式实际上就存在这样的问题。布朗提出应对这一挑战必须"进入战时动员"①，要像军事打仗一样速战速决，如提出要在 2020 年前关停所有燃煤发电厂，② 要以可再生能源取而代之。事实上，其叙事旨意没问题，但其节奏太快了，并没有考虑到发达国家和发展中国家的经济发展差异，对于发达国家完全可以有这个要求，但是对于发展中国家或落后国家和区域显然不能对其强加要求，否则又会陷入人口不稳、经济贫困以及生态环境问题的恶性循环中。二是这种模式被认为必须由美国来带头推进，否则很难实现。按照 B 模式的"战时动员"逻辑，布朗认为，推进 B 模式的落地必须由美国来牵头，否则一切都难以奏效，他说，"使全世界采用 B 模式，需要美国带个头，否则是不太可能奏效的"③。如果布朗试图表达的意思是要求作为发达国家的美国应承担更多环境责任带头降碳减排则无可厚非，但布朗的意思恰

---

① [美] 莱斯特·R. 布朗：《B 模式：拯救地球 延续文明》，林自新、暴永宁等译，东方出版社 2003 年版，第 189 页。
② [美] 莱斯特·R. 布朗：《B 模式 4.0：起来，拯救文明》，林自新、胡晓梅、李康民译，上海科技教育出版社 2010 年版，第 82 页。
③ [美] 莱斯特·R. 布朗：《B 模式：拯救地球 延续文明》，林自新、暴永宁等译，东方出版社 2003 年版，第 189 页。

恰是认为美国是最有决心和能力来扭转局势的。我们认为，姑且先抛开美国在高科技或经济实力方面的能力优势来说，其实美国在全球生态环境治理方面的角色和作用却总是"退场"或"虚情假意"的，所谓"美国第一"才是他们所要坚定护卫的，其他一切都是在为这一霸权逻辑服务。所以，B模式带头推进的"美国期待"本质上是难以期待的。三是这种模式很可能陷入遏制经济发展或阻碍现代化进程的困境中。B模式的话语基础偏向于西方生态经济学的视域，是一种"深绿"思潮的发展模式典例，呈现的价值观取向是生态中心论的。显然，在人与自然和谐共生现代化建设的语境中，这种模式的特点已然揭示出，B模式很有可能走向另一个极端，过于抬高大自然的地位而陷入自然复魅的神秘主义境地，从而忘却了人类社会中的经济发展或现代化推进问题。

第二节 C模式的提出及其评析

基于以上，既然A模式和B模式都存在一定的历史局限和时代弊端，并且无益于人与自然和谐共生现代化建设。那么，是否又存在一种能够超越于A、B模式的第三种模式呢？21世纪初学术界已有一种观点非常具有针对性和代表性，那就是诸大建等人于2005年提出的C模式。他们意识到，A模式是世界上绝大多数发展中国家的经济发展模式，这种模式的经济增长主要是依赖资源投入总量的增加和污染排放总量的增加来推进的，他们认为"这种模式属于危险的发展道路，意味着可能带来社会的不稳定和环境退化"[①]；B模式则是一种长远的、理想化的方案，"从我国当前的技术能力和管理水平来看，要

---

① 诸大建、臧漫丹、朱远：《C模式：中国发展循环经济的战略选择》，《中国人口·资源与环境》2005年第6期。

推行这个高方案的模式难度很大"①。基于此，诸大建等人指出，我们既要避免走上 A 模式的道路，也要防止走上 B 模式的道路，我们应该探寻一种更加适合中国国情的经济社会发展模式，如其所言，"既然不能继续遵循传统的发展 A 模式，也不能立即沿用西方发达国家的 B 模式，那么，是否存在一种'中间路线'的模式适合我国？为此，笔者提出适合我国国情的循环经济发展模式，简称 C（China）模式"②。从相关论述中可知，C 模式本质上指向的就是一种循环经济发展模式。具体而言，其主要从生态效率和减物质化两个角度进行了建构性阐释。

一是从生态效率的角度看，传统的经济发展模式过多地关注劳动生产率的提高而忽视了经济系统输入端的资源阈值和输出端的环境阈值问题，从而引发生态环境问题。所以，当前必须考虑实现从劳动生产效率提高到生态效率提高的转换，在确保经济稳定有序增长的同时能够控制住资源阈值或环境阈值问题。正如诸大建等人所言："循环经济关注的目标不再是单纯的经济增长，而是生态效率（Eco-efficiency）的提高。生态效率是经济社会发展的价值量（即 GDP 总量）和资源环境消耗的实物量比值，它表示经济增长与环境压力的分离关系（decoupling indicators），是一国绿色竞争力的重要体现。"③ 生态效率用公式表示，即生态效率（资源生产率）＝经济社会发展（价值量）/资源环境消耗（实物量）。借鉴诸大建等人的相关阐释，在这个公式中可以呈现四种情形的组合关系（见表 6.1）。

---

① 诸大建、臧漫丹、朱远：《C 模式：中国发展循环经济的战略选择》，《中国人口·资源与环境》2005 年第 6 期。

② 诸大建、臧漫丹、朱远：《C 模式：中国发展循环经济的战略选择》，《中国人口·资源与环境》2005 年第 6 期。

③ 诸大建、臧漫丹、朱远：《C 模式：中国发展循环经济的战略选择》，《中国人口·资源与环境》2005 年第 6 期。

表 6.1　　　　　　　生态效率的组合关系及主要特点

生态效率	组合关系	主要特点
低	分子分母同步增长	经济增长,环境压力大
渐高	分子增长,分母缓增	经济增长,环境压力相对低,二者开始出现相对脱钩
高	分子增长,分母零增	经济增长,环境压力呈零增长趋势,二者开始出现绝对脱钩
最高	分子增长,分母负增	经济增长,环境压力呈下降趋势,这是发展循环经济的最高目标

诸大建认为,我国目前还处于第一种情形中,即经济增长和环境压力同步增长阶段,我们应以第三种情形为追求(实现绝对脱钩),但是就目前我国基本国情而言,第二种情形是比较稳妥的,也是我们如今应该努力推进的,他说 C 模式强调的就是要走"资源环境消耗与社会经济增长相对脱钩的发展道路"[①]。

二是从减物质化角度看,就是要在一定时期内实现生活资料或生产资料的消耗减少、确保固体废弃物的排放减少,但同时又不影响经济增长和国民福利发展。实际上,在诸大建等人看来,上述生态效率的演进情形便可揭示出循环经济的减物质化本质。生态效率的"低—渐高—高—最高"便是循环经济减物质化程度逐步推进的过程。换言之,减物质化不是一蹴而就的,而是要分阶段的。诸大建等人说:"通过发展减物质化的经济,并把建设循环经济型社会的目标纳入我国经济社会发展的总框架之中,到 21 世纪的前期(例如 2020 年前后)实现以较小的资源消耗和废物排放(特别是各类固体废弃物)以达到较好的经济社会发展是有可能的。"[②] 当然,这个过程的实现要分三步走或三个阶段(见表 6.2)。

[①] 诸大建:《从布朗 B 模式到中国发展 C 模式》,《沪港经济》2010 年第 6 期。
[②] 诸大建、臧漫丹、朱远:《C 模式:中国发展循环经济的战略选择》,《中国人口·资源与环境》2005 年第 6 期。

表 6.2　　　　　　　　　　减物质化阶段及其特点与目标

减物质化阶段	阶段特点	主要目标
阶段 Ⅰ	以高加工业以及消费增长为主	争取资源消耗和污染排放的总体增长速度能远小于经济增长的速度
阶段 Ⅱ	21 世纪初以来物质消费趋于稳定(2020 年以后)	实现某些资源消耗和固体废弃物的零增长,实现倍数 3 的生态经济效率
阶段 Ⅲ	未来"无重量"经济成为主流	争取资源消耗和污染排放相对于 21 世纪初有稳定减少,实现倍数 4 的生态经济效率

从阶段 Ⅰ 到阶段 Ⅲ 即是经济发展过程中的减物质化递推趋势,按照诸大建等人的观点,当前我国还处于阶段 Ⅰ,发展经济或确保 GDP 增长仍然是头等大事,当然他们也强调要争取"物质化"消耗或排放速度小于经济增长速度。从这个意义上说,这也就是 C 模式的题中之义,即"C 模式也称 1.5—2 倍数发展战略,因为只有保证我国 GDP 的持续快速增长,才能解决我国社会经济发展中的一系列矛盾。所以该模式将给予我国 GDP 增长一个 20 年左右缓冲的阶段,并希望经过 20 年的经济增长方式调整,最终达到一种相对的减物质化阶段"[①]。

无论从生态效率的提升还是减物质化的角度看,实际上二者都是 C 模式的一体两面问题,即以发展循环经济为主体,做到生态效率和减物质化程度的提高,既确保经济社会的发展或 GDP 增长,又实现降污减排,从而超越 A 模式和 B 模式,协同推进经济现代化与生态文明建设。当然,要真正意义上将 C 模式落地,还必须借助一些外在条件,正如诸大建等人所言,"实现 C 模式需要科技和政策双重保障"[②]。就科技而言,具体表现为产品工艺技术的减物质化改进、产品关键部件的清洁

[①]　诸大建、臧漫丹、朱远:《C 模式:中国发展循环经济的战略选择》,《中国人口·资源与环境》2005 年第 6 期。
[②]　诸大建、臧漫丹、朱远:《C 模式:中国发展循环经济的战略选择》,《中国人口·资源与环境》2005 年第 6 期。

化替换、产品整体功能的生态化革新,以及城市人居环境或交通设施的系统性空间规划,等等。就政策而言,具体表现在"三套机制和三种政策工具",即政府行政体制、企业市场机制、非政府组织的社会参与机制及其相适应或相对应的规制或指令性政策、市场引导或激励性政策和社会组织或参与性政策。这三套机制和三种政策工具虽然在助推C模式落地的过程中的作用领域不同,但是对发展循环经济的整体功能和效用是一致的。应该说,对于C模式来讲,其本质上既主张经济社会的现代化发展,又强调生态环境的治理建设,而且还特别阐明了这个过程的推进是逐步的、分阶段的,并非运动式的、不契合实情的。所以,较之A模式和B模式而言,C模式显然更具辩证意义、更符合我国甚至是其他发展中国家的国情,对人与自然和谐共生现代化建设更具有参考意义。

当然,诸大建等人所提出的C模式也存在一定的时代局限性,我们仍然要辩证地看待。

一方面,从公开发表的论文来看,诸大建等人所提C模式的最早时间是2005年,其中的一些观点或立论(当然也包括后期的某些论及)较之新时代的相关论断来说显然存在某些出入,有一定的滞后性,难以契合时代精神。例如,诸大建等人所言C模式的逻辑起点或叙事背景是当时中国还未脱贫的情况之下。他说:"我们从布朗书中得到的最大意义的借鉴,就是需要研究基于可持续发展原理的另一种模式——使中国这样的众多人口尚没有脱贫的发展中大国走上资源环境消耗与社会经济增长相对脱钩的发展道路,我称之为中国发展C模式。"① 不言而喻,在"尚没有脱贫"的时代背景下论及C模式注定呈现的是诸大建所言的"1.5—2倍数发展战略"(用一番换两番),亦言GDP的快速增长(但并不意味着不顾环境,而是以较小的环境代价换来更多的经济增

---

① 诸大建:《从布朗B模式到中国发展C模式》,《沪港经济》2010年第6期。

长），其实在当时这也毋庸置疑。然而，关键是目前我国脱贫攻坚已经取得了全面胜利，人们向往更多的是美好生活需要（优美生态环境需要），如果还是沿用前述语境或叙事起点去阐释或运用 C 模式，显然难以辩证地诠释人与自然和谐共生现代化建设问题，因为强调倍数发展战略也好，GDP 的快速增长也罢，其实很容易模糊某些界限。当然，诸大建所提 C 模式如前所述也是个阶段性推进问题，即强调"从 2000 年到 2020 年的中国发展"，适宜中国发展的是 C 模式。换言之，C 模式所强调的 GDP 快速增长是有着一定时间缓冲的增长，即寄希望于 20 年左右的时间来调整经济增长方式，在 2020 年后最终达到一种"相对稳定的减物质化阶段"。其实，这里有些含混的地方，即 2020 年以后要不要增长，如要增长，较之 2020 年之前是什么样的倍数增长，是不是还是像以前那样"用不高于 2 倍的自然资本消耗换取 4 倍的经济增长和相应的社会福利"？实际上，C 模式对这个问题并未交代，换言之，C 模式在 2020 年之前有其论说的合理性，但在 2020 年之后有些语焉不详，原来的某些观点或许就难以适应时代要求了，所以这就需要我们进一步拓展对 C 模式的思考。

另一方面，将探寻一种能够超越于 A 模式和 B 模式的 C 模式仅仅定位于循环经济的叙事范式显然过于狭隘或不够有力。如前所述，C 模式确实优于 A 模式和 B 模式，即便 B 模式看起来会更加"绿色"，但是这种模式应该更加适合发达国家，而不是发展中甚至是落后的国家，因为发展中或落后国家还面临着经济崛起或腾飞的现代化之路，某些西方发达国家应该为其走过的现代化之路所付出下的环境代价去埋单。所以，我们就不难理解为何诸大建要提既顾及经济增长又强调绿色底色的中国 C 模式了，因为这种模式是一种实事求是的，适合不同国情的绿色发展模式，对于发达程度不一的国家来说具有重要的参考意义。然而，需要指出的是，C 模式给我们呈现的似乎仅仅是一种循环经济的叙事范式。不可否认，作为一种循环经济的 C 模式对超越 A 模式和 B 模式的重要意义之所在，但是在新时代的中国，如仅限于循环经济的叙事范式去比对性阐释或超越 A 模式和 B 模式显然发力不够，整体叙事缺乏大视野。而其实，循环经济的叙事范式主要针对的是末端治理模式而言的，其侧重于超越"资源—产品—废弃物—治理"的末端模式，建构出一种"资源—产品—废弃物—治理—资源"的"资源到资源"的闭环式良性发展模式，目的是实现自然资源的有效循环利用，减少固体废弃物对生态环境的污染。说到底，这种模式集中倡导的是末端资源的循环利用，特别是一些固体废弃物的循环利用问题，毫无疑问这对实现经济的绿色发展具有重要推动作用。但是，对资源或能源的输入端减排、对应对全球气候变暖问题、对产业结构转型、对能源技术创新和制度创新方面或许就难以覆盖了，这就势必会遗漏这些领域或问题当中的绿色经济叙事，从而就无法从整体上（始端—中端—末端）或全过程的层面有力超越 A 模式和 B 模式。如此一来，对我们全面审视经济社会发展和生态环境的关系问题并进一步诠释人与自然和谐共生现代化问题必然会带来一定缺憾。所以，对于 C 模式而言，我们应该在此基础之上再做拓展性建构和完善，使得作为能够超越 A 模式和 B 模式的中国 C 模式实至名归，切实符合新时代的中国经济发展逻辑和根本价值遵循。

第三节　对 C 模式的拓展性建构及其诠释

基于以上所述，A 模式本质上表征的是一种经济中心论视域中的生态环境末端观照（简称末端模式），B 模式本质上表征的是一种生态中心论视域中的生态环境始端观照（简称始端模式），不可否认，这两种模式确实都存在着一定的问题，不利于人与自然和谐共生现代化建设。

那么，是否存在一种生态经济视域中的生态环境全端观照模式呢（简称全端模式）？诸大建等人所提的 C 模式为此开了个好头，既主张经济的稳步增长，又强调生态的治理建设，不可顾此失彼，这为超越 A 模式和 B 模式打开了缺口、为探索人与自然和谐共生现代化的模式奠定了重要基础。当然，由于 C 模式的某些立论或观点的历史局限性存在，我们就很有必要以此为鉴对 C 模式做进一步的拓展性建构，以呈现更具时代感召力的新时代 C 模式，从而助益人与自然和谐共生现代化的建设。

一　建构原则

对 C 模式的拓展性建构包括以下两个方面。一方面，要坚持对 A 模式和 B 模式的超越；另一方面，要实现对 C 模式的内涵提升或丰富。当然，这一建构过程首先应建立在一定的原则基础之上，因为科学的原则对 C 模式拓展性建构具有理论性和前瞻性指导意义。

第一，生态优先原则。对于 C 模式拓展性建构的基本原则，有个根本性的问题事先需要厘清，那就是大自然或生态的优先性问题，如果这个问题没有明确好，那么依旧会纠缠于 A 模式、B 模式和 C 模式的争论中。因此，对 C 模式的拓展性建构，我们首先提出要坚持生态优先原则。所谓生态优先，核心意涵就是要坚持大自然的优先地位，但这里的优先主要是合理优先。其包含两重深刻的哲学依据。一是自在自然的优先地位，指大自然从"原始"意义上是先于人存在的或者人类本身也都是自然界的一部分而已。经典马克思主义早已指出人是自然界的产物，自然界先于人存在的重要观点。马克思说："人靠自然界来生活。这就是说，自然界是人为了不致死亡而必须与之不断交往的人的身体……因为人是自然界的一部分。"[①] 恩格斯也指明："我们连同我们的

[①] 《马克思恩格斯文集》第一卷，人民出版社 2009 年版，第 161 页。

肉、血和头脑都是属于自然界和存在于自然之中的。"① 因此，从大自然的先在性层面明确生态优先性已然具备着本体论基础。二是人化自然的优先地位，指人类通过感性物质活动所生成的属人的自然界，这是自然界的社会属性，也是超越费尔巴哈直观唯物主义自然观、创立历史唯物主义自然观的切入口。人是有生命的、具备主观能动性的高级存在物，人类为了生存和发展必须作用于大自然进行物质生产，实现人与大自然的"物质交换"，从而呈现"改造无机界""创造对象化世界"的人化自然构境，这是真正的自然界，是更应该值得人们去反思和建构的自然界。正如马克思所言："在人类历史中即在人类社会的形成过程中生成的自然界，是人的现实的自然界；因此，通过工业——尽管以异化的形式——形成的自然界，是真正的、人本学的自然界。"② 人化自然的优先地位揭示出大自然两个方面的特点。一方面，大自然作为对象性要素参与人类社会的物质生产以凸显其本然价值；另一方面，大自然作为对象性的物质前提确保着人类社会的健康延续。这就启迪着我们应该从整体意义上确立生态优先性原则，我们必然要在人化自然中推进物质生产，但又必须对大自然的资源存量和有限生命保持一种谦逊理性和谨慎的行为方式。换言之，生态优先原则并不是生态中心论意义上的优先问题，而是生态经济协同论意义上的优先问题，对于 C 模式的拓展性建构，应该坚持这一生态优先原则，既要注重生态，也要注重发展。要实现生态优先和绿色发展的协同增效，这是个一语双关问题，正如习近平总书记所言，"坚持生态优先、绿色发展，把生态环境保护摆上优先地位"③，也就是生态优先是一种追求绿色发展意义的优先原则。

第二，全面协调联动原则。对 C 模式的拓展性建构意在实现对 A

---

① 《马克思恩格斯文集》第九卷，人民出版社 2009 年版，第 560 页。
② 《马克思恩格斯文集》第一卷，人民出版社 2009 年版，第 193 页。
③ 中共中央文献研究室编：《习近平关于社会主义经济建设论述摘编》，中央文献出版社 2017 年版，第 268 页。

模式和 B 模式的"极端化"思维或方案的超越，也寄希望于对 C 模式本身的通盘或全面思考，从而明确 C 模式不仅仅只是一个循环经济发展问题，也是其他一切有利于经济发展和生态建设的诸要素合力问题。那么，从这个意义上讲，对 C 模式的拓展性建构应该坚持全面协调联动的原则。这一基本原则蕴含着两个基本内涵。一方面，从思维方式上看，我们要树立全面的整体性思维，要尽可能通盘考虑经济系统和生态系统的内在关系，要全面估量各大系统中的构成要素及其相互影响问题。其实，整个宇宙系统或大自然系统本质上都是一个有机共同体，处于共同体中的"成员"演绎了人与自然、人与人、人与社会，以及人与自身等形态各异的种种关系或构境，而这最终必然要指向"和谐共生"的目的诉求，否则只要任何一种关系体或构境出现了尖锐性问题，这个有机共同体系统就会分崩离析，人类终将走向自我毁灭。所以，我们探索一种符合人类生存和发展需要的经济社会发展模式，固然要树立全面的整体性思维，不能唯人类一己之利而忽略了其他构成要素或关系体的存在。另一方面，从动态推进上看，我们要坚持协调联动的指导性原则，协调联动就是要对整个有机共同体中的诸问题、诸要素、诸系统、诸部门以及各大区域之间的内在关系协调好、处理好，同时要积极推进政府部门之间的垂直联动和横向联动、要充分发挥企业和社会组织的联动作用、要充分激发广大民众的积极参与性，等等。任何一种模式的建构都不是单一力量、单一主体、单一领域和单一部门所能顺利推进的，由于模式本身就是一个系统性和结构化的"造型"，这就决定了对 C 模式的拓展性建构必然是一个复合型的多元化推进过程，其包括区域差异化的多元性考虑、产业转型化的多元性推进、能源清洁化的多元性实现，还包括机制效用化的多元性构建，更包括路径多样化的多元性开辟，等等。所以，从这个意义上看，C 模式的拓展性建构就不仅仅是一个循环经济的定位问题，显然还包括其他绿色经济模态问题，这也就意味着我们探索新时代的 C 模式，实际上是立足于新时代的经济社会发展问题和生态环境问题加以系统展开的，凡是有利于经济社会发展"绿色"升级的各大系统性构造，我们都可大胆去探索和运用；凡是有利于生态环境保护或生态文明建设的"经济"现代化要素，我们都要充分地去激活、整合和发挥其最大经济效益。所以，对 C 模式的拓展性建构需要坚持全面协调联动的原则，不可以单向思维顾此失彼，更不能以极端思维重返迷途，我们需要的是系统化和整体性的合力推进。

第三，共同但有区别原则。对 C 模式的拓展性建构要做到统筹兼顾，既要统筹推进我国生态文明建设的整体步伐，也要兼顾各省域的经济社会发展水平，不能搞"运动式"或"一刀切"的发展模式。因此，我们在此将这一需要坚持的原则界定为共同但有区别的原则，又称为共同但有区别的责任原则。当然，这一原则主要是借鉴国际环境法当中的表述。该原则正式确立于 1992 年的《里约环境与发展宣言》，即"鉴于导致全球环境退化的各种不同因素，各国负有共同但有区别的责任"。共同但有区别的原则表达了两层意涵。一是随着全球生态环境问题的日益突出，保护环境，追求可持续发展是世界各国的共同责任；二是由于环境污染或环境破坏的历史根源差异，以及各国的经济发展水平不一，发达国家应该承担更多的环境责任，而发展中国家或落后国家应着力发展本国经济，环境责任相比较而言可以较少承担（但不意味着不承担）。一个全球意义的环境责任原则放在一个国家内部而言也是成立的，因为一个国家是由不同的省域组成，而每个地方的自然生态状况、经济发展水平、环境破坏或影响程度固然是有差异的。比较明显的是，我国东南沿海省域、中部省域以及西南或西北省域实际上就呈现这种情况。例如，西南或西北省域有些地方经济水平较为落后，而自然资源却较为丰富（当然也存在石漠化等环境恶劣区域），如何统筹推进生态经济的协调发展值得探索。又如，东南沿海省域的发达地区由于工业化水平高，水污染、固体废弃物污染和大气污染等生态环境问题相对来说就会更加明显，如何在不影响经济增长的情况下守住环境底线也值得探索。当然，更值得一提的是，从横贯东西中各省域的经济发展和生态环境状况来看，其实各省域之间本身也是相互影响和相互制约的。为了大力支持东部沿海省域的经济发展，我国形成了西气（电）东输、北煤（油）南运以及南水北调等纵横局面，然而某些发达省份虽利用西部或西南省域的资源或能源优势获得了经济的快速发展，却把生态环境或资源开发等外部性成本留在了当地，给这些地方带来了巨大的环境压力和经济压力，区域环境问题和区域经济效益问题日益明显。基于此，我们进一步去探索 C 模式，必然不能忽视这一问题。一方面，我们要肩负建设美丽中国的共同使命；另一方面，我们也要根据不同的省情地情实事求是地处理好省域间的经济发展与生态文明建设的关系问题，在一些制度或政策上要根据不同情况有针对性地落实，要形成不同的解读范式和发展样式。总之，坚持共同但有区别的原则，体现出合作共治的精神，孕育出环境正义的要旨，是 C 模式拓展性建构的题中应有之义。

第四，以人民为中心原则。对 C 模式的拓展性建构要站稳政治立场，最根本的是要从人民群众的切身利益出发，做到一切为了人民，一切依靠人民，更要让更多的生态经济效益惠及全体人民。人民性立场是马克思主义的根本立场。习近平总书记指出："马克思主义第一次站在人民的立场探求人类自由解放的道路……它植根人民之中，指明了依靠人民推动历史前进的人间正道。"[①] 马克思批判了资本主义私有制的劣根性，阐明了人与自然关系紧张的根源就是资本主义生产方式，认为废除私有制及其资本主义生产方式，才能从真正意义上凸显人或人民的主体性地位，才能解决人与自然的内在矛盾，从而达到人与自然的和谐统一。当然，这是马克思给出的共产主义的最高理想状态，我们要以此为

---

① 习近平：《在纪念马克思诞辰 200 周年大会上的讲话》，人民出版社 2018 年版，第 8 页。

方向、为指导。中国共产党始终坚持把以人民为中心作为经济社会发展和生态文明建设的立足点和出发点，坚决克服"以资本为中心"和"以个人为中心"对现代化进程的宰制和对生态文明建设的渗透，要"让良好生态环境成为人民生活的增长点，成为经济社会持续健康发展的支撑点"①。其实，无论是 A 模式还是布朗的 B 模式，实际上都凸显了人民性的缺失或不彻底性。A 模式以新古典环境经济学为话语体系，最看重的是经济效益或高额利润，其走的是"经济（利润）—生态环境—经济（利润）"的闭环路线，对生态环境的顾及只是他们赚钱的工具性意图，其不良后果便是广大民众的经济或环境利益深受挤压和剥夺，老百姓在又脏又臭的环境中从事雇佣劳动，资本家夺走了他们的大部分血汗钱，这一点早在恩格斯《英国工人阶级状况》中已有详尽描述。而 B 模式则以生态经济学为话语体系，最看重的是生态效益，走的是"生态环境—经济（利润）—生态环境"的闭环路线，生态中心论是其根本立场，其不良后果便是理想化或根本就难以操作的目标（过程）反过来宰制了现代社会的进程，制约了广大人民群众最基本的物质利益或经济利益需求，呈现生态乌托邦的虚假景象，这在现代世界体系的激烈竞争格局中是不适宜的。所以，新时代要积极探索一种以人民为中心的 C 模式，要在经济社会发展和生态环境保护中走出一条"……生态环境—经济发展—生态环境—经济发展—……"的开放式路线。既要有经济效益的凸显以满足人民群众的多样化物质利益需要，也要有生态效益的呈现以满足人民群众的优美生态环境需要，这是对 C 模式拓展性建构的一个根本立足点。

二 框架诠释

我们知道，现代化表征着一个国家或社会组构要素的整体性或位序

---

① 《习近平著作选读》第一卷，人民出版社 2023 年版，第 604 页。

性进步状态，而人与自然和谐共生也是一个系统的战略工程，因此我们看待人与自然和谐共生现代化不能极端化、单一化甚至以偏概全，而应树立整体性战略思维，要在抓住主要矛盾的同时分层次分情况去把握二者的协同关系。因此，如何从模式层面上探讨人与自然和谐共生现代化问题，我们显然要避免陷入 A 模式和 B 模式的困境，也不能简单拘泥于 C 模式的循环经济叙事，而应该构筑重点突出、形式多样、轻重缓急和布局相对合理的升级版 C 模式。在此，我们拟对升级版 C 模式作"一体三翼四驱动"的拓展性建构（如图 6.1 所示）。

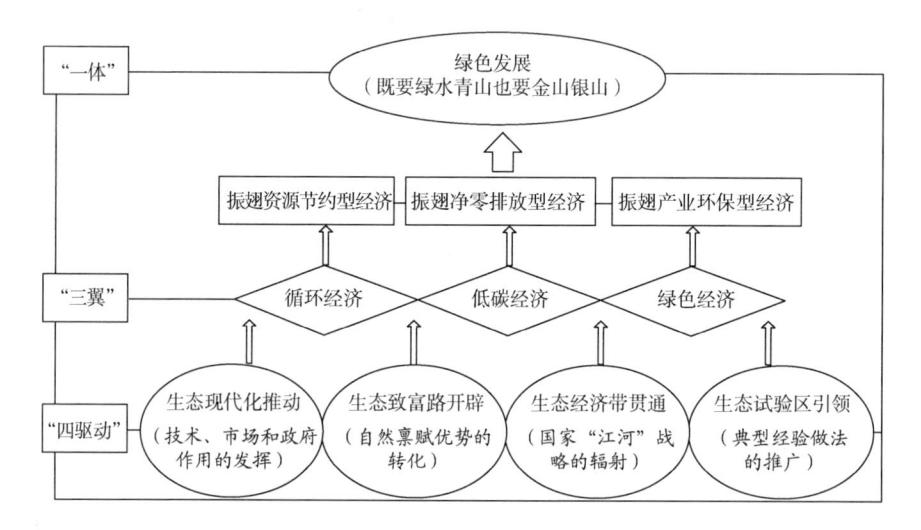

图 6.1 升级版 C 模式

何谓"一体三翼四驱动"？"一体"指的是广义上的绿色发展，"三翼"主要指循环经济、低碳经济和绿色经济，"四驱动"主要指生态现代化推动、生态致富路开辟、生态经济带贯通和生态试验区引领，这三大向度共同构成升级版 C 模式的拓展性样态。那么，这三者之间到底呈现何种关系或内在逻辑呢？从宏观意义上看，我们将此概括为"定向—振翅—腾飞"之六字逻辑理路。

"一体"主要是一个总的定向问题，我们认为，人与自然和谐共生现代化的本质应该是广义上的绿色发展问题。马克思主义哲学所揭示的发展问题就是新事物战胜旧事物问题，是一个总体上呈现积极向上的质量优化或进步的状态，这与现代化的本质内涵是一致的。同样，绿色所揭示出的也正是人与自然和谐共生的价值观诉求或基本内核，我们主张超越资本主义发展过程中的"黑色"文明，要还现代工业文明于"绿色"底色。因而寻求人与自然和谐共生现代化的着力点或总体方向，本质上就是追问绿色发展何以可能的问题，这是一个最为基本的把脉定向问题。如果这个问题没定位好，那么后续叙述就很难成立。"三翼"主要是基于定向意义上的振翅问题，也就是说，从广义的绿色发展视角看，人与自然和谐共生现代化必然要打造腾飞之翅，而且这种翅膀并不是单向覆盖的，而是多重链接的，因而我们将其翅膀概括为循环经济、低碳经济和绿色经济。无论是循环经济、低碳经济还是绿色经济，它们实质上都属于绿色发展的范畴。正因为它们本质上既是"绿色"的又是"发展"的，所以这必然构成人与自然和谐共生现代化的坚实之"翼"。所谓"四驱动"主要指向的是"定向振翅"基础上的助力"腾飞"问题。我们如何推进人与自然和谐共生现代化，本质上追问的是一个广义的绿色发展问题，而循环经济、低碳经济和绿色经济作为"三翼"在一定程度上也的确已为此展开了伟力之翅。但是，在腾飞过程中如果缺乏针对不同情况而应该做出的调速换挡等不同动力切换，那么结果将很容易出现过度的绿色和盲目的发展等问题，从而严重影响人与自然和谐共生现代化。所以，要在"定向振翅"基础上做到有效助力"腾飞"，我们提炼出了四大驱动力，即生态现代化推动、生态致富路开辟、生态经济带贯通和生态试验区引领。这四大驱动旨在针对不同的区域结合实际情况做出不同的"功"，实事求是地为生态添"绿"，为发展赋"能"。这就是我们对升级版C模式"一体三翼四驱动"所做的拓展性建构的基本逻辑理路。

基于以上思路分析，我们认为，绿色发展（"一体"）→循环经济—

低碳经济—绿色经济（"三翼"）→生态现代化推动—生态致富路开辟—生态经济带贯通—生态试验区引领（"四驱动"）这三大向度以其自洽逻辑从整体上构成了人与自然和谐共生现代化的主要模式。在此，我们拟对这一模式或框架再作进一步诠释或说明。

首先，关于绿色发展问题。我们这里所说的绿色发展主要指一种广义的绿色发展，其构成了人与自然和谐共生现代化的主干或主轴。习近平总书记指出，绿色发展是"构建高质量现代化经济体系的必然要求，目的是改变传统的'大量生产、大量消耗、大量排放'的生产模式和消费模式，使资源、生产、消费等要素相匹配相适应，实现经济社会发展和生态环境保护协调统一、人与自然和谐共处"[①]。从中可知，绿色发展包括两个方面的特点。一方面是现代化建设的必然要求；另一方面又是经济社会发展与生态环境保护协调统一的题中之义，其目的就是要改变传统的"黑色"发展模式。当然，这是一个广义的概念，其必然涵盖着其他一些子概念、子脉络和子机制等，但只要能做到既在保证绿色中促进发展，又在促进发展中保证绿色，这便是对人与自然和谐共生现代化的最好诠释。需要注意的是，以往讲的"浅绿"发展和"深绿"发展都不是我们这里讲的绿色发展之意，因为那两种发展走向了极端，必将陷入人类中心论或生态中心论的困境，最终无益于经济社会发展和生态文明建设的协同增效，我们这里讲的绿色发展本质上就是一种既要绿水青山也要金山银山的发展。

其次，关于循环经济、低碳经济和绿色经济问题。这三种经济形态都属于绿色发展的范畴，共同追求着一种低消耗、低排放以及低污染的现代化环境友好型社会。但是，三者又有所区别，循环经济旨在物质能量或资源的闭环流动及使用过程中实现绿色发展，其着眼于解决资源危机问题，从而建设资源节约型社会；低碳经济旨在技术创新

---

① 习近平：《论坚持人与自然和谐共生》，中央文献出版社2022年版，第15页。

或新能源开发的过程中减少高碳能源的消耗及其温室气体排放以实现绿色发展,其着眼于解决气候(或能源)危机问题,从而建设气候舒适型社会;绿色经济旨在从生产方式的角度推动传统产业的绿色化转型升级以实现绿色发展,其着眼于解决产业结构性危机问题,从而建设产业环保型社会。事实上,无论是解决资源危机、能源危机还是产业危机问题,循环经济、低碳经济和绿色经济本质上在各自的功能发挥和生态经济效益的产出上都是互为交叉和相互渗透的,它们之间并无天然的界限,只是它们在推动绿色发展的过程中有各自领域的重点突破方向而已。

最后,关于"生态现代化推动—生态致富路开辟—生态经济带贯通—生态试验区引领"的问题,实际上旨在从更加特殊或具体的场域对绿色发展的整体性联轴驱动、对循环经济、低碳经济和绿色经济的节奏性振翅驱动进行探索描述。绿色发展是"体",大力发展循环经济、低碳经济和绿色经济有助于实现绿色发展,有助于人与自然和谐共生现代化建设。然而,我们不能抽象地谈论这"一体三翼"问题,还必须实事求是地找出当前实现绿色发展"振翅腾飞"的多轮驱动轴,否则很容易陷入宏大叙事的政策话语阐释困途,最终引发"一刀切"的现实盲目性。换言之,绿色发展是人与自然和谐共生现代化的"体",那是不是意味着为了这一"体"就在全时空领域打造循环经济、低碳经济和绿色经济之"翼"呢?这必然要综合考虑到我国不同区域的人口地理状况、自然资源禀赋、经济发展程度以及交通运输水平等具体情况,要在不同时空条件下具体问题具体分析,寻找最强劲的驱动力。我们在此提炼的"生态现代化推动—生态致富路开辟—生态经济带贯通—生态试验区引领"便是针对不同时空区域的多轮驱动力,具体而言,可作如下阐释。

一是生态现代化推动,即着重依托雄厚的财政资金、灵活的市场机制和先进的科学技术等经济现代化力量来驱动区域经济结构生态化调整或能源技术体系的绿色化升级，从而有效解决现代化进程中所积累下来的各种类型的环境污染或生态破坏问题，同时又彰显或提升生态文明建设的现代化水平。其实，生态现代化是一个学术概念，最早由马丁·耶内克（Martin Jänicke）和约瑟夫·胡伯（Joseph Huber）等人提出，其出发点就是要赋予现代化进程以绿色意蕴或实现生态转型。他们认为近代以来的现代化进程确实给地球生态系统造成了一定的灾难性影响，但是现代化的趋势是不可阻挡的，不能从反现代化的立场去拯救生态系统，而只有立足现代化这个时代语境，从环境技术革新、环境（先驱）政策推进、领导型市场培育以及民族国家或政府作用的发挥等层面推动现代化的生态转型才是出路，目的就是要实现经济社会发展与生态环境保护的协同增效。应该说，生态现代化理论对我们助推人与自然和谐共生现代化具有重要启发意义。对于我国东部沿海地区的某些发达省市的绿色发展问题，我们应该侧重以生态现代化的力量来推动，因为这些地区的现代化步伐迈得较快（当然环境问题或许也会比较突出），其经济实力、技术水平和市场化程度等还是非常可观或成熟的。因此，在条件具备且完全有必要的情况下，实事求是抓重点，积极推动东部沿海地区的生态现代化建设尤为关键。

二是生态致富路开辟，即着重依托特殊的地理位置和丰富的自然资源等内生性禀赋力量来驱动绿色发展，特别是注重将区域劣势转化为产业优势，创造出能够满足更大市场需要的生态产品，让百姓走上现代化的生态致富之路，成就人与自然和谐共生现代化的榜样与典型。不言而喻，生态致富路开辟的动力来源于特殊的自然禀赋优势，从空间区域看，我国中西部某些省市地区特别是大西南、大西北片区表现得尤为明显。这些地区较之我国东部沿海省市地区而言，地貌形态以山区分布居多，交通不便，整体经济水平更是存在一定差距，所以要走生态现代化之路后劲会稍显不足。然而，这些地区水资源、森林资源、气候资源、旅游资源以及其他野生动植物资源却十分丰富，看似充满山区劣势的地方实为大自然的宝藏。所以，要一切从实际出发，坚持绿水青山就是金山银山的理念，充分利用本土自然禀赋优势，最大限度激活大自然的生态价值，开辟一条生态致富之路将更加契合我国中西部地区特别是山区地带的绿色发展前景。当然，生态致富路的开辟是一项系统化、复杂性的工程，要实现本土自然资源优势向产业优势的转化首先就要勇于冲破思维固化的藩篱，以改革创新突破瓶颈制约，不断寻求新的产业经济增长点。同时，要以系统思维推进山区自然资源的整体联动开发，推动山区产业供给侧结构性改革。秉持"共建、共创、共享"的思路，推进山区特色资源深度融合，活化利用传统村落、秀丽山水等沉睡资源，打响山区宜居宜游宜业的新品牌，等等，为实现中西部地区共同富裕的"弯道超车"不断激发绿色动能并持续释放生态红利。

三是生态经济带贯通，即着重依托国家"江河"重大战略顺势而为，全面贯通中西东部核心省域绿色发展的总体脉络，以战略远见和整体思维串联推动全流域经济社会大发展和生态环境大保护，为人与自然和谐共生现代化创造联轴驱动力。"江河"战略主要指的是习近平总书记提出的"长江经济带发展"和"黄河流域生态保护和高质量发展"战略。"长江、黄河都是中华民族的发源地"[1]，而如今的长江、黄河都在不同程度上出问题了，"长江病了"[2]，黄河也"体弱多病"。前者指长江经济带环境风险隐患明显，与全流域高质量发展之间的矛盾突出；后者指黄河流域本身的生态底子或环境承载力较弱，水资源短缺、水土流失严重、洪水泛滥以及全流域高质量发展不充分等。因此，习近平

---

[1] 习近平：《论坚持人与自然和谐共生》，中央文献出版社2022年版，第129页。
[2] 习近平：《论坚持人与自然和谐共生》，中央文献出版社2022年版，第213页。

总书记先后提出要"把修复长江生态环境摆在压倒性位置,共抓大保护、不搞大开发……探索出一条生态优先、绿色发展的新路子"①,要"共同抓好大保护、协同推进大治理,着力加强生态保护治理、保障黄河长治久安、促进全流域高质量发展"②,并认为"这不仅是实现可持续发展的内在要求,而且是推进现代化建设的重大原则"③。从本质上看,长江、黄河流域均属于贯穿我国内陆东西走向的两条重要生态经济带,它们所涵盖的广阔省域空间和庞大经济体量"分别包括了长江流域的 11 个省市和黄河流域的 9 个省区,以及我国人口总量的 70.3% 与经济总量的 66.5%"④。因此,从这个意义上说,全面依托并推动实施国家"江河"重要战略,对于在长江、黄河流域上中下游各省市区之间,形成一个协同推进生态环境保护与经济高质量发展的整体大格局,并联轴驱动人与自然和谐共生现代化具有全局性和历史性的重大意义。

四是生态试验区引领建设,即着重依托我国首批生态文明试验区(福建省、江西省和贵州省)的比较优势与前瞻做法,形成立体化、有区域特色和可复制推广的绿色发展模式,为人与自然和谐共生现代化建设发挥时代引领效用。2016 年中共中央办公厅、国务院办公厅印发的《关于设立统一规范的国家生态文明试验区的意见》明确选择了以生态基础较好、资源环境承载能力较强的福建省、江西省和贵州省作为生态文明试验区。其实,这三省具有鲜明的空间特征,福建省、江西省和贵州省分别隶属我国东部、中部和西部地区。选择这三省作为我国首批生态文明试验区,在某种意义上可反映出我国东中西部省份生态文明建设各自的着力点和主攻方向,释放出了巨大的"试验田"效应,对于其

---

① 习近平:《论坚持人与自然和谐共生》,中央文献出版社 2022 年版,第 208 页。
② 习近平:《论坚持人与自然和谐共生》,中央文献出版社 2022 年版,第 242 页。
③ 习近平:《论坚持人与自然和谐共生》,中央文献出版社 2022 年版,第 213 页。
④ 郇庆治:《环境政治学视角下的国家生态环境治理现代化》,《社会科学辑刊》2021 年第 1 期。

他省份避免陷入生态文明体制改革的认识误区，并更加充分地推动绿色发展具有重要的借鉴意义。以福建为样板，南平的"生态银行"做法、三明的"福林贷"和"林权支贷宝"做法、永春的"三级市场"改革以及连江的"政府＋企业＋金融＋渔民"的生态产品运作模式等在保护自然资源、维护生态平衡以及生态产品价值实现方面都具有很强的前瞻性和引领性。以江西为样板，山水林田湖草保护修复、绿色金融改革、流域生态补偿、国土空间规划、生态价值转化以及河湖林长制改革等均走在全国前列，而江西绿色发展的"靖安模式""寻乌经验"以及"资溪经验"更是成为全国典型。以贵州为样板，率先出台全国首部省级层面生态文明地方性法规，率先开展生态保护红线划定工作，率先全流域取缔网箱养鱼、完成长江流域重点水域退捕禁捕，率先出台生态扶贫专项政策，在石漠化治理中已形成"晴隆模式""顶坛模式""关岭模式""毕节'五子登科'模式"的贵州经验等，在全国产生了较大影响。[①] 福建、江西和贵州作为国家首批生态文明试验区，无论在国土空间科学开发、环境治理体系改革、绿色发展评价导向还是在生态产品价值实现层面其实都能够发挥出先导性、示范性和引领性效用，对协同推进各省域绿色发展，建设人与自然和谐共生现代化具有重要意义。

综上所述，"一体三翼四驱动"作为 C 模式的拓展性建构形态，其中的三大模块或三大向度是相互联系和交叉渗透的，共同构成了一个有机整体，对建设人与自然和谐共生现代化具有方向性和指导性意义。一方面，其以更加系统化、更加时代化和更加多样化的叙事超越了以往 C 模式单一化叙事。无论是循环经济、低碳经济还是绿色经济，在这个社会（生态）大系统中都是紧密关联、不可分割的叙事范式，只有形成合力和共同发力才能更加有利于建设人与自然和谐共生现代化。另一方

---

① 袁燕、张恒：《贵州把握新一轮机遇 实现绿色高质量发展——访中央党校教授、博士生导师杨秋宝》，http://www.ddcpc.cn/xianfengshiping/202107/t20210721_5440360.shtml。

面，其聚焦于新时代的绿色发展问题，既注重"发展"的紧迫性和高质量性，又强调"绿色"的全过程融入性和全方位显示度，并在此基础上打造"四轮驱动力"，从而为建设人与自然和谐共生现代化保驾护航。当然，需要说明的是，对于"一体三翼四驱动"的升级版 C 模式建构来说，我们主要是从形式上进行了描绘与阐释，具体所涉及模式的运转方式方法或机制建设，还需要深入各大模块进行精细化的探索推进。限于问题的广延性、复杂性以及篇幅的有限性，我们将在下文合并同类项，择取相关的最重要问题加以探讨，使得"一体三翼四驱动"的升级版 C 模式能够在实践中落地生效，从而从整体上发挥出人与自然和谐共生现代化的时代效应。

第七章　人与自然和谐共生现代化的动力机制

——以"引力—压力—推力"为着力点的阐析

"一体三翼四驱动"奠定了人与自然和谐共生现代化的基本模式，这一模式何以能够运转，究其本质，这关涉动力机制的问题。关于"机制"，词典原意指的是机器的构造和工作原理，后广泛运用于社会科学领域，指向事物的内部组织及其运行变化规律等。那么，从这个意义上讲，"动力机制"指向的就是促使事物内部组织或模式实际运转的动力要素或内在机制。就本章来说，我们认为，人与自然和谐共生现代化的动力机制可提炼概括为三大向度，即引力发生机制、压力传导机制和推力作用机制。无论是引力、压力还是推力，实际上共同组成了某一事物组织内部或主要模式运转的动力系统，这一动力系统的启动是一个有机发力过程的整体呈现，探讨这一问题对从更加现实的层面深刻理解人与自然和谐共生现代化的动力源具有重要意义。

第一节　人民利益需求的牵引使然

我们为什么要提出基于"一体三翼四驱动"意义上的人与自然和谐共生现代化模式？抑或是说，我们为什么要搞绿色发展，要发展循环经济、低碳经济和绿色经济，要提出生态现代化推动—生态致富路开辟—生态经济带贯通—生态试验区引领等一系列问题，从动力源的角度看，这实际上就是一个引力发生机制问题，我们认为在深层次上就是利益诉求的牵引使然。马克思曾说："人们奋斗所争取的一切，都同他们的利益有关。"① 习近平总书记指出："必须始终把人民利益摆在至高无上的地位。"② 应该说，我们的一切工作都是在围绕着一定的利益展开，当然这里所讲的利益绝非庸俗的、非法的、抽象的利益或少数人的利益，而是每一个人或企业组织的具体的现实正当利益或合理利益诉求，更是全体人民所向往的有利于社会发展的共同利益。正是因人们有合乎自然人性和社会属性的利益诉求或期望，每一个人奋斗的脚步才从不停歇，党和国家一切工作的出发点和落脚点才更加清晰，所迈出的步伐才更加坚定有力。建设人与自然和谐共生现代化必然蕴含着作为属人意义上的人民群众的重大价值利益，而这恰恰就反向构成了人与自然和谐共生现代化的利益牵引力。

那么，人民群众的重大价值利益或利益需求究竟是什么？那就是对美好生活的向往。习近平总书记明确指出："中国特色社会主义进入新时代，我国社会主要矛盾已经转化为人民日益增长的美好生活需要和不平衡不充分的发展之间的矛盾。"③ "美好生活"的提出，意味着新时代人民群众所思、所想和所盼的重大利益需求上升到一个更高的层次；而不断满足人民日益增长的美好生活需要也成了党和国家一切工作的出发点和落脚点，正如习近平总书记所言："人民对美好生活的向往，就是我们的奋斗目标。"④ 应当说，"美好生活"已成为当下人民乃至"全人类"所最为期待并希望尽快实现的重大利益需求。那么，究竟什么是

---

① 《马克思恩格斯全集》第一卷，人民出版社1956年版，第82页。
② 《习近平谈治国理政》第三卷，外文出版社2020年版，第35页。
③ 《习近平谈治国理政》第三卷，外文出版社2020年版，第9页。
④ 《习近平谈治国理政》第一卷，外文出版社2018年版，第4页。

"美好生活"呢?

在西方哲学史上,主要开出了两条典型路线。一条是以亚里士多德为代表的理性主义"实现型"(eudaimonic)美好生活路线,认为美好生活(或幸福生活)是一种合乎德行的现实活动,是一种作为最高目的而不断追求的至善。这里所阐述的美好生活包含伦理与政治的二重型构,即个体善和城邦善且二者是统一的。换言之,每个人都应该要从伦理意义上去做合乎德行的事情以使自己的生活得以完满和自足,但仅仅这样却不够,他更应该去做的是成就政治意义上的城邦或国家的善,美好生活作为一种至善或最终目的才能得以保障和实现。正如亚氏所说:"一种善即使对于个人和对于城邦来说,都是同一的,然而获得和保持城邦的善显然更为重要,更为完满。一个人获得善值得嘉奖,一个城邦获得善却更加荣耀,更为神圣。"[1] 应当说,亚里士多德对美好生活的伦理政治界定,对我们把握当下人民对"美好生活"的需要具有很好的启发。另一条是以穆勒为代表的感性主义"享乐型"美好生活路线,认为美好生活(或幸福生活)是一种快乐的情感体验,他把追求快乐与避免痛苦当作美好生活的出发点。在穆勒看来,美好生活就是对具体目标或欲望的追求和实现,并且伴随着主观快乐,如对金钱、名望和权势的追求和拥有,对音乐和健康的享受,等等。所以,美好生活从来都不是抽象的,而是具体的。当然,需要指出的是,穆勒的这种美好生活观并不是行为者的一己之幸福快乐,而是所有行为者之幸福快乐。他说:"我必须重申,'幸福'这一构成衡量行为正确的功利主义标准——并非行为者一己的幸福,而是所有与该行为有关的人的幸福。"[2] 从这个意义上看,以穆勒为代表的美好生活描绘在某种程度上已经超越

---

[1] [古希腊]亚里士多德:《尼各马科伦理学》,苗力田译,中国人民大学出版社2003年版,第4页。

[2] [英]约翰·穆勒:《功用主义》,唐钺译,商务印书馆1957年版,第77页。

了边沁以个人快乐为终极标准的狭隘性，从而更加贴近现实。应当说，这两条美好生活路线的描绘对后来的影响也是很大的。例如，德国学者R. 基普克（Roland Kipke）对当前美好生活的界定归纳为三种理论，即享乐理论、愿望理论和客观财富理论。他指出，享乐理论认为，某种生活包含尽可能多的乐趣或快乐和尽可能少的痛苦或不幸，那么它就是美好的。愿望理论认为，追求和满足主观上重要的愿望就是一种美好生活的标准。客观财富理论则认为无论是主观的心态还是主观愿望的满足，对于一种美好生活来说都不是本质的，客观上的财富或友谊、个人特殊才能的发挥等独特的财富，才是本质的。① 当然，对于这三种界定，R. 基普克并未表示赞同，他认为即便有些因素确实能够给人们增添生活的美好，但终究还是缺乏了生活意义的维度。R. 基普克所讲的生活意义排除了感官层面难以论证的意义，即排除主观性评价，而是指向某种客观性的规范—评价范围。简言之，他塑造的是一条"由外向内"的美好生活路线，即从客观世界的价值性来阐明生活的意义所在。他曾说，参与某些伟大的事业之所以有意义，是因为这些事业本身是客观的有价值的。他认为生活的意义"始终都涉及超然于个人被认为客观的和出自本身有价值的某种东西，而且这种东西与个人致力于实现的东西息息相关"②。我们说，对美好生活的界定，以上四种观点既有其合理之处，也有其不足之处。享乐理论、愿望理论和客观财富理论确实能从主观上给予人某种快乐和满足，但缺陷是个人主义甚至拜金主义价值观容易滋生。而生活意义理论从客观世界的价值定位来描述美好生活问题，应当说看到了人的社会本质及其意义所在，但其排除感官意义的评价难免削弱了美好生活的具体性色彩，容易陷入空洞和抽象的美好

---

① ［德］R. 基普克：《生活的意义与好生活》，张国良摘译，《国外社会科学》2015年第4期。
② ［德］R. 基普克：《生活的意义与好生活》，张国良摘译，《国外社会科学》2015年第4期。

生活困境。

　　当然，不管怎样，关于"美好生活"的问题，以上观点对我们辩证认识当下人们对美好生活的追求有着很大启发。从历史唯物主义的维度来看，这也至少映照出人们对"物质满足"和"精神向往"的双重需求，只不过这一立场上的美好生活问题相对于前述观点而言，绝不是庸俗的"物质满足"和空洞的"精神向往"，而是建立在人之所以为人的本质属性之上的合理且必要利益需求。马克思说："全部人类历史的第一个前提无疑是有生命的个人的存在。"[1] 言下之意就是指作为存在者的生命体首先就需要有吃穿住等需求的基本满足以确保其健康存在，否则无从谈论美好生活问题，"对于一个忍饥挨饿的人来说并不存在人的食物形式……忧心忡忡的、贫穷的人对最美丽的景色都没有什么感觉"[2]。当然，这只是实然意义上的美好生活需求，在应然意义上，历史唯物主义揭示了人类美好生活的自由全面发展本质。人是社会的人、历史的人，是存在于对抗性社会关系与权力约束、物化依赖甚至意志不自由之复杂环境中的人，所以在某种意义上，人们并没有完全占据自己的本质，人们的美好生活也并没有得到真正实现。马克思对宗教的批判，对资本主义社会物本、资本的批判体现出人实际上身处于自我异化的状态，个人本身受制于现实社会中的各种钳制，有时甚至承受着巨大的生活痛苦。所以，要真正获得美好生活就应该克服异化，求得自我解放，实现真正占据自我本质的人的自由全面发展。马克思指出："人的自我异化的神圣形象被揭穿以后，揭露具有非神圣形象的自我异化，就成了为历史服务的哲学的迫切任务。"[3] 这种迫切任务在马克思看来，只有到达共产主义社会才能真正实现，而且只有到达共产主义社会，人

---

[1]《马克思恩格斯选集》第一卷，人民出版社2012年版，第146页。
[2]《马克思恩格斯文集》第一卷，人民出版社2009年版，第191—192页。
[3]《马克思恩格斯文集》第一卷，人民出版社2009年版，第4页。

民的美好生活也才能真正实现。当然，这一理想目标并没有因其任务艰巨性和路程漫长性而被无产阶级政党所抛弃，而是以其作为奋斗动力和长远目标正逐渐往前推进。例如，习近平总书记创造性地提出了实现中华民族伟大复兴的中国梦，其核心内涵之一就是人民的幸福，而人民的幸福从眼前来看就是要通过发展生产力来满足人民最现实的物质生活需要，从长远来看就是要全面深化各项改革，解决制约人民幸福生活实现的体制机制问题，要做到以人为本，让人民真正占有自己的本质，获得自我的自由全面发展，他说："既不断解放和发展社会生产力，又逐步实现全体人民共同富裕，促进人的全面发展。"①

美好生活本质上指向的是物质生活和精神生活的双重满足，体现出人们对极大丰富物质产品的需求，也孕育出对好的生存条件和发展环境的期盼，通俗来讲，当前人们最大的利益需求就是不仅要吃得饱，更要过得好，从而真正占有自己的本质，获得自由全面发展。"饱"表征的是一个物质利益需求的满足问题，"好"表征的是一种精神利益需求的满足问题，"好"字当头是新时代的新诉求，正如习近平总书记指出，"人民美好生活需要日益广泛，不仅对物质文化生活提出了更高要求，而且在民主、法治、公平、正义、安全、环境等方面的要求日益增长"②，他们"期盼有更好的教育、更稳定的工作、更满意的收入、更可靠的社会保障、更高水平的医疗卫生服务、更舒适的居住条件、更优美的环境，期盼孩子们能成长得更好、工作得更好、生活得更好"③。从这里可以看出，人民群众对美好生活的需求其实是多方面的，但需要注意的是，"好"的生活必然是建立在现代化的基础之上的，如果一个国家处于落后状态，温饱问题都无法解决又何以谈美好生活的问题。因

---

① 《习近平谈治国理政》第一卷，外文出版社 2018 年版，第 9 页。
② 《习近平谈治国理政》第三卷，外文出版社 2020 年版，第 9 页。
③ 《习近平谈治国理政》第一卷，外文出版社 2018 年版，第 4 页。

此，以经济建设为中心，大力发展生产力和解放生产力，不断提高国家现代化建设的水平仍然是当前的重中之重。从当前我国社会的主要矛盾可以看出，不平衡不充分发展是该矛盾的主要方面，同时也是制约人们向往美好生活的主要因素。正如习近平总书记所言："我国社会生产力水平总体上显著提高，社会生产能力在很多方面进入世界前列，更加突出的问题是发展不平衡不充分，这已经成为满足人民日益增长的美好生活需要的主要制约因素。"① 可见，发展问题必然是摆在新时代的核心位置。那么，要如何发展？显然是高质量发展，高质量发展既注重量的发展，更重视质的提高，提质增效意味着劳动生产率的提高、产业结构的升级、品牌影响力的强化、服务质量的优化以及资源利用率的提升等，因为这从根本意义上能够为解决我国发展不平衡不充分问题提供有力保障，能够不断满足人民日益增长的美好生活需要，说到底，高质量发展是"适应我国社会主要矛盾变化""全面建设社会主义现代化国家的必然要求"②。那么，这就意味着高质量发展是现代化建设的必然要求，也是解决我国社会主要矛盾，实现人民对美好生活需要向往的重要途径。

基于以上，我们就不难理解，为何作为人民对美好生活向往的重大利益需求之于人与自然和谐共生现代化而言有着引力发生机制的叙事意义。为了使逻辑更加清晰，我们可进一步作以下总结性概要。一方面，利益需要是人的一种本能，它具有一种本然牵引力。马克思指出，人的"第一个历史活动就是生产满足这些需要的资料，即生产物质生活本身"③，而"已经得到满足的第一个需要本身、满足需要的活动和已经获得的为满足需要而用的工具又引起新的需要"④。同时，他还强调，

---

① 《习近平谈治国理政》第三卷，外文出版社2020年版，第9页。
② 《习近平谈治国理政》第三卷，外文出版社2020年版，第237页。
③ 《马克思恩格斯选集》第一卷，人民出版社2012年版，第158页。
④ 《马克思恩格斯选集》第一卷，人民出版社2012年版，第159页。

"任何人如果不同时为了自己的某种需要和为了这种需要的器官而做事,他就什么也不能做"①。这说明人的需要是现实的、具体的,是变化运动发展着的,也是一个由低级需要向高级需要不断满足的过程,而且始终具有一种实践牵引力的效应。人民向往一种美好生活是人的本能需要的体现,其从本然意义上驱动着现代化建设的步伐,因为只有不断提高现代化建设的水平才能不断为社会创造更多的满足人民美好生活需要的丰富产品;同样也驱动着人与自然和谐共生,因为只有解决了生态环境危机问题,才能实现人民对优美生态环境需要的满足,人民群众在现实生活中才能更加具有安全感、清新感和幸福感。另一方面,满足人的需要是一个实践的活动或过程,它具有一种应然驱动力。人的需要是一种本能性的生理属性,其总是会要求通过某种形式促成这一需要的满足或实现,否则需要就无异于作为一种自然人的抽象需要了。因此,从这个层面上说,需要就具有了感性的实践目的论意义,满足人的需要自然而然就指向了人类实践活动或改造世界的展开。当马克思在《德意志意识形态》中谈到人"必须能够生活"② 这一观点时,其所作的边注为"……地质、水文等等的条件。人体。需要,劳动"③。这说明,人体是生命存在的前提,是一切需要产生的基础,而需要的满足,既离不开地质、水文等客观自然条件,更离不开人类主观能动性即实践活动的发挥。换言之,主客体互动或认识世界和改造世界是实现对人的需要满足的核心主轴。人民对美好生活的向往这一重大民生利益需求并不是纯自然的抽象人性表达,其潜藏着现实转化的期待可能性。同样,"人民对美好生活的向往,就是我们的奋斗目标"④ 也并不是一句空洞的政治口号,其蕴含着实践推动的逻辑必然性。对此,习近平总书记反复强

---

① 《马克思恩格斯全集》第三卷,人民出版社 1960 年版,第 286 页。
② 《马克思恩格斯选集》第一卷,人民出版社 2012 年版,第 158 页。
③ 《马克思恩格斯选集》第一卷,人民出版社 2012 年版,第 158 页。
④ 《习近平谈治国理政》第一卷,外文出版社 2018 年版,第 4 页。

调,我们"要以最广大人民根本利益为根本坐标,从人民群众最关心最直接最现实的利益问题入手"①,要"做到老百姓关心什么、期盼什么,改革就要抓住什么、推进什么"②。正是这种实事求是的基于人民利益需求的考虑,中国共产党始终站稳人民立场,提出要推动高质量发展,认为这是"能够很好满足人民日益增长的美好生活需要的发展"③,也是一种"创新成为第一动力、协调成为内生特点、绿色成为普遍形态、开放成为必由之路、共享成为根本目的的发展"④。无疑,这既是全面建成社会主义现代化强国的必然要求,也是成就宁静、和谐、美丽的大自然的题中应有之义。所以人民对美好生活的向往从应然意义上驱动着我们必须一切从实际出发,充分发挥主观能动性,在实践中助力人与自然和谐共生现代化建设。

第二节 "政—企"内外压力的叠加倒逼

压力指的是基于某种内外环境或势能给当事者带来的一定程度的负担或忧惧,压力并不可怕,其在一定条件下完全可以转化成动力,并助推事物的前进与发展。我们应该辩证看待压力,勇于承受压力,化压力为动力,做到真抓实干。习近平同志曾在《之江新语》中谈道,"在压力之下,可以把'坏事'转化为'好事';没有这个压力,说不定'好事'就没有这么好……如果把压力转化为动力,促进发展理念的转变、增长方式的转变、政府职能的转变,那么发展就能走出一条新路,就能迎来

---

① 中共中央文献研究室编:《习近平关于社会主义社会建设论述摘编》,中央文献出版社2017年版,第129页。
② 中共中央文献研究室编:《习近平关于社会主义社会建设论述摘编》,中央文献出版社2017年版,第40页。
③ 《习近平谈治国理政》第三卷,外文出版社2020年版,第238页。
④ 《习近平谈治国理政》第三卷,外文出版社2020年版,第238页。

'柳暗花明又一村'"①。论及人与自然和谐共生现代化建设，道路是曲折的，这也就意味着这个过程不可避免地充满着各种各样的压力，而恰恰也就是这些压力的传导效应，使得人与自然和谐共生现代化的动力进一步强化。在此，我们主要以行政系统与生产企业所面临的内外压力为例，具体阐释人与自然和谐共生现代化动力响应中的压力传导机制问题。

其一，行政系统的内外压力及其对人与自然和谐共生现代化的动力响应。从某种意义上说，行政系统的压力形成与我国行政机构的"条块"管理模式有关，即政府的职能部门同时接受同级政府和上级职能部门的双重领导。这就形成了各级党组织、政府部门或职能机构的管理职责和目标落实的层级划分。那么，行政系统压力传导机制指向的便是通过目标任务逐级分配的压力效应来实现上级单位或组织的交办意图，从而逐步完成预期目标。行政系统压力传导机制的构成要素包括目标责任确定（主要是签订目标责任书）、指标体系拟定（目标或任务的分解量化）、指标任务逐级下移（从中央到省市县乡各级党组织和政府部门）以及指标任务完成情况的奖惩考评（主要起到对下级激励与约束并举的效果）。党中央早已意识到传统的粗放型经济增长方式所导致的生态环境问题，所以必须扭转这种局势，而首先需要做的就是要重新明确地方官员任期内的政绩考核标准，其中环保指标就是一项重要标准。2011年国务院印发的《国家环境保护"十二五"规划》明确将环境保护纳入地方各级人民政府政绩考核范围，并实行环境保护一票否决制，而2013年中组部发布的《关于改进地方党政领导班子和领导干部政绩考核工作的通知》进一步明确要求政绩考核不能简单以GDP增长论英雄。党的十八大以来，习近平总书记高度重视经济的高质量发展，并且特别强调要让绿色成为高质量发展的普遍形态，要加快形成推动高质量发展的指标体系，"最重要的是要完善经济社会发展考核评价体系，把资源

---

① 习近平：《之江新语》，浙江人民出版社2007年版，第98页。

消耗、环境损害、生态效益等体现生态文明建设状况的指标纳入经济社会发展评价体系，使之成为推进生态文明建设的重要导向和约束"①。在这种情况之下，地方行政系统及其官员的压力逐渐加大。一方面，要在现代化的时代征程中搞好经济建设；另一方面，又要在美丽中国的时代画卷中确保人与自然和谐共生。而恰恰这两者有时又容易产生冲突，因为经济建设必然涉及对大自然的干预，所以这对于地方行政系统及其官员来说显然是巨大的挑战。2016年中央环保督察组的成立更是向各级行政系统传递了纵横交错的责任信号，机动式巡查、明察暗访、边督边改、跟踪核查、督察"回头看"、专项督察以及"一级抓一级"和"一案一专班"的工作态势全面伴随。基于此，无论从何种责任角度看，地方官员必须通过压力传导实现动力驱动，并主动靠前以及时有效处理好经济发展与环境保护的关系，为建设人与自然和谐共生现代化注入强大动力。

其二，生产企业的内外压力及其对人与自然和谐共生现代化的动力响应。企业作为以营利为目的从事生产并为国家和社会提供产品或服务的经济组织，既是市场经济的重要主体，也是社会主义现代化建设的重要力量。当习近平总书记谈到国有企业时指出，"国有企业是中国特色社会主义的重要物质基础和政治基础，是我们党执政兴国的重要支柱和依靠力量……我国国有企业为我国经济社会发展、科技进步、国防建设、民生改善作出了历史性贡献，功勋卓著，功不可没"②；当谈到民营企业时又指出，"民营经济已经成为推动我国发展不可或缺的力量……为我国社会主义市场经济发展、政府职能转变、农村富余劳动力转移、国际市场开拓等发挥了重要作用"③。然而，无论何种类型的企

---

① 《习近平谈治国理政》第一卷，外文出版社2018年版，第210页。
② 《习近平谈治国理政》第二卷，外文出版社2017年版，第175—176页。
③ 习近平：《在民营企业座谈会上的讲话》，《人民日报》2018年11月2日第2版。

业，他们在发展过程中其实都承受着一定的压力，特别是在当今世界面临百年未有之大变局，全球气候变暖、中美贸易摩擦、逆全球化思潮等因素叠加影响之下更是如此。以一线的生产企业为例，其所面临的压力或许有资金链断裂、成本收益失衡、用工荒、高端人才留不住、高精尖技术缺乏、市场竞争淘汰、产业结构调整和媒体投诉曝光等内外压力。尤其是当前各省市县生态环境部门以中央生态环境保护督察为契机，持续通过明察暗访、突击行动等各种方式严厉查处企业生产过程中的诸如"无证排污""偷排废气""私设暗管排污""违法倾倒、堆放、处置危险废物"以及"未自行监测、未保存原始监测记录、在线检测设备未安装、未联网、未正常运行"等环境违法行为，积极指导各大企业做好生产过程中的排污降碳排查和突出问题的整改工作，切实落实各大企业的环境主体责任。当然，有时存在着生态环境部门和生产企业之间的信息不对称情况，一些具有环境违法行为或倾向的生产企业完全具有逃避监管和处罚的可能，但这终将是暂时的，因为舆论媒体的力量渗透无时不在。各大媒体对相关企业环境违法行为的曝光掀起舆论界的热浪并将引起生态环境部门的重点关注，从而增加生产企业的经济风险、法律风险及其他不利后果。因此，对于生产企业来说，无论是自身发展的内在压力还是受督促或曝光的外在压力，其实都是一种恰到好处的"动力"，前者有助于企业在生产过程中提速提质，既要量（效益）的增长，也要质（绿色）的上升，后者有助于企业在生产过程中做到严于律己并主动增加绿色投资，从而避免被市场淘汰、被政府关停。这种压力传导效应对于人与自然和谐共生现代化的动力来说是必要且显现的。

无论是行政系统存在的压力还是生产企业存在的压力，其实二者在现实中都交织叠加在一起并共同发挥着倒逼人与自然和谐共生现代化的动力效应。当然，这主要是因为二者都建立在政府与市场的紧密关系中。纵观改革开放以来我国经济体制改革史可发现，政府与市场（企业）的关系变迁始终是一个轴心话题，其关系呈现"计划经济为主、市场调节为辅"（党的十二大）→"使市场在社会主义国家宏观调控下对资源配置起基础性作用"（党的十四大）→"使市场在资源配置中起决定性作用和更好发挥政府作用"（党的十八届三中全会）的动态特征。从这里可以看出，政府采取了渐进政策，市场和企业逐步获得了更多的资源配置权，发挥着决定性作用。然而，这并不意味着不要政府的调节了，而是说政府应该发挥出渐进式、规范性、引导性和适度性的干预调节作用。正如习近平总书记指出："发挥政府作用，不是简单下达行政命令，要在尊重市场规律的基础上，用改革激发市场活力，用政策引导市场预期，用规划明确投资方向，用法治规范市场行为。"① 这就意味着市场（企业）的地位提高了、作用更大了，而同时强调政府在其中要发挥出更好的调节作用，不能过度干预。那么，从这个意义上看，在建设人与自然和谐共生现代化的过程中，政府与市场（企业）犹如鸟之两翼，如上所述的经济竞争压力、环境责任压力、产业转型压力和外在监督压力等都交织在一起，形成了二者都必须要共同面对的既要搞好现代化建设，也要注重人与自然和谐共生的压力传导效应，为人与自然和谐共生现代化振翅发力。

当然，还需要注意的是，基于政府与市场（企业）的这种关系存在，以及受政府机关"条块"管理模式的影响，"政—企"内外压力的传导有时容易出现过度加压现象，处于最末端的基层单位负担往往过重，从而造成压力传导的整体失衡，引发社会治理风险。例如，在经济目标以及环境任务细分下发的过程中，一些地方政府不顾实际情况、方式简单粗暴地落实上级政策，表面上看似很有魄力，实际上却是一种有

---

① 中共中央文献研究室编：《习近平关于社会主义经济建设论述摘编》，中央文献出版社2017年版，第69—70页。

悖实事求是、不加周密思考和精心部署的懒政惰政，类似于对相关企业"以减代治""一律关停"和"先停再说"的做法就容易对企业的发展造成一定影响。再如，在上级政府或生态环境部门督察地方政府或相关企业环境政策和任务指标落实情况过程中，为了逃避追责，个别地方政府可能伙同相关污染企业协商共谋对策，以缓兵之计赢得上级部门的环保督察过关。也有些地方政府或企业也可能对环保信息造假，以虚假的环境监测数据向上级部门汇报，企图蒙混过关。显然，这在某种程度上必然会影响当前经济的高质量发展，也会挑战生态文明建设的底线，更无益于人与自然和谐共生现代化建设。因此，我们必须要以科学有效的"政—企"压力传导来响应人与自然和谐共生现代化的动力机制。总体性要求包括以下三点。一是压力传导要采取"压力+激励""考核+指导"的双向手段。该手段更加突出激励和指导的效应，从而有效化解基层压力，激活基层干事活力和动力。二是压力传导要明确权责边界，精准匹配层级责任。是纵向传导还是横向传导需要审慎对待，不能"眉毛胡子一把抓"。三是压力传导要更加注重考核评价的过程性指标，以及人民群众的获得感。如果考核只重视简简单单的结果对标，就容易照搬照抄、弄虚作假，造成恶性循环，等等。综上所述，压力传导机制有利有弊，但只要改进工作作风，增强责任意识，明确权责关系，在任务分配过程中对各级行政系统或相关企业给予更多的指导、关怀与温暖，那么压力必定能够转化为真抓实干的动力，这对于建设人与自然和谐共生现代化来说必然意义深远。

第三节 "党"之势能与"群"之动能的连转发力

人与自然和谐共生现代化的动力机制不仅需要"引力"和"压力"的响应，而且更需要其背后的"推力"响应，我们将其称为一种推力作用机制，集中表现为"党"之势能，与"群"之动能的连转发力。所谓"党"之势能即党的政治势能，在此主要指中国共产党在推动建设人与自然和谐共生现代化的高位态势；所谓"群"之动能，主要指在"党"之势能的高位引领下，人民群众积极主动参与建设人与自然和谐共生现代化的过程性能量。合而言之，通过"党"之势能与"群"之动能的连转发力，人与自然和谐共生现代化的动力响应得以进一步深化。

习近平总书记指出，"我们要建设的现代化是人与自然和谐共生的现代化""我们要牢固树立社会主义生态文明观，推动形成人与自然和谐发展现代化建设新格局"①。从中可以看出以下两个特点。一方面，这足以显明人与自然和谐共生现代化的可能性与必然性已经具备了充分的政治理由，达到了前所未有的政治高度；另一方面，这也集中凝聚和孕育出了人与自然和谐共生现代化的政治势能之所在，即党对一切工作总揽全局和协调各方的根本性问题。围绕第二个方面展开来说，在建设人与自然和谐共生现代化的过程中，这一政治势能或党对这一过程的全面领导，集中表现为一元化政治势能、体制性政治势能、制度化政治势能和价值性政治势能②的高位推力释放。

其一，一元化政治势能与体制性政治势能。一方面是一元化政治势能，其首先要从政治站位上强调党的核心领导作用。自中国共产党诞生之日起，就承担着为人民谋幸福、为民族谋复兴的初心使命，当前我们所取得的一切胜利果实和重大成就，都离不开党作为一股强大政治势能

---

① 《习近平谈治国理政》第三卷，外文出版社 2020 年版，第 39—41 页。
② 关于政治势能的学理探讨与应用研究较早始于复旦大学贺东航等人发表于《中国社会科学》上的一篇论文《中国公共政策执行中的政治势能——基于近 20 年农村林改政策的分析》，之后其研究团队陆续发表了《作为中国特色学术话语的"政治势能"》《新时代中国共产党治国理政的政治势能》《重大公共政策政治势能"优劣"利弊分析——兼论"政治势能"研究的拓展》等论文。本部分的个别表述有所参考。

的全面领导与推动作用。没有共产党就没有新中国，没有共产党的领导就没有社会主义现代化的战略步伐推进，更没有人与自然和谐共生的美好愿景期待。应该说，无论是现代化建设抑或是生态文明建设，党的核心领导作用始终贯穿其中，且只会加强不会削弱。那么，就建设人与自然和谐共生现代化而言，政党主导与使命驱动的作用或势能更是表现得淋漓尽致。习近平总书记指出："我们党要领导一个十几亿人口的东方大国实现社会主义现代化，必须坚持实事求是、稳中求进、协同推进。"① 其中，尤为明显的是党的十八届五中全会提出的创新、协调、绿色、开放、共享的新发展理念，这绝不是新瓶装旧酒的问题，而是我们党在社会主义现代化建设的过程中，结合国际国内经济发展的新机遇与新挑战而提出的治国理政新理念。其中提到的"绿色"就是生态文明的核心要义和价值理念，蕴含出现代化建设过程中的绿色诉求，本质上揭示的正是党的政治势能之有效作用，否则何谈各种新理念、新战略与新布局问题。另一方面是体制性政治势能，其重在强调基于党的全面领导下的体制机制或机构改革的势能之所在。在建设人与自然和谐共生现代化的过程中必然会碰到各种各样的难题或挑战，其中的体制性障碍就是其一。然而，由于中国共产党的先进性以及党中央领导核心的卓越才能，那些体制性障碍总是能被党的强大政治魄力和战略行动所克服，使之呈现更加适应现代化建设的新要求、更加凸显绿色生态的新局面。例如，习近平总书记指出，我国"正处在转变发展方式、优化经济结构、转换增长动力的攻关期，建设现代化经济体系是跨越关口的迫切要求和我国发展的战略目标"②。这是党中央对我国经济现代化建设的新研判和新认知，并且开出了"深化供给侧结构性改革""加快建设创新型国家""实施乡村振兴战略""实施区域协调发展战略""加快完善社

---

① 《习近平著作选读》第二卷，人民出版社2023年版，第415页。
② 《习近平谈治国理政》第三卷，外文出版社2020年版，第23页。

会主义市场经济体制"以及"推动形成全面开放新格局"①的新药方，这对突破经济现代化发展的瓶颈，实现经济高质量发展具有重要意义。需要指出的是，实现经济高质量发展本身又是以"绿色"作为底色的，也即经济现代化建设过程中的所有体制机制性难题克服，我们党始终注重做到统筹兼顾与协调各方，推进绿色低碳转型或绿色发展便是其集中体现，即经济现代化不能止步，人与自然和谐共生的步伐也要跟上。正是在这个意义上，2015年，中共中央、国务院印发了《生态文明体制改革总体方案》，重新组建生态环境部，积极构建环保督察体制，成立中央环保督察组，探索跨地区、按流域设置环保机构，并审议通过《关于省以下环保机构监测监察执法垂直管理制度改革试点工作的指导意见》，重点推进省以下环保机构监测监察执法垂直管理制度改革试点等，其目的就是更好地做到以党的全方位政治势能延伸来规范现代化建设中的自然资源利用和保障国家生态安全问题，从而推动形成人与自然和谐共生的现代化建设新格局。

其二，制度化政治势能与价值性政治势能。制度化政治势能重在强调我们党始终以最严格的制度来发挥出治国理政的应有势能。党把握全局，领导一切，是制度建设的掌舵者及其推动实施者，习近平总书记明确指出："中国共产党的领导是中国特色社会主义最本质的特征，是中国特色社会主义制度的最大优势。党政军民学，东西南北中，党是领导一切的。"② 制度在建设人与自然和谐共生现代化的过程中发挥着重要作用。一是从作为制度性元素的党内法规和章程层面提供保障。这是从党的自身建设角度而言的，党的政治势能发挥是有限度有规矩的，任何党员干部在组织推进人与自然和谐共生现代化的过程中都不可践踏党内法规和党的章程。截至2021年7月1日，现行有效党内法规中，党章1

---

① 《习近平谈治国理政》第三卷，外文出版社2020年版，第24—27页。
② 《习近平谈治国理政》第三卷，外文出版社2020年版，第181页。

部，准则 3 部，条例 43 部，规定 850 部，办法 2034 部，规则 75 部以及细则 609 部。① 其中，在生态环境领域已陆续印发了三部最重要的党内法规，即 2015 年的《党政领导干部生态环境损害责任追究办法（试行）》、2016 的《生态文明建设目标评价考核办法》以及 2019 年的《中央生态环境保护督察工作规定》，这些党内法规对强化党政同责，倒逼地方党委重视生态环境保护及其基础设施建设、提升生态环境治理体系与治理能力现代化水平、支持促进地方经济产业结构绿色升级与提质增效并最终推动建设人与自然和谐共生现代化发挥着保驾护航的作用。二是从制度的顶层设计层面助力建设人与自然和谐共生现代化。生态文明建设是现代化进程中的重中之重，甚至是作为领头雁的事，因此要始终做到"把生态文明建设融入经济建设、政治建设、文化建设、社会建设各方面和全过程"②，为"建成富强民主文明和谐美丽的社会主义现代化强国"③ 注入强大动力。显然，这就需要党中央从制度层面做好顶层设计。党的十八大以来，在以习近平同志为核心的党中央坚强领导下，我国生态文明制度建设已取得了重大进展或成效。例如，党的十八大首次提出生态文明制度建设并从 10 个方面描绘出其总体建设的宏伟蓝图。党的十八届三中全会进一步明确了生态文明制度建设的主要内容，强调要建立系统完整的生态文明制度体系，实行最严格的源头保护制度、损害赔偿制度和责任追究制度。在 2015 年，党中央、国务院相继出台《关于加快推进生态文明建设的意见》《生态文明体制改革总体方案》《环境保护督察方案（试行）》《生态环境监测网络建设方案》《开展领导干部自然资源资产离任审计试点方案》《编制自然资源资产负债表试

---

① 中共中央办公厅法规局：《中国共产党党内法规体系》，http：//www.gov.cn/xinwen/2021-08/06/content_ 5629962. htm。

② 中共中央文献研究室编：《习近平关于全面深化改革论述摘编》，中央文献出版社 2014 年版，第 104 页。

③ 《习近平谈治国理政》第三卷，外文出版社 2020 年版，第 360 页。

点方案》以及《生态环境损害赔偿制度改革试点方案》，搭建起了生态文明建设的总体制度方案和框架，为推动绿色发展、促进人与自然和谐共生现代化建设注入了强大的制度化势能。

价值性政治势能重在显示我们党也注重激发思想力量来强化民众的价值认同感并增强其行动力，集中表现为宣传教育的势能释放。一是通过主题鲜明的党日活动进行自我宣教。其中，传达党中央和上级党组织的决议、报告或文件精神，学习党的最新理论成果、把握国际国内形势与政策是其重要内容。无论是中国式现代化抑或是习近平生态文明思想，近年来已成为各大机关单位党委中心学习组与各级党组织自觉主动学习的重要主题或内容，做到了从思想上重视现代化进程中的生态环境问题以及生态文明视野中的现代化问题，有助于在人民群众中立标杆、树榜样，从而自上而下强化民众对人与自然和谐共生现代化的价值认同感。二是经各级党委相关工作部门的批准或备案，通过举办学术研讨会、新闻发布会、政策吹风会、评优评选会以及周年庆活动等引导全社会牢固树立社会主义生态文明观，推动形成人与自然和谐共生现代化建设新格局。例如，2022年4月22日是第53个世界地球日，宣传主题是"珍爱地球 人与自然和谐共生"。自然资源部宣传教育中心因而策划制作了主题宣传片，组织拍摄"我为大自然代言"短视频、推出由群星演唱的原创歌曲《我们属于大自然》以及地球科技电影展播等线上示范活动，面向社会公众，开展科普宣传，呼吁全社会共同参与自然保护，构建人与自然和谐共生的地球家园。[①]

综上所述，无论是一元化政治势能、体制性政治势能、制度化政治势能还是价值性政治势能，我们党始终"凭势成事"，在建设人与自然和谐共生现代化的过程中发挥着统摄和引领作用。

[①] 王广华：《世界地球日：珍爱地球 人与自然和谐共生》，http://env.people.com.cn/n1/2020/0422/c1010-31683431.html。

此外,"群"之动能在建设人与自然和谐共生现代化的过程中也给予了积极响应,释放出一种在党的全面领导下的主动融入和靠前参与的过程性能量,启动了与"党"之势能连转发力的重要功用。中国共产党与人民群众的关系始终是鱼水关系、血肉关系,没有党的领导就没有中国的现代化、就没有中国的绿色崛起。同样,没有人民群众的参与和支持,或者甚至是完全脱离了人民群众,那么就必然没有当今中国所取得的一切文明成果和傲人成绩。毛泽东同志曾经比喻党和人民的关系:"我们共产党人好比种子,人民好比土地。我们到了一个地方,就要同那里的人民结合起来,在人民中间生根、开花。"① 习近平更是指出,"密切党群、干群关系,保持同人民群众的血肉联系,始终是我们党立于不败之地的根基"②,"人民是历史的创造者,是我们的力量源泉……尊重人民主体地位,发挥群众首创精神,紧紧依靠人民推动改革"③。这说明,党群关系是紧密而不可分离的,人民群众是历史的创造者,是决定党和国家前途命运的根本力量,我们党要紧紧依靠人民、发挥群众首创精神、最大限度激发人民群众的主动性和参与性,全面保障人民群众能够以主人翁的身份参与到中国特色社会主义事业的建设中去。马克思曾在《〈黑格尔法哲学批判〉导言》中写道:"批判的武器当然不能代替武器的批判,物质力量只能用物质力量来摧毁;但是理论一经掌握群众,也会变成物质力量。"④ 这意味着理论或精神都不能代替实践活动(物质力量),但是理论或精神与群众相结合就能转化成物质力量或实践动能,毕竟"思想本身根本不能实现什么东西。思想要得到实现,就要有使用实践力量的人"⑤,这进一步从历史唯物主义的视野阐明了

---

① 《毛泽东选集》第四卷,人民出版社 1991 年版,第 1162 页。
② 《习近平谈治国理政》第一卷,外文出版社 2018 年版,第 15 页。
③ 《习近平谈治国理政》第一卷,外文出版社 2018 年版,第 97 页。
④ 《马克思恩格斯选集》第一卷,人民出版社 2012 年版,第 9 页。
⑤ 《马克思恩格斯文集》第一卷,人民出版社 2009 年版,第 320 页。

人民群众是历史的主体、是社会变革的决定力量这一深刻内涵。就建设人与自然和谐共生现代化而言，人民群众在党的全面领导下充分发挥主人翁意识，以改造现实的使命和实践精神积极参与到这一议题的展开，主要表现为诉求表达型能量显现、决策参与型能量凸显和生态自治型能量释放三个特点。

其一，诉求表达型能量显现。为什么有诉求？主要是因为某些地方性工程项目潜藏着一定程度的环境风险甚至已造成了严重的环境事故，威胁到人民群众的身心健康，从而促使人民群众有着相应的诉求表达。现实中常见的诉求表达有两种类型。一种是邻避效应阻断的诉求表达；另一种是环境公益诉讼推进的诉求表达。前者更具私力救济成分，后者更具公力救济色彩。就前者而言，所谓邻避，字面意思是"不要建在我家后院"，具体内涵主要指由于一些有毒有害或有损人们身心舒畅的工业基础设施（如垃圾焚烧厂、火力发电厂、大型化工厂等）未经严格审批建在城市边缘或农村落后地区而引发地方性群众的维权事件，目的是要阻断邻避效应，规避环境风险，还当地群众于生态安全和身心健康。就后者而言，所谓环境公益诉讼是指人民群众依据法律规定，在环境受到或可能受到污染和破坏的情形下，为维护环境公共利益不受损害，针对有关民事主体或行政机关而向法院提起诉讼的过程，这一诉求的表达能够较好地实现预防为主与消除危险的统一，以及损害担责与注重修复的统一。综合言之，无论是邻避效应阻断的诉求表达还是环境公益诉讼推进的诉求表达，始因都是基于环境风险潜藏或环境事故的发生；而人民群众为此而作出的诉求表达必然显现出一种建设人与自然和谐共生现代化的过程性能量。一方面，这种能量效应必将体现在当地政府甚至广大舆论媒体的密切关注上，最终有利于环境纠纷的妥善解决、有利于确保人与自然和谐共生；另一方面，这种能量效应必将倒逼广大生产企业以及各大工程项目的落地实施要更加注重环境评价、要更加注重站在人与自然和谐共生的高度谋划发展、要更加注重保障人民群众的生态安全并实现其优美生态环境需要的满足。显然，这种"群"之动能响应对保护生态环境、促进高质量发展，最终建设人与自然和谐共生的现代化具有重要意义。

其二，决策参与型能量凸显。地球是全人类的共同家园，环境事务本身也是公共事务，因而人民群众的环境决策参与权不可忽视。在过去，人民群众的主要参与过程是末端化的，即只有当环境风险或环境事件真正发生后才参与到其中去，这时群众的环境利益已受侵害、生态环境也招致影响，一切为时已晚。为了避免类似情况出现，地方政府应全过程保障人民群众的环境决策参与权，通过座谈会、论证会、听证会或问卷等多种形式让他们多提建议、多谈看法，全面发挥人民群众的评价力量和监督力量，力求把最有价值的意见或信息传递给环境决策系统，做到尽可能减少环境决策过程中的信息失真、最大限度降低环境群体性事件的发生概率，确保国家或地方重大工程项目的顺利落地，全面有序推进社会主义现代化建设。《联合国可持续发展二十一世纪议程》明确提出："如果要使环境成为经济和政治决策的中心，就必须根据各国的具体条件来调整，改变决策方式，采纳新的参与形式，包括个人、群体和组织需要参与环境影响评价程序以及了解和参与决策，特别是那些可能影响到他们生活和工作的社区的决策。"[①] 其实，我国在这方面已经作了全面探索，《中华人民共和国环境保护法》《环境保护公众参与办法》《环境影响评价公众参与办法》《关于推进环境保护公众参与的指导意见》以及其他地方性法规都对人民群众的环境决策参与权做了原则上的界定，也明确了具体的参与领域、参与方式以及相关保障措施，这对提升政府环境决策水平、强化民众环境民主意识、化解民间环境冲突纠纷以及打造宜居环境具有重要意义。在现实中，"嘉兴模式"是环境

---

① 《联合国可持续发展二十一世纪议程》，https://www.doc88.com/p-5418063942870.html。

决策参与的地方生动实践，这种模式主要是在嘉兴市委、市政府的支持下，人民群众以各种方式参与环境决策和执法监督的各个环节，形成"大环保、圆桌会、陪审员、点单式、道歉书、联动化"的民众参与现象。2016年联合国发布的《绿水青山就是金山银山：中国生态文明战略与行动》报告中就专门提及了"公众参与环境保护的嘉兴模式"[①]并给予了高度评价。不可否认，人民群众的决策参与型能量对生态文明建设的作用力不言而喻，而这种参与过程所表达出的民主期待对进一步提升环境治理体系与治理能力现代化水平也是意义重大，无疑这激发了建设人与自然和谐共生现代化的动能响应。

其三，生态自治型能量释放。所谓生态自治型能量释放指的是人民群众（环境志愿者、环保组织以及一般老百姓等）出于一个既有利于整体经济水平提高，又有利于人与自然和谐共生现代化建设的考虑而完全自觉响应的生态环境保护或治理、生产生活方式绿色化和经济效益绿色化的实践动能体现。例如，环境志愿者持续为生态环境保护或治理或宣传发光发热，他们当中既有广泛的群众进行绿色护卫，又有专业的环保人士提供咨询服务，据中国生态环境部环境与经济政策研究中心发布的《公民生态环境行为调查报告（2021年)》显示，我国公众参与生态环境志愿服务活动积极性不断提高，近九成的人愿意参加生态环境志愿服务活动，近四成的人在过去一年参加过，其参与渠道主要有社会组织（41.5%）、社区（41.3%）、学校（37.8%）等。[②]再如，环保民间组织也释放着生态自治的能量，表现为进行环境自然科学知识的普及宣传、动员民众积极参与环保领域的活动、开展生态环境领域的学术交流，有些组织甚至还从更加专业的立场专注于环境公益诉讼、环境信息

---

① 朱智翔、黄妙妙：《嘉兴创新举措形成公众参与生态环保"大格局"》，http://www.am810.net/9401146.html。
② 丁瑶瑶：《未来的生态环境志愿者——转变中的生态环境志愿服务》，https://www.mee.gov.cn/home/ztbd/2021/sthjzyfw/mtbd/202201/t20220119_967562.shtml。

监督与披露以及通过市场运作探寻解决生态环境问题有效路径。目前，我国还活跃着一大批环保民间组织，较为著名的有"自然之友""中华环保基金会""中华环保联合会""北京地球村""中国野生动物保护协会"及"中国环境文化促进会"等，这些组织在建设人与自然和谐共生现代化的过程中发挥着重要作用。又如，对于一般的老百姓而言，一方面，他们响应国家号召，积极践行生活方式绿色化的理念，努力做到光盘行动、低碳出行和绿色消费等；另一方面，更为重要的是，他们立足自然禀赋优势，有些发展绿色海洋经济、有些盘活林业碳汇经济、有些搞活绿色林下经济、有些开发山区旅游经济以及打造立体农业经济，在这个过程中老百姓的收入逐渐增加，他们尝到了绿色发展的甜头、收获了绿色经济的效益，他们因此更加自觉和努力致力于打造人与自然和谐共生现代化的经济发展模式或增收模式，这不仅流露出现代化建设的底层逻辑，更孕育出中国生态文明建设的价值逻辑，这个过程所释放的生态自治型能量对建设人与自然和谐共生的现代化起到了极其重要的助力作用。

第八章　人与自然和谐共生现代化的策略提升

——以"双碳"目标为导向的突破之路

习近平总书记指出:"'十四五'时期,我国生态文明建设进入了以降碳为重点战略方向、推动减污降碳协同增效、促进经济社会发展全面绿色转型、实现生态环境质量改善由量变到质变的关键时期。"[1] 这就意味着,在全球气候变化形势日益严峻的时代背景下,生态文明建设的重中之重是降碳问题,我国"碳达峰碳中和"目标("双碳"目标)的提出已然突出了这一问题的重要性。当前形势下,我们必须要彻底改变以往那种高耗能、高排放和高污染的生产模式,要摒弃过去那种一味通过牺牲生态环境来换取一时经济现代化发展的做法。当然,我们又不可能放弃经济发展或止步现代化进程,我们要做的是助力人与自然和谐共生现代化的建设。本章从全球气候变化这一严峻的现实问题出发,以"双碳"目标为导向,兼驳国际上的某些错误论调,积极探索"双碳"目标与经济高质量发展的协同推进之策,以期为人与自然和谐共生现代化的建设拓展突破之路。

---

[1] 《习近平著作选读》第二卷,人民出版社2023年版,第462页。

第一节　全球气候变化与"双碳"目标的提出

气候变化关乎人民福祉，关乎人类未来。近年来全球气候变化形势十分严峻，严重威胁着人类的健康生存和生态系统的可持续性发展。克莱夫·庞廷（Clive Ponting）指出："人类活动给这些温室气体——二氧化碳、甲烷和一氧化二氮——增添了量，而且以各种氯氟化碳的形式带来了新的温室气体。这些变化的后果，就是把一种至关重要的生命维持机制变成了这个世界上最具威胁性和潜在灾难性的环境问题——全球变暖。"① 尼古拉斯·斯特恩（Nicholas Stern）更是指出："如果我们继续当前的做法，到 21 世纪末，我们将走到这样一个时点：在接下来的几十年里，气温将有较大的可能性高于前工业时代 5℃。这种程度的气温上升将严重扰乱气候和环境，以至于出现大规模的人口迁移、全球冲突以及严重的混乱和苦难。"② 应该说，全球气候变化给人类带来的潜在威胁或现实灾难都是不可估量的，对整个地球家园影响深远。

何谓气候变化？诺德豪斯这样描述："气候通常被定义为从几个月到几千年的时期内，温度、风、湿度、云、降雨量以及其他数量的统计上的平均值与变动……气候不同于天气，天气是气候过程在短时期内的实现。可以看出，天气和气候之间的区分，是因为气候是预期的（例如，寒冷的冬天），而天气是你遇到的（正如在偶尔的暴风雪时）。"③ 诺德豪斯将气候变化界定为各种气候形式在数量统计上的平均值及其变

---

① ［英］克莱夫·庞廷：《绿色世界史：环境与伟大文明的衰落》，王毅译，中国政法大学出版社 2015 年版，第 319 页。

② ［英］尼古拉斯·斯特恩：《地球安全愿景：治理气候变化，创造繁荣进步新时代》，武锡申译，社会科学文献出版社 2011 年版，第 10 页。

③ ［美］威廉·诺德豪斯：《气候赌场：全球变暖的风险、不确定性与经济学》，梁小民译，中国出版集团东方出版中心 2019 年版，第 43 页。

动状态，其不同于一般的天气变化。前者是历时性和预期性的，其对人类的挑战性大；后者是短时间和偶然性的，其对人类的挑战性相对较小。因此，当前的气候变化必然是全人类共同关注的时代问题。气候变化的根源在于工业革命以来资本主义社会的不恰当生产方式，即在资本逻辑的宰制下放任煤炭、石油及天然气等化石燃料在机器大工业生产中的规模化和无节制燃烧，从而导致二氧化碳等温室气体在大气中肆虐。马克思一针见血地指出了其背后的问题所在，他说："资本主义的生产方式以人对自然的支配为前提；归于富饶的自然'使人离不开自然就像小孩子离不开引带一样'。它不能使人自身的发展成为一种自然的必然性。"① 正是一种唯利是图的、不恰当的、非正义的以及反生态的生产方式，气候变化也必然是意料之中的问题。英国是马克思一生中大部分时间的生活所在地，也可以算作世界上"第一个工业化国家"，这个国家将资本主义唯利是图的生产方式演绎得淋漓尽致，而这样一种生产方式对煤炭的消费简直达到了一种空前的程度，彼得·索尔谢姆（Peter Thorsheim）指出："1800年，伦敦人烧了100万吨煤炭，相当于一人烧一吨……通过蒸汽机，储藏在煤炭中的化学能被转化成了热能和机械能，让英国矿工能够触及并提取似乎无穷无尽的煤炭供应……随着工厂主用蒸汽取代了畜力和水力，各行各业对煤炭的需求迅猛上升，并且持续增加，一直到第一次世界大战前夕。当时，英国的煤炭消费量达到了空前的1.83亿吨。"② 不可否认，煤炭资源以及燃煤蒸汽机的使用虽为"工业发展初期"的文明奠定了重要基础，但其却是建立在对自然资源和环境的大肆攫取和破坏的基础之上。

马克·乔克（Mark Cioc）在其著作《莱茵河：一部生态传记

---

① 《马克思恩格斯文集》第五卷，人民出版社2009年版，第587页。
② [美]彼得·索尔谢姆：《发明污染：工业革命以来的煤、烟与文化》，启蒙编译所译，上海社会科学院出版社2016年版，第2—4页。

(1815—2000)》中详细地考察了资本主义工业化过程中煤炭资源和燃煤蒸汽机的使用对英国大气环境的污染情况,"早期矿井周围堆积的煤渣堆,天空煤烟滚滚,给工业区蒙上了特有的荒凉破败气氛。煤矿矿砂一般包含多种杂质,最典型的是硫磺,它在蒸汽机和锅炉中燃烧时,通过烟囱排放气体;硫磺返回地面,变成了二氧化硫……"① 詹姆斯·内史密斯(James Nasmyth)1830年参观英国煤炭矿区后有感而发:"它的内脏七零八落,几乎整个地面覆盖上煤渣堆和熔渣堆(矿渣)。从地下采出来的煤炭,正在地面冒着火苗,到处挤满了炼铁炉及煤坑发动机。整个国家日日夜夜火光闪耀,铁制品的烟气在天空中弥漫。"② 不可否认,煤炭作为一种化石燃料,对大气环境的影响极其严重,近代英国的"雾都"之称想必也是名副其实,因为确实谁也不可否认煤炭资源以及燃煤蒸汽机的使用所作出的"贡献",所以我们非常相信这种说法,即"毫不夸张地说,英国之所以崛起成为世界有史以来最强大的制造、贸易、帝国列强,都是化石燃料烧出来的"③。因而从英国碳排放的历史视野来看,我们不难理解资本逻辑到底是如何宰制资本主义生产方式的,化石燃料的使用是始终贯穿其中的积极要素,缺乏这个要素,资本增殖的步伐或许就会停滞,应该说这是当时最典型的例子,当然其他相继走上资本主义工业化道路的近代欧美国家同样延续着这种"煤炭燃烧"增殖逻辑。这样一种化石燃料的燃烧以及各种燃煤机械化设备的持续性助推,大气中的二氧化碳等温室气体越积越多,浓度越来越高,我们现当代人正遭受着过去"那些人"所造成的气候危机,因为从二氧

---

① [美] 马克·乔克:《莱茵河:一部生态传记(1815—2000)》,于君译,中国环境出版社2011年版,第64页。

② "Nasmy at Coalbrookdale" 收录于 Raymond Williams, ed., *The Pelican Book of English Prose* (1969), vol.2, p.154.

③ [美] 彼得·索尔谢姆:《发明污染:工业革命以来的煤、烟与文化》,启蒙编译所译,上海社会科学院出版社2016年版,第2页。

化碳等温室气体的排放到气温变化的引起有一定的时间滞后性。换言之，现在的我们似乎在为过去的碳排放买单，我们正遭遇着前所未有的气候变化危机和灾难。大卫·W.奥尔（David W. Orr）大胆坦言："由于二氧化碳要在大气中停留很长的时间，我们的子孙后代由于我们的行为将在未来几百年甚至上千年的时间里经历温度升高、海平面升高、快速的生态变化、大面积生物多样性丧失，其中海平面上升将淹没沿海城市。这些变化将带来一系列影响，比如饥饿、暴力、政治动乱、经济衰退、心理创痛等。"① 所以，我们人类应该行动起来，真正为应对全球气候变化做出应有的努力。

为应对全球气候变化的严峻形势，国际社会先后达成《联合国气候变化框架公约》（1992）、《京都议定书》（1997）和《巴黎协定》（2015）等国际性协议，其中《巴黎协定》提出了最具紧迫性和长远性的温控目标，"到本世纪末将全球气温升幅控制在工业化前水平2℃以内，并努力将气温升幅控制在工业化前水平1.5℃以内；全球尽快实现温室气体排放达峰，并在本世纪下半叶实现温室气体净零排放"。《巴黎协定》的温控目标为今后国际社会应对全球气候变化指明了方向，有利于各相关国家更加自觉且有针对性地实施节能减排战略，全力助推全球气候治理。中国作为《巴黎协定》的缔约国之一，积极落实该协定的温控目标，习近平总书记提出要"将碳达峰、碳中和纳入生态文明建设整体布局"②，并以此作为今后中国应对全球气候变化的重大战略任务。2020年9月22日，习近平总书记在第七十五届联合国大会一般性辩论上的讲话中指出，"应对气候变化《巴黎协定》代表了全球绿色低碳转型的大方向，是保护地球家园需要采取的最低限度行动，各国必须迈出决定

---

① [美]大卫·W.奥尔：《危险的年代：气候变化、长期应急以及漫漫前路》，王佳存、王圣远译，江苏人民出版社2020年版，第45页。
② 习近平：《论坚持人与自然和谐共生》，中央文献出版社2022年版，第255页。

性步伐",并郑重承诺,"中国将提高国家自主贡献力度,采取更加有力的政策和措施,二氧化碳排放力争于二〇三〇年前达到峰值,努力争取二〇六〇年前实现碳中和"①。2021年3月15日,习近平总书记主持召开中央财经委员会第九次会议并进一步强调:"实现碳达峰、碳中和是一场广泛而深刻的经济社会系统性变革,要把碳达峰、碳中和纳入生态文明建设整体布局,拿出抓铁有痕的劲头,如期实现二〇三〇年前碳达峰、二〇六〇年前碳中和的目标。"② 这里所说的"碳"一般指的是多种温室气体的代称,但通常意义上说的是二氧化碳。因此,碳达峰指的是在某一时间点,二氧化碳排放量达到峰值而不再增长并有逐渐回落的迹象;而碳中和指的是二氧化碳的净零排放,即通过碳去除技术(如植树造林、林业碳汇、碳捕集利用和封存等)方式方法对人类产生的二氧化碳等温室气体加以抵消,从而实现其净零排放,即"人类活动造成的二氧化碳排放与全球人为二氧化碳吸收量在一定时期内达到平衡,也可以称为净零碳排放"③。碳达峰和碳中和是过程与目标的关系。碳中和是必须事先确立的一个目标,而碳达峰则是实现这个目标所必经的一个过程,因而尽早实现碳达峰才能赢得碳中和的先机。当前,绝大部分发达国家在20世纪中期就已经实现了碳达峰,他们在实现碳中和的过程中至少奋斗了100多年(以2050年为标准)。与此同时,他们在碳中和道路摸索的时间也就很明显地长于我国。显然,中国实现碳达峰和碳中和的任务十分艰巨,所要付出的努力将比发达国家多得多。习近平总书记要求各级党委和政府必须拿出抓铁有痕、踏石留印的劲头,明确实现碳达峰和碳中和的时间表、路线图、施工图,推动经济社会发展建立在资源高效利用和绿色低碳发展的基础之上,要朝着"构建清洁低碳

---

① 习近平:《论坚持人与自然和谐共生》,中央文献出版社2022年版,第252页。
② 习近平:《论坚持人与自然和谐共生》,中央文献出版社2022年版,第254页。
③ 曹立主编:《中国经济热点解读》,人民出版社2021年版,第206页。

安全高效的能源体系、实施重点行业领域减污降碳行动、推动绿色低碳技术实现重大突破、完善绿色低碳政策和市场体系、倡导绿色低碳生活、提升生态碳汇能力"①等方向努力。

第二节 "双碳"目标与经济发展对立论的批判性审视

"双碳"目标所指向的是未来二氧化碳等温室气体的净零排放，其中必然涉及各行各业的减排任务。殊不知在世界各国的工业化体系和能源消费结构中，煤炭、石油和天然气等化石能源仍然占据着主导地位，而二氧化碳等温室气体绝大部分都来自这些化石能源，"我们所用的几乎90%的能源都以化石燃料形式产生，而且燃烧这些化石燃料引起了CO_2排放"②。换言之，这就会让某些人误以为，"双碳"目标所涉减排任务似乎就会影响其国家由煤炭、石油和天然气等化石能源所主导的主要经济命脉。一些发达国家特别是以特朗普为代表的美国政府就曾口出狂言，认为《巴黎协定》的减排承诺和协议"给美国工人、企业和纳税人带来了不公平的经济负担"③，更甚者会"杀死美国经济"④。此外，我们似乎也能听到一些发展中国家发出的抱怨，"我们还没来得及排，这就限制了我们的发展"⑤。毫无疑问，这种论调显然将"双碳"的减排战略目标与经济发展对立起来了，是一种对立论的体现，其背后

---

① 《习近平主持召开中央财经委员会第九次会议强调 推动平台经济规范健康持续发展 把碳达峰碳中和纳入生态文明建设整体布局》，《思想政治工作研究》2021年第4期。
② [美]威廉·诺德豪斯：《气候赌场：全球变暖的风险、不确定性与经济学》，梁小民译，中国出版集团东方出版中心2019年版，第23页。
③ 《特朗普政府提交文书正式启动退出巴黎气候协定的进程》，https://www.sohu.com/a/351658442_114984。
④ 《G20峰会：特朗普批评〈巴黎协定〉称其是为杀死美国经济》，https://baijiahao.baidu.com/s?id=1684110497086004092&wfr=spider&for=pc。
⑤ 管清友：《碳中和，藏着一场资本大局》，https://baijiahao.baidu.com/s?id=1706530483520860968&wfr=spider&for=PC。

的原因或许有以下几点。一是一种大国霸权论或经济至上论在作祟，某些发达国家试图建立自身的世界霸权体系，在各种减排协定中为所欲为，负面影响极大；二是他们只重眼前一时经济利益的追逐而无视未来人类美好社会的共建共享，是一种短视的经济发展观；三是他们对"双碳"目标的推进缺乏能源革命的思维认识，对新能源的研发和运用缺乏长期的耐心和充足的信心；四是对"共同但有区别"的减排责任原则还存有误解，认为"双碳"目标的减排就是"一刀切"，就是不顾各国具体国情，等等。其实，这些根源性的认识都是不可取的，一旦继续演绎必然会加深"双碳"目标在世界各国间的博弈力度，不利于国际社会对"双碳"目标的携手推进，从而影响全球气候危机的有效应对。因此，我们要肃清这种论调，让人们明白，"双碳"目标与经济发展并不对立，它们完全能做到协同共进。

一 要彻底击破经济增长至上论的神话

一些人把经济发展单纯地理解为经济增长，从而衍生出一种经济增长至上论的神话。生态社会主义学者乔尔·科沃尔（Joel Kovel）说："每个单位的资本都要面临俗话所说的'要么增长，要么死亡'的命运，每个资本家必须无止境地寻求扩大市场和增加利润，否则将失去在等级结构中的地位。"[1] 显然，这是对资本主义经济增长至上论的有力揭示，这种货币拜物教般的经济增长至上论认为经济增长是首要的，所有影响经济增长的政策或决定都要放弃或至少不能越位。毫无疑问，这种价值观态势在对待"双碳"目标减排政策方面必然是漠视和消极的。长期以来，人们总是认为经济增长或财富增长是解决现代社会一切问题的灵丹妙药，金钱或财富就是唯一。罗伯特·古德兰就指出："传统的

---

[1] Joel Kovel, *The Enemy of Nature: The End of Capitalism or the End of the World?* London & New York: Zed Books, 2007, p. 121.

经济问题（贫困、人口过多、失业、分配不公等）都可以采用同一种方法解决，那就是财富增长，只要有了钱，问题就更容易解决，怎样才能变有钱呢？答案就是经济增长……"①

其实，追求经济增长本身并没有错，但问题在于经济增长的本质和初衷在某些国家早已发生了异化，其掩盖了诸多矛盾，在某种程度上已被演化成了一种经济增长至上论。大卫·W. 奥尔指出："经济增长确实是将生命水平提高了，不论是以什么方式，的确是做到了。但是增长掩盖了各种各样的矛盾，也遮蔽了大量对人类福祉以及人类未来有害的商品和服务。据说，为了获得利润，资本家可以出售一切东西。"② 从马克思主义政治经济学的视角来看，经济增长至上论的本质就是最大限度地获取剩余价值或超额利润，经济或财富增长是其毕生追求。如果说这种经济增长至上论确实能够发挥出有效解决一切问题的灵丹妙药的作用，那么无论其被怎样抬高，或许人们只会嗤之以鼻罢了。然而，恰恰相反，这种经济增长至上论不但没有发挥出灵丹妙药的作用，反而以一种资本逻辑的态势带来了诸多问题，美国就是一个典型的例子。由于美国经济增长长期是建立在一种脆弱的信念即石炭纪的资源馈赠是用之不竭的基础之上，所以"美国人的能源消费从1850年到1970年增长了150倍"③，但其结果便是奥尔所讽刺的"化石燃料好像把我们烧糊涂了，把我们变成了迟钝的人，比如，不能清晰地思考事物的局限性和修复的工作量"④，历史学家鲍勃·约翰逊（Bob Johnson）更是批评道：

---

① ［美］罗伯特·古德兰：《"超载的世界"：致敬赫尔曼·达利对生态经济学——关于可持续性的科学的贡献》，载［美］乔舒亚·法利、［印］迪帕克·马尔干编《超越不经济增长：经济、公平与生态困境》，周冯琦等译，上海科学出版社2018年版，第31页。
② ［美］大卫·W. 奥尔：《危险的年代：气候变化、长期应急以及漫漫前路》，王佳存、王圣远译，江苏人民出版社2020年版，第81页。
③ ［美］大卫·W. 奥尔：《危险的年代：气候变化、长期应急以及漫漫前路》，王佳存、王圣远译，江苏人民出版社2020年版，第77页。
④ ［美］大卫·W. 奥尔：《危险的年代：气候变化、长期应急以及漫漫前路》，王佳存、王圣远译，江苏人民出版社2020年版，第77页。

"美国人不经意间绕过了能源的局限性,转向了太阳能经济,所以就不愿意谈论生态约束。"① 罗伯特·古德兰更直接指出,"气候恶化主要是因为传统经济政策刻意追求的'无休无止、多多益善的增长'。气候变化是增长带来的一个严重副作用"②。而美国的经济增长至上论发展模式却"成就"了其作为世界第一大碳排放国的地位,其必然难辞其责。

因此,我们要彻底击破经济增长至上论的神话,经济增长显然是必要的,但是经济增长一旦沦为一种货币拜物教的至上主义,那么其就破坏了最基本的人类信条和自然法则。大卫·W.奥尔提出的以下几个观点对我们认识这一问题有着深刻的启发。一是认为经济是生态圈的一个子系统,因此就要受到限制的制约,必须服从生物地球化学循环、能源缺陷以及主导地球及其组成部分的健康的生态功能;二是认为经济是方式,而不是结果,好的经济的目的是创造条件,让每一个人通过诚实劳动过上体面的物质生活并丰富人们的精神生活,而不是仅仅为了自己而发展,也不是掩盖各种矛盾;三是认为经济必须是非暴力的,如果经济要在生态圈和谐生存发展,它就不应该对其栖身的更大的宿主系统进行暴力伤害,否则就会玉石俱焚。③ 显然,经济增长至上论无助于我们理解和把握全球气候变化背景下"双碳"与经济发展的内在关系,它只会给人们带来一种误区,认为经济增长就是唯一,它可以不顾生态系统的承载力,也可以不顾国际社会关于各种应对气候变化的战略目标和框架协定,这是一种逃避责任的利己主义行径,我们要保持理性的头脑,

---

① Bob Johnson, *Carbon Nation*, Lawrence: University of Press of Kansas, 2014, pp. 5 – 12.
② [美]罗伯特·古德兰:《"超载的世界":致敬赫尔曼·达利对生态经济学——关于可持续性的科学的贡献》,载[美]乔舒亚·法利、[印]迪帕克·马尔干编《超越不经济增长:经济、公平与生态困境》,周冯琦等译,上海科学出版社 2018 年版,第 54 页。
③ [美]大卫·W.奥尔:《危险的年代:气候变化、长期应急以及漫漫前路》,王佳存、王圣远译,江苏人民出版社 2020 年版,第 74—81 页。

要勇于击破这种经济增长至上论的神话。

二　要辩证看待"双碳"目标对经济发展的某些影响

"双碳"目标与经济发展对立论认为,"双碳"目标的减排做法与政策推进必然会对现代经济产业造成巨大冲击,因为目前现代经济产业绝大多数还是以化石燃料作为能源消费来源。不可否认,"双碳"目标的推进在某种程度上确实会对一些经济产业造成一定冲击,但是任何事物都有两面性,有利也有弊。因此,我们要坚持辩证的思维方法来审视这一问题。面对纷繁复杂的局面、困难和挑战,我们应联系发展地看问题,要坚持矛盾分析方法,既要看到矛盾的同一性,也要看到矛盾的斗争性,要善于抓主要矛盾,权衡利弊,妥善处理好各种关系。

那么,对于"双碳"目标对经济增长的冲击效应,我们也要坚持这种辩证性的分析方法,而不能想当然地把问题静态化和绝对化。恩格斯说,"辩证法是关于普遍联系的科学"[1],因此当我们看待"碳中和"对经济发展的冲击效应时,我们要坚持联系地看问题,要看到事物之间以及事物内部各要素之间都存在着相互制约、相互作用和相互影响的关系。积极推进"双碳"目标的实现,必然涉及整个经济系统,因为任何一个企业都存在着碳排放问题,因而每个经济实体都必将面临能源转型问题。在能源转型过程中,需要面对的一个巨大挑战就是"以化石燃料为主的能源结构所导致的高碳锁定效应"。如何有效应对这个挑战,这个过程必然牵涉到各种各样相互影响和作用的关联性因素,这就不可避免地要牺牲掉一些东西,对一些经济实体确实会造成不同程度的影响,这其实本身就是一种辩证法的体现,其呈现的是一种哲学矛盾观的分析视野。张世英说:"在现实中,一切具体事物都是

---

[1] 《马克思恩格斯文集》第九卷,人民出版社2009年版,第401页。

自相矛盾的……这种矛盾是一种'必然的，内在的矛盾'……这种矛盾不但不是什么反常现象，而且是正常的现象，它是推动整个世界的原则。"① 因此，我们看待"双碳"目标对经济发展的某些冲击或影响，应该具备这种辩证法思维，要明白这是一种必然的正常的现象。但是，对于这种冲击或影响，我们又要具体问题具体分析。

一是"双碳"目标限制或冲击的只是部分低效高耗能高污染的经济行业或产业。当前，占据碳排放总量绝大部分比例的行业表现为电力生产和供应行业、黑色金属冶炼行业和水泥生产行业，其中一些低效高耗能高污染的行业分属其中，因此它们面临着最大的节能减排压力。以黑色金属冶炼为例，钢铁冶炼作为其中碳排放最大的行业，工信部已经将其列为"双碳"目标行动中的明确对象。工信部曾表示，要"以深化钢铁供给侧结构性改革为主线，持续抓好去产能工作。出台并落实《钢铁行业产能置换实施办法》，严禁新增钢铁产能……实行产能产量双控政策，确保 2021 年全国粗钢产量同比下降"②。在"双碳"目标的推进中，地方各省市的一些低效高耗能高污染的钢铁企业也陆续关停。据统计，2020 年已有 50 多家钢铁厂破产关停并拆除高炉。而对于那些先进制造业、高新技术和智能产业以及现代服务业等新兴产业则加大支持力度，进一步实现产业结构优化和绿色升级。

二是"双碳"目标对经济发展在一定程度上的冲击只是一个短期效应，长期来看必然有利于经济可持续性发展。唯物辩证法告诉我们，一定要以运动变化和发展的眼光去看问题。"双碳"目标是一个长期目标，不是一蹴而就的冲动，《巴黎协定》提出要在 21 世纪下半叶实现温室气体净零排放，我国勾画了 2030 年实现碳达峰、2060 年

---

① 张世英：《黑格尔的哲学》，上海人民出版社 1972 年版，第 43 页。
② 工信部：《继续奋斗勇往直前　开启钢铁行业高质量发展新征程》，https：//baijiahao. baidu. com/s？id＝1691198721934746294&wfr＝spider&for＝pc。

实现碳中和的总体时间表。对此，我们已经做好了充分的准备，特别是在能源消费结构转型和产业结构优化升级方面做了许多努力，这昭示着未来的经济发展前景是美好的。诚如有学者所言："碳中和对中国的重要性体现在，这不仅仅是一个应对气候变化的目标，更是一个经济社会发展战略，昭显了中国未来发展的价值方向和目标，其核心是在保障经济社会持续发展的同时，走上绿色低碳循环和可持续发展路径，实现人与自然的和谐的高质量发展。"[①] 其实，"双碳"目标作为一种新事物，它本身就是遵循自然规律，符合人类社会发展需要的，具有强大的生命力和远大的发展前途，其对人类社会带来的经济效益肯定要远远多于其不可避免的某些冲击性效应。总之，我们应从整体上辩证看待这一问题，否则就会想当然地将"双碳"目标与经济发展对立起来。

三　要总体估量"双碳"目标对经济发展的促进作用

"对立论"生成的一个重要原因就是认为"双碳"目标的减排任务会冲击经济发展，而事实上，通过上述从辩证法的视角审视这一问题可知，"双碳"目标不仅不会对经济发展造成实质性的冲击，反而能够在长远意义上促进经济的增长。从具象层面的视角审视，我们可从以下几点总体估量"双碳"目标对经济发展的促进作用。

一是"双碳"目标的减排效应本身能够避免全球气候变化对人类造成的各种经济损失和其他灾难性后果，能够为经济发展创设安全的助推空间。尼古拉斯·斯特恩曾指出："气候变化对经济造成的负面影响远远超出了我们当初的设想，其严重程度不亚于世界大战和经济

---

① 中央财经大学绿色金融国际研究院：《碳中和时间表排定，全球如何评说？我们怎么行动？》，https://mp.weixin.qq.com/s?_biz=MzIOMju3Njg5MA==&min=2247494589&idx=481sn=32024708eaqc9ffof601db8eofcboob4&cgjsn=e9789728deofle3ef9a4b56f751 ff6d66db66594429b-9c47dbab2109e26c8578do7515ad82a&scere=。

大萧条。"① 从德国观察（German watch）发布的《2020年全球气候风险指数》（*Global Climate Risk Index 2020*）这一报告可知，"在过去20年中，全球将近50万例死亡与1.2万余起极端天气事件直接相关，经济损失总计约3.54万亿美元。"② 既然如此，我们反向推论，作为以净零排放为追求的"双碳"目标推进对于有效应对全球气候危机，避免经济发展受到某种不必要的外在损害必然具有不可估量的效用。一个典型的成功例子就是英国，受近代工业革命的大气污染影响，英国吸取教训早在1972年就实现了本土"碳达峰"，2008年正式颁布《气候变化法》，成为世界上首个以法律形式明确中长期减排目标的国家；2019年通过《气候变化法》修正案，以法律形式明确在2050年之前实现"碳中和"，2020年正式公布"绿色工业革命十点计划"（The Ten Point Plan for a Green Industrial Revolution），明确实现2050"碳中和"的行动步骤和主要策略。在所有G20国家中，英国的碳减排推进应该说是比较早且动作也十分迅速的，且对经济发展没有造成实质性损害，反而起到了助推发展的效用。

二是"双碳"目标的推进必然催生新的经济产业，能够为未来经济发展开拓更为广阔的助力空间。就我国而言，当前大气污染的碳排放部门主要集中在发电与供热行业，交通运输业和建筑建材和制造业。不言而喻，"双碳"目标推进注定是一个系统工程，而正因如此，这就必将从各个领域催生出各种新兴产业以及新的经济增长点。例如，发电与供热行业将面临新的能源供给转型，光伏发电、水力发电、核电、海上风电等将成为电热供应的主要方式，而由此带动的光伏和锂电设备、特高压设备、化学储能以及新能源新材料等产业链将

---

① 参见《尼古拉斯·斯特恩：我们需要一个怎样的世界格局？》，http://finance.sina.com.cn/china/gncj/2020-04-16/doc-iircuyvh8211307.shtml。
② 中国气象局：《德国观察发布〈全球气候风险指数2020〉》，http://www.cma.gov.cn/2011xzt/2019zt/qmt/20191202/2019102502/201912/t20191209_542087.html。

迎来重大的投资发展机遇。又如，在交通运输行业，新能源汽车将成为未来生产、销售和消费的主流趋势，而与此相关的新能源汽车产业链如上游端的锂、钴、镍、石墨及稀土等关键性矿产资源市场需求量巨大，中游端的电池芯技术，Package 技术和 BMS（电池管理系统）技术研发前景可观，而下游端的主机生产、充电桩制造与运营、整车运营、电池回收以及其他零部件零售体系将为更多的企业拓展市场空间。再如，对于建筑建材和制造业，绿色节能是根本，其中涉及的水泥产业的碳捕集方法以及环保生产线升级的市场化运用，也涉及玻纤节能环保建材的市场化扩容以及钢结构装配式建筑的市场化推广，等等。这些都是基于"双碳"目标背景下的新兴投资产业和未来可期的经济增长点。

三是"双碳"目标的推进不仅不会影响发展中国家的经济发展，而且通过各种国际帮扶有助于带动这些国家的经济发展。面对国际背景下的"双碳"减排目标，发展中国家大不必担心会损害其经济增长从而影响其整体发展。《联合国气候变化框架公约》早已明确提出了共同但有区别的责任原则，并在《京都议定书》中以法律的形式得以确认。我们需要秉持道义，实事求是地考虑绝大多数发展中国家的经济增长问题，为其提供各种帮扶，携手应对全球气候变化问题。2021 年 6 月初在英国举办的七国峰会（G7），七国集团明确承诺，"今后将每年为发展中国家提供 1000 亿美元的资金，专门用于对抗气候变化"[①]，联合国秘书长古特雷斯进一步敦促七国集团要履行这一承诺，认为这对建立各方互信，实现"碳中和"的气候行动目标至关重要。而对于中国来说，目前通过南南合作援助基金、丝路基金和亚洲基础设施投资银行等资金筹措渠道，在发展中国家启动了 10 个低碳示范区、100 个减缓和适应

---

① 《后特朗普时代的首次七国峰会，将如何影响全球防疫与气候行动?》，https://www.sohu.com/a/472063057_313745。

气候变化项目及 1000 个应对气候变化培训名额的"十百千"项目，为发展中国家应对全球气候变化提供了资金和技术支持。人类共处地球村，在"双碳"减排目标的全力推进中，有国际社会资金和技术等的各种帮扶，大家在未来共享到的必然是"双碳"减排目标所带来的低碳经济福利。

第三节 "双碳"目标与经济高质量发展的协同推进之策

综上所述，"双碳"目标与经济发展对立论并不成立，二者完全能够做到协同推进。原中国气候变化事务特使解振华指出："气候行动不会阻碍经济发展，能实现协同增效。"① 因此，在全球气候变化日益成为生态文明建设中的焦点问题，而经济发展已然又是推动建设现代化的重要引擎的时代背景下，积极探索"双碳"目标与中国经济高质量发展的协同推进之策必然是摆在我们面前的重要课题。经济的高质量发展意味着"我国经济已由高速增长阶段转向高质量发展阶段"②。而所谓"高质量发展"，习近平总书记对此明确界定为："就是能够很好满足人民日益增长的美好生活需要的发展，是体现新发展理念的发展，是创新成为第一动力、协调成为内生特点、绿色成为普遍形态、开放成为必由之路、共享成为根本目的的发展。"③ 从新时代高质量发展的深刻内涵来看，其实与"双碳"目标本身已然有着紧密的关联性。例如，高质量发展凸显的"人民性""创新性""协调性""绿色性""开放性"和"共享性"等理论特质与"双碳"目标的根本出发点及要求十分吻合。

---

① 解振华：《气候行动不会阻碍经济发展，能实现协同增效》，https://baijiahao.baidu.com/s?id1702690553293135545wfr=spider&for=pc。
② 《习近平谈治国理政》第三卷，外文出版社 2020 年版，第 237 页。
③ 《习近平谈治国理政》第三卷，外文出版社 2020 年版，第 238 页。

"双碳"目标要应对的是危及人类健康生存的气候危机问题,其出发点既是基于中国人民优美生态环境需要的满足,更是基于全人类优美生态环境需要的满足。推进"双碳"目标的实现,显然需要"绿色"理念的指引、"创新"技术的驱动、"协调"手段的统筹、"开放"格局的打开以及"共享"效应的呈现。由此可知,"双碳"目标与经济高质量发展无论从哪个角度或视域看,二者都具有高度的内在契合性或可接榫性,这意味着二者本质上是可兼容的。那么,我们又该如何从动态策略上激活这种兼容性,做到实现"双碳"目标与经济高质量发展的协同增效,最终积极响应人与自然和谐共生的现代化建设呢?对此,我们主要聚焦于以下重点问题展开关键策略探讨。

一 通过降低绿色溢价助力化石能源向清洁能源的转型

在"双碳"目标的推进过程中,助力化石能源向清洁能源的转型,将带来能源产业的新变化并不断催生出新的发展机遇和经济增长点,对于推进中国经济高质量发展具有重大协同效应。习近平总书记在主持召开中央财经委员会第九次会议时指出,要"把碳达峰碳中和纳入生态文明建设整体布局",其中就特别强调"要构建清洁低碳安全高效的能源体系,控制化石能源总量,着力提高利用效能,实施可再生能源替代行动"[1]。然而,究竟如何全力助推化石能源向清洁能源的转型呢?其中必然涉及一个成本问题,即开发使用清洁能源及其附属消费之于使用化石能源及其附属消费的差额问题,也就是绿色溢价问题。一般来说,这个差额都是正的,即对零碳排放过程或效果追求的成本要高于目前化石能源使用的成本。对此,比尔·盖茨举了一个例子,即"目前使用的航空燃料,过去几年美国的均价是 2.22 美元每加仑,零碳高级生物燃料

---

[1] 习近平:《推动平台经济规范健康持续发展 把碳达峰碳中和纳入生态文明建设整体布局》,《人民日报》2021年3月16日第1版。

的价格是5.35美元每加仑，这里的绿色溢价是3.13美元，溢价率超过了140%"①。那么，这就意味着，要在真正意义上助推化石能源向清洁能源的转型升级并达到零碳排放效果，必须降低这种绿色溢价，否则无论个人还是企业都很可能会基于成本效益的考虑而怠慢对清洁能源的开发使用和相关绿色产品的消费，这就无助于"双碳"目标的推进。比尔·盖茨因而指出："实现碳中和最关键的就是要千方百计降低绿色溢价。"② 中欧国际工商学院金融与会计学教授芮萌也指出："一旦绿色溢价为0，也就意味着'碳中和'的生产技术非常成熟，没有必要再使用过去重污染的石化能源。"③ 那么，究竟应该通过什么样的方式来降低绿色溢价（或成本），从而为清洁能源替代化石能源提供内在动力呢？

一要发挥自然禀赋的客观优势。降低绿色溢价的一个内在诉求就是要充分利用我国本土化的自然禀赋或优势进行开发利用；反之，如果需要依靠国外的能源支持或从零到有的能源创造，那么必然增加清洁能源的开发利用成本，绿色溢价无形之中会提升。中国地大物博，地势呈西高东低三级阶梯状分布，这种独特的地理位置造就了我国十分丰富的光能、风能和水电资源。例如，西藏境内大江大河密布，十分适合水力发电；青藏高原是全世界光照最充足的区域，光伏发电效率远超其他国家；东南沿海地区海岸线狭长，风力十分强劲，是风能资源开发的理想区域。我们应该充分利用好这一自然禀赋，全方位推进清洁能源的开发利用。但是，我们也要统筹协调好清洁能源开发利用与环境治理之间的

---

① 《比尔·盖茨的"碳中和"方案：千方百计降低绿色溢价》，https://baijiahao.baidu.com/s? id=1700364548565136529&wfr=spider&for=pc。
② 《比尔·盖茨的"碳中和"方案：千方百计降低绿色溢价》，https://baijiahao.baidu.com/s? id=1700364548565136529&wfr=spider&for=pc。
③ 《实现'碳中和'有三条路径 关键是降低绿色溢价》，https://baijiahao.baidu.com/s? id=1704330816756783396&wfr=spider&for=pc。

关系，否则将适得其反。我们应该立足于中国自然禀赋的基础上充分考虑各个要素和环节，统筹推进清洁能源的开发利用，而不能走极端，否则所谓绿色溢价也必将事与愿违地增加，不利于化石能源向清洁能源的转型。

　　二要提高化石能源的使用成本。推动化石能源转型为清洁能源的一个难题就是化石能源的使用相对"便宜"，大家更愿意开发使用化石能源，当然这与碳价在多数情况下偏低甚至免费息息相关。相对而言，清洁能源因受技术创新、政策规制、市场需求以及地理条件等因素影响，其使用成本相对较高，即绿色溢价高。长此以往，这显然无助于化石能源向清洁能源的转替，因为这个过程缺乏大众的主体性动力。所以，一个可行的方法就是在遵循市场规律的条件下提高化石能源的使用成本，其基本途径是建立碳价机制（以碳税和碳交易的形式推进），其运作机理是通过对排放的二氧化碳设置价格，让经济主体为其碳排放行为买单，而在通常情况下买单成本越高就越有利于引导其在生产、消费和投资等领域的绿色低碳转型，这就更有利于降低绿色溢价，倒逼企业或其他社会相关主体不断提升绿色生产意识，改进生产技术，从而增强清洁能源的开发利用效度或频率，实现化石能源向清洁能源的逐步转替。我国目前还未真正建立碳税制度，碳排放交易市场还处于建设初期，但从国家相关政策来看，近年来碳定价机制的建设步伐明显在加快，可逐步减少对化石能源的过度依赖，有利于"双碳"目标与中国经济高质量发展的协同推进。

　　三要加强数字技术的时代赋能。随着云计算、人工智能、5G技术、物联网、传感器以及区块链等数字技术的发展，清洁能源系统建设面临新一轮的数字化转型，否则将寸步难行。绿色溢价的高低与清洁能源系统本身的数字化程度息息相关，即如果数字化程度低，那么开发清洁能源或储能的成本或许就会高，绿色溢价也将随之提升，最后不利于实现化石能源向清洁能源的转替。通过数字技术赋能推动清洁能源系统转型升级，能够提高清洁能源使用效率，节约清洁能源在各个环节的交易成本。有人以光伏能源为例指出："以光伏为代表的能源资产从确权到交易的海量数据都会记录在链上，未来数据的价值将会进一步体现，在服务中获取准确数据，通过数据来优化服务。未来，围绕数据和数据价值的挖掘将对新能源行业的降本增效起到积极的推动作用。"[①] 因此，在"双碳"目标的背景下，应着力推动数字技术赋能清洁能源系统转型升级，特别是要加强国家政策的支持、引导和统筹，如在清洁能源数字产业发展方向、数字技术的应用标准和评价体系以及相关合理电价政策的制定方面更是需要政府保驾护航。此外，在技术层面上要积极打造智慧服务体系，建立数字孪生清洁能源系统模型，使这种智慧能源服务系统贯穿清洁能源生产、传输、分配、消费、存储和市场等各个环节，从而改善能源产品性能、降低能源系统运行成本，实现能源产业链价值自由流通，提升企业或用户的体验感或满意度，推动清洁能源数字产业发展，从而为清洁能源替代传统化石能源提供不竭动力。

二 通过构建资源循环型产业体系助推循环经济的发展

循环经济遵循经济学和生态学的基本规律，以"减量化""再利用"和"资源化"为指导原则，重在改变传统意义上主要依赖资源消耗来发展经济的线性模式，旨在形成主要依靠资源再来利用发展经济的循环模式。循环经济是一种低排放、低消耗和高效率的可持续性经济发展模式，有利于"双碳"目标的推进，更有利于中国经济高质量发展。循环经济主要具备以下两个方面的特点。一方面，强调资源的循环利

---

① 参见《数字化战役，一场全行业的攻坚战》，http://www.sohu.com/a/376039770_247379。

用，突出经济发展的生态特性；另一方面，强调资源的价值重塑，突出生态文明建设的经济效应。从这个意义上看，发展循环经济，在"双碳"目标与中国经济高质量发展之间有着显著的协同效应。因此，探索"双碳"目标与中国经济高质量发展的协同推进之策，我们不可忽视循环经济问题。正如习近平总书记指出的，"发展循环经济，可以有效解决经济社会发展与资源环境之间的矛盾，促进全面协调可持续发展""循环利用是转变经济发展模式的要求，全国都应该走这样的路"。① 关于如何发展循环经济，2021年国家发展改革委印发的《"十四五"循环经济发展规划》提出了三大重点任务，其中排在第一位的是"构建资源循环型产业体系，提高资源利用效率"②，并明确强调到2025年，资源循环型产业体系要基本建立。可见，资源循环型产业体系的构建在循环经济建设中有着重要地位。当前，我国正处于做好碳达峰碳中和工作、推进生态文明建设以及实现经济高质量发展的关键时期，着力助推资源循环型产业体系的构建，有助于以最少的资源消耗或最优的资源循环利用实现最大最好的经济效益，从而做到"双碳"目标与中国经济高质量发展的协同推进。对此，我们认为可从始端的产品设计、中端的生产过程和末端的协同处理三个层面考虑。

一要从始端加强工业产品的绿色设计。绿色设计指的是基于系统考虑原材料或工艺技术本身在生产、销售、使用和回收等各个阶段是否会对生态环境造成影响，或者会产生多大影响而展开的一种产品开发设计活动，旨在最大限度内降低产品生命周期中的资源耗费和污染产生，目的是生产出绿色产品，激发绿色消费，提升经济高质量发展的绿色内涵。当前，国家从政策层面对工业产品的绿色设计提出了全方位要求，

---

① 习近平：《发展循环经济是提高资源利用效率的必由之路》，https：//www.thepaper.cn/newsDetail_forward_1520379。

② 《关于印发"十四五"循环经济发展规划的通知》（附件），https：//www.ndrc.gov.cn/xwdt/tzgg/202107/t20210707_1285530.html?code=&state=123。

但具体实践中仍然存在一些问题，诸如绿色设计过程的市场监管机制尚不成熟，绿色产品设计的市场推广度尚未铺开，绿色产品设计的核心技术尚未突破，绿色产品设计的环评数据库建设尚未跟上，以及绿色产品设计的国际交流与合作有待加强等。显然，这些问题对推动重点产品的绿色设计提供了思考方向。因此，今后我们在市场监管方面要更加注重对绿色设计过程的有效性评估和对绿色设计产品的闭环式管理；在市场推广方面要更加注重绿色设计典型产品的名录清单更新及其"走出去"效应发挥；在核心技术方面要更加注重"产品绿色设计与生命周期评价高通量协同建模技术、绿色设计与制造一体化协同技术，实现产品全产业链海量绿色异构数据的整合"①等。另外，要加强与"一带一路"共建国家以及欧美发达国家在绿色设计方面的交流合作，实现绿色设计标准、工艺及其他体系建设方面的互鉴互享。只有从始端加强工业产品的绿色设计，才能更好地确保产品在后续使用和回收过程中既有生态又有经济的双重效益。

二要从中端强化重点行业的清洁生产。产品的绿色设计作为一个始端必然要推进到中端的生产过程，如果这个过程造成了生态环境的污染，那么产品的绿色设计在某种程度上就失去了意义。因此，在投入生产过程中，我们要聚焦于重点行业的清洁生产上，如石化、化工、焦化、水泥、有色、电镀、印染、包装印刷等行业，这些行业相较于其他行业潜存着更为明显的环境风险系数，因此与其相关的产品生产更应该注重生产全过程的清洁、无害和健康性。《"十四五"循环经济发展规划》明确提出，对重点行业要"'一行一策'制定清洁生产改造提升计划"和"实施强制性清洁生产审核"，②前者重在整体上对生产行业本

---

① 刘红光：《关于深入推进工业产品绿色设计　促进经济高质量绿色发展的提案》，http：//www.rmzxb.com.cn/c/2020-05-27/2583871.shtml。
② 《关于印发"十四五"循环经济发展规划的通知》（附件），https：//www.ndrc.gov.cn/xwdt/tzgg/202107/t20210707_1285530.html?code=&state=123。

身提出具有紧迫性和针对性的清洁生产规制方略，凸显清洁生产的重要性，后者重在对生产过程进行诊断分析，找出高耗能高污染的主要原因，提出清洁生产的可行性方案或应对方法，这是国家对重点行业清洁生产所提出的高标准要求。当然，我们还可以从更加具体的方面推进。例如，在技术科研创新上要在氢能、碳捕集利用和封存（CCUS）、低功耗半导体和通信及光伏等方面进行大胆突破，提升清洁生产技术的高端智能化水平。又如，在技术成果转化上要完善政策体系，明确科研责任单位和科研工作者之间的收益分配比例；要建立交易平台，形成技术成果转化的生态聚集效应；也要加强校企合作，为技术成果转化奠定科研支撑和开辟市场道路等。再如，在技术示范应用上要征集评选一批清洁生产的优秀企业，总结形成一套可复制可借鉴的经验做法，以期在重点行业中能够发挥出示范效应等。

三要从末端推进有机废弃物的协同处理。在生产生活过程中，循环经济所倡导的一个基本理念便是"变废为宝"，减少废弃物对大自然的侵袭。因此，对有机废弃物的协同处置或"变废为宝"有其重要意义。一方面可以减轻大自然的有限承载力，体现生态意义；另一方面可以循环利用废弃物，激发经济效应。推进有机废弃物的协同处理可从以下几点着手。首先，从区域上找准难点，当前比较突出的问题是小城市、各村镇、小型企业以及小型养殖场等，其产生的废弃物总量虽不多但种类繁多、散点分布而形式单一，相关的配套设备和站点、责任人员、技术指导以及"变废为宝"的市场化导向等其实都还未跟上步伐，这就需要探索一种城乡一体化的有机废弃物协同处理及生态循环利用模式。其次，从种类上突破重点，对那些对生态环境存在重大隐患的大宗固体废弃物，如煤矸石和粉煤灰、尾矿、冶炼渣、工业副产石膏、建筑垃圾以及农作物秸秆等要强化全链条无害化处理，积极探索"煤矸石井下充填＋地面回填""梯级回收＋生态修复＋封存保护""固废不出厂""原地再生＋异地处理"① 等多维协同模式，实现大宗固体废弃物循环利用和绿色发展。最后，从机制上打通堵点，所谓堵点就是部门之间、行业之间和区域之间的各自为政和相互推诿，从而导致有机废弃物协同处理的循环渠道不通畅，因而要鼓励多产业多行业诸如煤电、钢铁、化工、有色、建筑、建材、市政以及交通等领域之间做到深度融合，要配套建立健全跨部门、跨区域的联动合作机制，畅通信息渠道，理顺职责关系，有序推进有机废弃物的协同处理。

三 通过盘活碳汇交易市场助益林业碳汇经济价值实现

"双碳"目标的推进涉及外在层面的"减排"行动和内在层面的"吸碳"问题。前者更加注重从源头上控制碳排放量，如用清洁能源代替化石能源，以及注重生产过程本身的清洁无害化等；后者更加注重从尽头吸收或去除碳排放量，最典型的就是生态系统碳汇，涵括林业（森林）碳汇、草地碳汇、耕地碳汇、土壤碳汇及海洋碳汇等。所谓碳汇，指的是基于一种自然的解决方案（如植树造林和植被恢复等）把大气中的二氧化碳吸附固定的过程或机制。生态系统碳汇在吸碳固碳的过程中发挥着重要作用，对降低大气污染和净化大气环境，最终实现我国"双碳"目标具有重要意义。"我国陆地生态系统碳贮量为792亿吨，年均固碳2.01亿吨，可抵消同期化石燃料碳排放的14.1%"②。习近平总书记在参加2021年4月2日的首都义务植树活动时强调要"提升生态系统碳汇增量，为实现我国碳达峰碳中和目标、维护全球生态安全作出更大贡献"③。当前，在生态系统碳汇中，森林作为固碳的主体，其固碳量在我国已经达到了约80%的贡献率，且随着"双碳"目标与相

---

① 《关于"十四五"大宗固体废弃物综合利用的指导意见》，https://www.ndrc.gov.cn/xxgk/zcfb/tz/202103/t20210324_1270286.html?code=&state=123。
② 张守攻：《提升生态碳汇能力》，《人民日报》2021年6月10日第13版。
③ 习近平：《论坚持人与自然和谐共生》，中央文献出版社2022年版，第273页。

关政策的落实推进，我国植树造林面积或森林覆盖率将大幅度提升，森林固碳量的生态潜力与经济前景是十分可观的。从这个角度看，协同推进"双碳"目标与经济高质量发展，要重点盘活碳汇交易市场，积极助攻林业碳汇的经济价值实现。林业碳汇交易一般是指"通过造林、再造林和森林管理，减少毁林活动，吸收和固定大气中的二氧化碳，并按照相关规则，确定减少排放的二氧化碳总量，经过严格的审核认定后，在指定交易所挂牌出售，由具有减排需求和意愿的主体向项目业主购买，用于冲抵自身碳排放量的一种碳排放权交易形式"[1]。简单说，就是将森林固碳减碳量打包到市场上去交易，林农或其他造林护林者或管理者等可获得一定的收益（所谓"好空气"能卖钱），而购买者也可以以此冲抵自身的碳排放量，从而达到经济效益与减排效应互动双赢。对此，以下几个方面应该是努力的方向。

一要有效激发林业碳汇交易的参与意识。林业碳汇交易一定存在买方和卖方，即交易的双方主体，缺少或弱化任何一方必将出现供需矛盾，从而就谈不上林业碳汇经济价值的实现问题。因而必须激发市场主体的参与意识，要让林农或造林护林者或管理者等适格卖方主体，以及有购买需要的企事业单位等各相关主体都能意识到林业碳汇交易的生态经济意义。当然，要激发林业碳汇交易的主体参与意识，至少要做好以下几点。一是宣传解释要到位。林业碳汇交易毕竟是一个专业领域的问题，相关部门要尽可能地以通俗的科教叙事方式将林业碳汇测算方法、成本收益比对以及基本运作过程向林农等潜在的卖方主体讲清楚讲透彻，使他们能够看到林业碳汇交易的美好前景并坚定植树造林和保护林子的信心。二是减排核定要到位。要建立整个行业的平均碳排放配额核定机制，"通过完善测定体系与技术方法，使各行业各企业碳排放配额

---

[1] 李佳轩：《"双碳"目标下金融支持地方林业碳汇发展的路径》，https://www.financialnews.com.cn/ll/sx/202110/t20211011_230132.html。

与减排指导性指标更具精准性和公信力,让企业以公平公正的积极心态参与碳减排交易"①。三是激励约束要到位。要对那些高耗能的企业限定每年的温室气体排放总量,倒逼其通过林业碳汇交易市场购买碳排放权,保证林业碳汇交易的买家。当然,待条件成熟还可将林业碳汇交易纳入国家企业信用信息公示系统及其他招投标领域的门槛中,将其上升到每一个企业之社会责任的高度。当然,如有可能可以推动全民自愿性进行林业碳汇交易,将绝大多数情况下的企业买方铺展为一种全民行动,程序可以简化甚至实现"指尖"化操作,从更为广阔的空间激发林业碳汇交易主体的能动性和参与性。

二要创新推出林业碳汇交易的金融产品。一般而言,金融机构具有较强的资金实力,充分调动金融机构参与林业碳汇交易的积极性,创新推出碳汇金融产品,可以在很大程度上对林业碳汇交易的主体形成更强大的激励效应和更厚实的托底效应,为固碳增汇、碳汇富民、实现林业碳汇经济价值开辟一条新路径。当前,一些地方已经推出了林业碳汇专项基金、林业碳汇质押贷款以及林业碳汇保险等创新性金融产品。例如,浙江碳汇基金鄞州专项、温州碳汇专项基金、福建永安碳汇专项基金及四川广元碳汇专项基金等纷纷设立。又如,大兴安岭农商银行向黑龙江省图强林业局投放了全国第一笔林业碳汇质押贷款、中国农业银行向湖北鑫榄源油橄榄科技有限公司发放了湖北省首笔"碳林贷",以及福建省顺昌县进一步探索了以远期林业碳汇产品为标的物的约定回购融资贷款等。再如,中国人民保险开发了全国首个"碳汇保"林业碳汇价格保险,并与福建顺昌县国有林场顺利签约、中国人寿财险推出了林业碳汇指数保险并首次试点落地于福建龙岩新罗区。应该说,这些碳汇金融产品的推出为林业碳汇市场的有序且有力交易起到了引领性和示范

---

① 黄可权:《完善交易机制 推进我省林业碳汇试点》,http://www.thjj.org/sf_CEE465046C7A4830B719C566C8606377_227_bjmmgj。

性作用。但是，从区域上看，目前主要这些林业碳汇金融产品大多还处于地方性试点阶段或范围，而并未有节奏地全面推广；从类型上看，当前林业碳汇实践比较单一（即基金、贷款和保险），未来是否可以考虑将债券、期货和期权等融入林业碳汇的金融产品开发中仍是可以不断探索的问题。总之，创新推出多样化的林业碳汇金融产品，盘活林业碳汇交易市场事实上就是要让林农或其他林业看护管理者等能够很自然地意识到"种树护林有后盾能致富"的内在道理，从而助力"双碳"目标与经济高质量发展的协同推进。

三要总体完善林业碳汇交易的保障机制。总体上看，我国林业碳汇交易还处于试点摸索阶段，目前还存在很多不成熟的地方，诸如配套制度供给不足、便捷效率程度较低以及专业引领水平不高等，这不可避免地会对林业碳汇交易经济价值的实现打一定程度的折扣。因此，为确保林业碳汇交易无堵点无痛点，充分发挥出林业碳汇的生态经济效应，真正做到"双碳"目标与经济高质量发展的协同推进，很有必要确立林业碳汇交易的法律制度、科学技术以及专业人才等层面的保障机制。一是从法律制度层面看，林业碳汇交易还缺乏一部全国意义上的可参考的法律制度加以保障。其实，林业碳汇交易涉及的产权登记确属、法律关系主体、交易总量管控、碳汇计量和核证、交易配额和主要方式、碳汇经营权和收益权分配、碳汇权转移、风险监管以及争议处理等都需要一套完整的上位法加以明确保障，做到林业碳汇交易"有法可依"。二是从科学技术层面看，要以大数据、云计算以及互联网物联网为支撑，搭建林业碳汇交易的数字化智能化平台，为市场供需双方提供更加清晰透明的碳汇信息、更加轻松便捷的操作流程及更加智能人性的答疑解惑，从而最大限度提高交易效率和节省交易成本。三是从专业人才层面看，要加大林业碳汇人才的培养与选拔力度。就目前某些林业碳汇试点区来看，专业性人才总体比较缺乏。例如，某林业局负责人对此就感触道，

"在试点林业局，许多林业碳汇交易项目几乎是花钱外包做下来的，整个林区能做项目设计文件的人才屈指可数，林区亟须培养专业碳汇人才"①。对此，相关部门应该要建立长效的碳汇人才培养机制，打造"学用一体"和"工学交替"的培养模式，形成"校企合作"和"院地合作"的培养方式；同时要加大财政支持力度，专门设立碳汇人才奖励或专项基金，吸收高等院校或科研院所的高层次人才组建专业队伍，为助攻林业碳汇交易的经济价值实现、为"双碳"目标与经济高质量发展的协同推进贡献智慧和力量。

四 通过重大卫生事件的启示着力打造绿色经济增长点

习近平总书记在第七十五届联合国大会一般性辩论上的讲话中指出，"这场疫情启示我们，人类需要一场自我革命，加快形成绿色发展方式和生活方式……推动疫情后世界经济'绿色复苏'"②。2020 年暴发的新冠疫情这一重大卫生事件确实在一定程度上冲击了经济社会发展，对生态环境也造成了某些影响，显然这给"双碳"目标与经济高质量发展带来了不少挑战，同时倒逼经济的绿色复苏成为当下不可回避的议题。那么，在后疫情时代，我们究竟如何来应对这一挑战，做到既能提振经济高质量发展水平，又能确保生态文明建设中的减污降碳？我们应该在这一重大卫生事件的启示中，着力打造绿色经济增长点，全面推动经济绿色复苏，为后疫情时代"双碳"目标与经济高质量发展的协同推进探寻有效之策。

一要着力打造无接触经济以减少人为的碳足迹。新冠疫情这一重大卫生事件暴发那段时间，各行各业时不时按下暂停键，以往线下面对面

---

① 王畅：《不用伐木，大兴安岭一样可以成为金山银山》，https://m.thepaper.cn/baijiahao_ 8177150。

② 习近平：《论坚持人与自然和谐共生》，中央文献出版社 2022 年版，第 252—253 页。

展开的工作或要处理的事宜被搬到了线上，实现了从线下人与人的交互对接到线上人介于物再到人的交互对接的转换，这种尽可能通过减少面对面物理性空间接触而展开的系列经济交往活动叫无接触经济。其表现形态主要有电商平台、远程办公、远程医疗、远程教育、智能物流、线上娱乐以及在线销售等。当然有些形态以往也存在，但是新冠疫情之下这些形态的普及已然更加全面，所创造的经济价值也更加巨大。商务部相关数据显示，就新冠疫情暴发那年，即2020年的初始季度情况来看，其中的"全国实物商品网上零售额2.56万亿元，同比增长8.6%，增幅比一季度加快2.7个百分点"[1]，而到了2021年，"全国实物商品网上零售额达10.8万亿元，首次突破10万亿元，同比增长12.0%，占社会消费品零售总额的比重为24.5%"[2]。更为重要的是，在经济额度提升的同时，这种无接触经济也为减少人为的碳足迹作出巨大贡献，有研究表明"每单线上购物的碳排放约为1094.92 g CO_2e，比线下购物减少约20%，线下购物的排放多集中在交通和办公（含仓储）部分，是线上的2倍多"[3]。不可否认，在中国数字技术突飞猛进的作用下，无接触经济无论对经济高质量发展抑或是生态文明建设中的减污降碳其实都有着重要意义，当然其毕竟仍是当下新生且在不断探索的经济增长点，在各个层面都存在很多不足甚至挑战，所以在后疫情时代着力打造这一新的经济增长点还需做实顶层设计、做好建章立制以及做到统筹兼顾等。例如，要成立无接触经济的具体行政管理部门，明确责任划分，突出对无接触经济行业或资源的联动协调，推动建立无接触经

---

[1] 参见《商务部：1—4月份，全国实物商品网上零售额2.56万亿元 同比增长8.6%》，http://house.china.com.cn/1649146.htm。

[2] 参见《2021年我国实物商品网上零售额首次破10万亿元》，http://www.gov.cn/xinwen/2022-01/28/content_5670892.htm。

[3] 余金艳等：《电商快递包装箱的碳足迹空间分解和隐含碳转移研究》，《地理研究》2022年第1期。

济的行业自治组织并加强业务指导。要鼓励引导无接触经济向第一、第二产业延伸，特别是对疫情之下直接关涉民生问题的农村养殖业、瓜果粮种植业以及一些劳动密集型的棉纺织业等更需要无接触经济的重点介入，防止无接触经济出现结构性失衡风险。要强化无接触经济的基建水平和技术保障，特别是在物联网、5G技术、大数据中心等基础设施建设方面要有新的突破，在数据安全体系建设方面亦应有新的进展，从而实现与无接触经济高质量发展的无缝对接。此外，还要从政府购买服务、加大财政补贴力度及税收激励措施等方面鼓励无接触经济的相关行业或领域培育出特色自主品牌以增强市场核心竞争力，从而在"无形之中"既做到人为碳足迹的减少，又确保无接触经济的效益最大化。

二要着力打造生态环保产业经济以克服医废、危废收集处理设施方面的短板。2020年年初，党中央在部署统筹疫情防控和经济社会发展工作会议时强调："打好污染防治攻坚战，推动生态环境质量持续好转，加快补齐医疗废物、危险废物收集处理设施方面短板。"[①] 在后疫情时代，医疗垃圾问题已然成为当下公众关注的重点话题，如果这些垃圾处置不当必然会对生态环境造成重要影响，也很可能引起病毒的二次传染，带来卫生安全隐患。当前确实还存在着医废危废处置能力不足的短板，表现为堆放、收集、转运和处理等过程的操作不规范，甚至草草了事的问题。所以，这就需要生态环境部门联合其他各职能部门统筹协调，自上而下做好监督管理和责任追究等工作。当然，这只是"治"的方面，我们认为更重要的应该是对后疫情时代公共卫生的防微杜渐。换言之，要以后疫情时代医废危废，收集处理设施方面的短板为起点，倒逼形成常态化的市场机制，着力打造生态环保产业经济，以市场化的

---

① 曹红艳：《补短板，打好污染防治攻坚战》，https://www.mee.gov.cn/ywdt/hjywnews/202002/t20200227_766467.shtml。

手段或途径打好后疫情时代的污染防治攻坚战，推动生态环境持续健康好转。根据目前的基本现状来看，要着力打造生态环保产业这一绿色经济增长点，应确保三大效应的凸显。一是生态环保产业的龙头效应。当前我国高技术水平和高管理水平的大型龙头环保企业所占比重较低，大多数环保企业还处于重复性建设层面，技术创新不足，整体发展缓慢。这就需要通过政策引导、财税支持或优惠及科技支撑对那些重点环保园区或企业给予精准培育，增强重点环保产业的高显示度。二是生态环保产业的链条效应。所谓链条效应指的是打造大环保产业并不只是"生态环保"领域的问题，其涉及经济社会发展中的工农业、消费投资、科技文化以及对外贸易等领域，这就需要打造好"环保+"的产业链条，形成环保产业化和产业环保化的全域绿色经济体系。三是生态环保产业的保障效应。后疫情时代的生态环保产业作为新的经济增长点，其进一步的自我突破与有益生长离不开外在条件的重重保障。例如，表现为金融、信贷、价格、土地、技术和人才方面的扶持，这就需要从地方政府政策层面出谋划策，为当地生态环保产业的发展落实该落实的、协调该协调的、担保该担保的，要为生态环保产业的发展消除后顾之忧，因为作为新的经济增长点的生态环保产业，其使命不仅仅是经济现代化的产业利润或价值创造，更重要的是为医废危废处理、为减污降碳以及为生态文明建设保驾护航。

三要着力打造森林康养经济以培塑绿色健康和低碳的生活方式、生产方式。在后疫情时代，人们更加注重健康养生，特别是向往过一种能够亲近大自然、融入大自然并享受大自然的绿色健康生活。从 2016 年国务院印发的《"健康中国 2030"规划纲要》到 2017 年党的十九大作出的"实施健康中国战略"的重大决策，从 2019 年国家林草局联合多部委出台的《关于促进森林康养产业发展的意见》到 2020 年国务院发布的《抗击新冠肺炎疫情的中国行动》白皮书，已然凸显了健康的主色调及其在后疫情时代发展康养产业的重要性。习近平总书记在党的二十大报告中更是强调，要"推进健康中国建设""把保障人民健康放在优先发展的战略位置"[①]。从这个意义上看，着力打造森林康养经济显然迎来了新的机遇，成就了后疫情时代健康产业发展的新的经济增长点。森林康养经济是一种综合了林业、旅游业和健康服务业等多个产业的新型经济形态，既符合"双碳"目标的战略要求，又契合经济高质量发展的内在要求，是实现"双碳"目标与经济高质量发展协同增效的有力举措。当前，我们要紧靠推进健康中国战略和"双碳"目标实施的最前端，全方位打造后疫情时代的森林康养经济。重点要做到以下几点。一是注重森林覆盖率的提高。打造森林康养经济，丰富的森林资源是前提，所以既要保障森林资源的存量，又要提升森林资源的增量，要通过植树造林或发展林下经济确保森林植被的茂密性和丰富性，做到既强化森林生态系统的固碳作用，又激活森林康养的经济效应。二是丰富森林康养产品。人们对后疫情时代森林康养的要求已经远远超出了森林步道散步与凉亭小憩品茶等传统项目了，所以当下一定要抓住"康养"这个关键词做文章，既要推出以"山地运动、水上运动、森林攀爬、户外探险以及极限挑战"等为特色的"动养"产品，更要推出以"老年康复疗养、中医药康疗养身、度假居住养生以及文化休闲养心"等为主打的"静养"产品，从而走出一条"森林+"的多元化产业康养模式。三是做好森林康养的靠前服务。没有一流的服务就没有一流的产品，打造森林康养经济一定要加强服务人员的技能培训以提高服务至上的理念意识，还要探索现代化的管理模式以提高公司运营和管理水平，更要加强安全监测和防护以确保康养客户人员的生命安全。四是加大森林康养的政策扶持。地方政府各职能部门（如林业、卫生、民政等）要从国家战略的高度依法依规全力推动森林

[①]《习近平著作选读》第一卷，人民出版社2023年版，第40页。

康养经济发展，诸如在森林康养基地建设用地审批方面争取一定的优先性，在森林康养（特别是康复医疗）的产品消费及报销方面争取能够纳入医保范围并享有一定的优惠，在服务队伍建设方面争取能够鼓励引导一些具备相关资质的医生、森林疗养师及体育教练等定期入驻基地开展相关健康服务，等等。

五 通过构筑智慧环保平台提升生态环境信息化水平

习近平总书记指出，"没有信息化就没有现代化"[1]，并特别强调，"世界正在进入以信息产业为主导的经济发展时期。我们要把握数字化、网络化、智能化融合发展的契机，以信息化、智能化为杠杆培育新动能"[2]。如前所述，当前我国在生态环境信息化水平建设方面还存在着一些不足，在一定程度上既制约着"双碳"目标的有效推进，又影响着经济高质量发展的跨步前进，对于"双碳"目标与经济高质量发展协同推进来说无疑是个挑战。因此，在全球气候变化的严峻形势下，积极推动"双碳"目标的实现应尽可能跳出传统工作思路，要顺应数字化时代的发展趋向，充分利用大数据构筑智慧环保平台，通过提升生态环境信息化水平助力"双碳"目标与经济高质量发展的协同推进。《2022—2027年中国智慧环保行业市场前瞻分析与未来投资战略报告》显示，我国智慧环保市场规模由2017年的470亿元增长至2020年的658亿元，年均复合增长率为11.9%，而据预测，2022年我国智慧环保市场规模将达772亿元。[3] 从这个意义上说，构筑智慧环保平台的市场化效应显而易见，这对在助益"双碳"目标的同时进一步驱动我国经济高质量发展具有重要意义。

---

[1] 《习近平谈治国理政》第一卷，外文出版社2018年版，第198页。
[2] 《习近平谈治国理政》第三卷，外文出版社2020年版，第247页。
[3] 参见《中国智慧环保行业市场现状分析预测市场规模将达772亿元》，https://www.chinairn.com/hyzx/20220926/152623971.shtml。

一要着力提高构筑智慧环保平台的技术水平。"智慧环保"是对"数字环保"在技术上的进一步拓展和延伸，如果说"数字环保"主要依托计算机技术、地理信息系统以及数据仓库等技术来实现无纸化、自动化的环境决策和管理工作，那么"智慧环保"则强调把相关装备和传感器等嵌入各种环境监测对象中，通过云计算整合环保领域中的一切关联问题，实现更全面、更精细和更动态的生态环境状况监测和数据分析，并进一步推动生态环境治理或管理的综合决策。较之于"数字环保"，"智慧环保"的技术依托更加具有时代赋能感，其主要囊括的是以"空（地理空间信息采集）、云（云计算）、大（大数据）、物（物联网）、移（移动互联网）、智（人工智能）"为主轴的六大技术样态。当前生态环境信息化建设层面仍然存在一些技术性、共享性和安全性难题，在构筑智慧环保平台的过程中，必须充分发挥"空、云、大、物、移、智"这六大技术的有效作用，着力提高构筑智慧环保平台的技术应用水平。一则要将这些技术全覆盖到大气环境监测、固废监测、污水排放监测和噪声监测等各个领域，并在数据感知、传输、服务、共享、安全和决策等层面发挥出精准高效的作用，确保智慧环保平台的技术应用能够做到对生态环境大数据"测得准、算得清、传得快、管得好"。二则要凸显对生态环境状况监测与区域经济发展的数据分析，通过技术化手段建立生态环境变化特征与经济发展状况的关联性对比指数，从而识别出生态环境变化在何种意义上会影响经济发展指数的提高，而经济发展指数的提高又是如何促进生态环境质量改善的。三则要加强生态行政的技术化、智能化推进，通过生态环境污染的数据源挖掘、区域图像识别以及视频智能分析，建立与行政许可、行政处罚、应急指挥以及处置决策的数据关联性，从而提升生态环境部门的行政执法监督效能。四则要确保这些技术的运营与维护有专业团队保障。"空、云、大、物、移、智"六大技术运用于构筑智慧环保平台，不仅仅是生态环境部门和相关企事业单位的事,更是技术团队的事,因为专业技术需要专业的人员来运营和维护,中途一旦缺乏这一环节很可能就会影响整个智慧环保工作的推进。所以,一些技术开发公司售卖的不能只是智慧环保产品,更多的还是整个过程的专业服务。当然,这也可以借助校企合作、政企合作的模式,为构筑智慧环保平台持续打造、输送和储备专业技术人才。

二要着力完善构筑智慧环保平台的体系内容。从"数字环保"到"智慧环保"的跨越发展是生态环境信息化建设更高层次水平提升的鲜明体现,然而要真正意义上实现智慧环保赋能新时代生态环境信息化建设,智慧环保平台本身的体系内容构筑是一个十分关键的问题。当然,不可否认,当前关于要构筑一个什么样的智慧环保平台,无论从政策上还是从实践上,其实都有非常明确的指导性意见和生动的地方性个案。例如,生态环境部从"统一规划,统一标准,统一建设,统一运维和数据、资金、人员、管理、技术集中"明确了总体要求,从"一朵云、一张网、一个库、一张图、一扇门"①确定了建设目标。再如,江苏的"环保脸谱"的管理系统建设及应用、济南的"环保智脑"助力济南市生态环境监管、四川的"三线一单"数据分析系统以及宁夏的"监测+监察+监管"一体化生态环境信息平台等生动案例都对构筑智慧环保平台的体系内容做了实践探索。但是,总的来说,仍然还有诸多更具时代性和挑战性的探索之路需要开辟或完善。一是仍应注重智慧环保平台的网络基础设施体系建设,尤为表现在生态环境卫星遥感网、重大环境事故应急专网、生态环境质量监测专网、生态环境业务专网以及前端感知设备和边缘计算的拓展升级。二是仍应注重智慧环保平台的共享大数据库体系建设,要总体升级改造生态环境大数据信息资源中心,"完

---

① 章少民:《以生态环境综合管理信息化平台为统领 构建智慧高效的生态环境信息化体系》,《中国环境监察》2021年第8期。

善以生态环境质量监测数据库、全国固定源统一数据库以及空间基础信息库等为核心的生态环境'一套数'"①，通过打破信息壁垒，建立横贯性、共享性与精确性的全国统一的生态环境大数据信息资源库或中心。三是仍应注重智慧环保平台的业务或服务协同体系建设，要积极"打造统一服务各层级、各部门、各类用户的'一个大系统'，实现'业务全覆盖、数据全联通、系统全接入'"②，协同满足具有层级跨界性、区域跨界性、流域跨界性和部门跨界性的生态环境业务需求。需要特别指出的是，在升级构筑智慧环保平台体系的过程中，要始终将"总量减排""质量改善""生态安全"以及"资源共享"等关键内容贯穿其中，实现智慧环保平台的多功能和多向度的结合，开放性和协同性的统一。

三要着力强化构筑智慧环保平台的政策驱动。为了促进智慧环保行业及其平台的建设发展，国家层面陆续发布了许多政策性文件。例如，国务院发布的《关于积极推进"互联网+"行动的指导意见》《"十三五"国家科技创新规划》《"十四五"数字经济发展规划》以及《国务院关于加强数字政府建设的指导意见》（2022）等都涉及对数字创新、智慧环保以及生态环境信息化建设方面的内容与要求。此外，一些地方性的政策性文件也随之制定颁布。例如，《江苏省"十四五"现代服务业发展规划》《江西省人民政府办公厅关于进一步支持赣江新区高质量跨越式发展的若干意见》《黑龙江省"十四五"数字经济发展规划》以及《湖北省生态环境保护"十四五"规划》等都相应对智慧环保平台的建设作出了政策性指导。但是，总的来说，从中央到地方仍然缺乏关于智慧环保平台建设的专门性文件，大都只是出现在作为整体的省域发

---

① 章少民：《中国生态环境信息化：30年历程回顾与展望》，《环境保护》2021年第2期。
② 章少民：《中国生态环境信息化：30年历程回顾与展望》，《环境保护》2021年第2期。

展规划纲要中，这显然在某种程度上无法从政策上对智慧环保及其平台建设给予更加前瞻的规划和更加细致的落实。因此，构筑智慧环保平台要强化具体性政策的驱动。例如，在顶层设计层面，省政府及相关部门要做好统筹规划，将智慧环保平台构筑作为生态环境信息化建设的重中之重，通过出台专门性的智慧环保政策文件，明确智慧环保平台建设的时间表和路线图，按照统一规划和标准推动省、市、县域生态环境部门智慧环保平台的协同构筑，激发联动效应。在平台运营层面，要从政策上引导社会资本参与智慧环保平台构筑，生态环境部门做好谋划设计，将项目投向市场，推动实力雄厚的企业积极投建，实现数据中心归口、专业公司运营的一体化构筑模式。在安全保障层面，要从政策上推动智慧环保平台安全管理的落实落细，促进智慧环保平台安全防御系统的迭代升级，积极开展智慧环保平台的网络攻防演练测评。在数据共享层面，要从政策上制定关于生态环境信息资源向大众或其他各部门开放传输或查询的条件和界限，既要做好对一些生态环境敏感数据的保密性工作，更要做好对生态环境数据信息的开放共享与应用，同时也要建立健全不同部门和不同层级的生态环境数据信息的联动机制和共享渠道，特别是要在数据申请、检索、分析与传输方面提供必要的政策便利等。

综上所述，实现"双碳"目标与经济高质量发展的协同增效是对人与自然和谐共生现代化探索的题中应有之义。全球气候变化问题是人与自然和谐共生面临的最大挑战，而经济高质量发展又是中国式现代化建设的重中之重。我国"双碳"目标的提出及其推进从本质上看，既是应对全球气候变化的中国方案，又是倒逼经济结构转型、实现经济高质量发展的时代方略。换言之，"双碳"目标与经济高质量发展的协同增效是可能的，也是必然的，其也完全能够做到积极响应人与自然和谐共生现代化建设。当然，这还需要进一步探寻有效的提升之策，因而我们围绕全球气候变化这一严峻的现实问题，以"双碳"目标为导向，从推动化石能源向清洁能源转型、推动循环经济发展、助益林业碳汇经济价值实现、打造绿色经济增长点以及提升生态环境信息化水平等层面积极探索了"双碳"目标与经济高质量发展协同增效的重点突破之路，期许能够助力人与自然和谐共生现代化建设。

第九章　人与自然和谐共生现代化的正义之途
——作为生产方式正义的生态正义引释

人与自然和谐共生现代化不可或缺一种正义的话语叙事，这种话语叙事即生态正义。生态正义是关于人与自然和谐共生的一个重要生态哲学范畴。学术界对生态正义的理论建构众说纷纭，呈现诸如环境伦理学、环境法学、生态经济学、环境政治学以及马克思主义的建构视角。这说明对于生态正义的理论建构还处于可继续讨论的阶段。在此，立足于马克思主义基本原理，从当前学界较为凸显的两条建构之路即"生产性正义"与"生产关系正义"说起，通过检视各自的不足从而提出另外一条或许更加合理的建构之路即"生产方式正义"。这条建构之路是在生产力与生产关系互为统一的原理之下生成的，能够弥补"生产性正义"与"生产关系正义"的某些不足，也更能够揭示出生态危机（或生态非正义）的真正根源，这对科学把握生态正义的本质内涵，深刻理解人与自然和谐共生现代化的价值旨趣具有重要意义。

第一节　"生产性正义"抑或"生产关系正义"之辨

需要事先指出的是，不论是"生产性正义"还是"生产关系正义"的建构之路，二者的出发点都是为了能够较好地解决人与大自然之间日益紧张的关系,为了能够确保人与人之间以及人与自然之间"得到其所应得",从而使人类社会名副其实地呈现一种生态正义状态,这首先是值得肯定的。然而,二者在建构过程中的某些理论局限也是客观存在的,所以我们仍然要辩证看待。

其一,"生产性正义"及其理论局限。以"生产性正义"来建构生态正义的学者主要是生态马克思主义代表人物詹姆斯·奥康纳,他认为:"社会经济和生态正义问题史无前例地浮现在人们的眼前;事实已越来越清晰地表明,他们是同一历史过程的两个侧面。"① 换言之,奥康纳拟从社会经济的物质生产领域来看待生态正义,走的是一条"生产性正义"的建构之路。这条路提出的依据在于资本主义社会分配正义二律背反的呈现,也即现代资本主义社会只注重资源或产品如何分配的公平正义,但实际上背后的"势力"又反过来主宰分配过程,使得正义难以真正呈现,其结果便是权力逻辑和资本逻辑的继续演绎、虚假需求和异化消费的恶性蔓延、大量自然资源被耗尽和浪费、种际代际生态债务逐渐累加等。所以,他提出要"彻底废止分配性正义",并以"生产性正义"取而代之,他坚信只有"生产性正义"才是"正义之唯一可行的形式"。② 这里的所谓"生产性正义",倡导的就是要在物质生产领域确保每一位主体都能够以平等的身份参与生产,并在生产或再生产过程中做到公平合理地使用土地或自然资源,从而实现"消极外物最小化,积极外物最大化"③ 的正义目标。奥康纳认为,这种"生产性正义"具有以下几个方面的特点。第一,主张交换价值从属于使用价

---

① [美]詹姆斯·奥康纳:《自然的理由——生态学马克思主义研究》,唐正东、臧佩洪译,南京大学出版社2003年版,第431页。
② [美]詹姆斯·奥康纳:《自然的理由——生态学马克思主义研究》,唐正东、臧佩洪译,南京大学出版社2003年版,第538页。
③ [美]詹姆斯·奥康纳:《自然的理由——生态学马克思主义研究》,唐正东、臧佩洪译,南京大学出版社2003年版,第538页。

值。交换价值只做定量分析，求的是"利"；使用价值倡导的是定性分析，求的是"用"。所以奥康纳提出要让交换价值从属于使用价值，要在生产过程中做到对产品使用价值的定性分析，真正生产出能够满足大多数人需要的耐用产品，否则就会浪费和耗尽大量资源。第二，强调分配正义依托于制度正义。资本主义社会的分配主体和分配规则往往存在着某种"权贵向心力"，而这必然使得某种分配正义不正义。所以，提出要在生产过程中事先以民主的形式制定优良的规则和制度，要"将民主的内涵置入资产阶级自由主义国家的民主形式（或程序）之中去"①。这样才能增强环境政策的认同性和执行力，才能确保自然资源使用和分配的合理性和正义性。第三，提出以生态社会主义超越资本主义。"资本"的本性是攫取和增殖，资本主义社会或制度本质上是反生态性的。所以奥康纳提出，"生产性正义"说到底还是要建立在生态社会主义的基础之上，"生产性正义的唯一可行的途径就是生态社会主义"②。一方面，生态社会主义所坚持的是"保护第一"的原则；另一方面，生态社会主义所推进的生产是"以生态为中心的生产"③。

应当说，奥康纳所提出的"生产性正义"，在某种程度上对揭露资本主义制度的反生态性，弱化交换价值的效用，推进自然资源的节约和保护，建设人人共享的美好生态环境有着重要意义。当然，以"生产性正义"来建构生态正义其实也存在着一定的理论局限，主要表现在以下几个方面。第一，对"分配性正义"的全盘否定并不合理。一方面，

---

① ［美］詹姆斯·奥康纳：《自然的理由——生态学马克思主义研究》，唐正东、臧佩洪译，南京大学出版社2003年版，第591页。
② ［美］詹姆斯·奥康纳：《自然的理由——生态学马克思主义研究》，唐正东、臧佩洪译，南京大学出版社2003年版，第538页。
③ ［美］詹姆斯·奥康纳：《自然的理由——生态学马克思主义研究》，唐正东、臧佩洪译，南京大学出版社2003年版，第191页。

资本主义是超越封建主义的一种社会形态，在一定程度上解放和发展了生产力，所以分配性正义在历史上必然发挥过阶段性作用，这是不能彻底否定的；另一方面，分配问题是人类社会发展过程中绕不开的重大问题，它关系到一个社会的公平正义与和谐稳定，所以分配性正义不可忽视。第二，对"分配性正义"的批判没有抓住资本主义私有制这一根本问题。奥康纳对"分配性正义"的批判只是停留在对资本主义社会当中的资本家剥削的批判、交换价值批判以及结果正义批判等，而并没有触及对资本主义私有制这一根本问题的批判，实际上这才是一切非正义的"背后始因"。第三，"生产性正义"当中的"生产"主体是谁，操纵主体是谁，为何而生产，为何又再生产，生产规则的制定何以做到大众化参与等。如果这些问题未得到合理诠释与解决，"生产性正义"再怎么正义也是资本主义社会的抽象正义。第四，"生产性正义"本身也缺乏现实基础，带有乌托邦的性质。奥康纳即便认为"生产性正义"是建立在生态社会主义的基础上，但生态社会主义何以可能这一问题直至目前仍然只是个乌托邦的描绘，世界生态社会主义革命运动屡遭惨败就足以说明一切。

其二，"生产关系正义"及其理论局限。显然，从上述分析来看，单独以"生产性正义"的进路来建构生态正义说服力似乎确实不够。国内诸多学者也注意到这一点，但值得一提的是武汉大学的郎廷建。他近年来专注生态正义理论的研究并取得了有一定影响力的系列成果。他反思了奥康纳"生产性正义的生态正义对人与人的关系考察植根不深的问题"[①]，也特别指出"生产性正义"的建构之路并没有抓住资本主义生产资料私有制这一"万恶根源"问题等。为此，他另辟蹊径提出了一条"生产关系正义"的建构之路，他甚至直接认为生态

---

① 郎廷建：《生态正义概念考辨》，《中国地质大学学报》（社会科学版）2019年第6期。

正义就是"以生态资源为中介的人与人之间的生产关系正义"①，而这种作为生产关系正义的生态正义主要指向的是"生产资料共同所有的生产关系、保障人际平等尊重的生产关系、保障产品公平分配的生产关系"②。换言之，只有这些生产关系是真正正义的，生态正义才得以可能。那么，他如何以"生产关系正义"来建构生态正义呢？其思考进路如下。第一，认为人与自然之间的矛盾冲突"始因"就是人与人之间的矛盾冲突，也就是人与人之间的关系出了问题。第二，认为人与人之间的关系纷繁复杂，但是"生产关系"才是社会关系的根本形式，它决定和支配着其他社会关系，所以更应从这个角度考察人与自然之间的矛盾冲突问题。第三，认为生态正义的落脚点就在于物质资料生产过程中所形成的生产关系，生产关系的正义才有助于人与自然、人与人之间关系的和谐，有助于生态正义的实现。正如其所言："正是依据这样的逻辑进路，笔者把生态正义界定为生产关系正义。"③ 因此，在这样一条"生产关系正义"建构之路的推动下，其对生态正义的相关理论问题才有了进一步的阐释。例如，认为生态正义具有相对性和可变性、动态性和过程性以及多样性的特征；认为生态正义呈现时间、空间和权力的基本维度，分别对应于代际生态正义和代内生态正义、国度生态正义和国际生态正义以及女权生态正义；认为生态正义还包括三大原则，即共同所有原则、平等尊重原则以及公平分配原则。④从其建构过程中可以看出，一个最为核心的点蕴含其中，那就是生产关系。换言之，只要人与人之间的生产关系出了问题，那么人与自然之间的矛盾冲突或迟或早都会出现，所以生态就非正义了。这就意味着

---

① 郎廷建：《何为生态正义——基于马克思主义哲学的思考》，《上海财经大学学报》2014年第5期。
② 郎廷建：《生态正义概念考辨》，《中国地质大学学报》（社会科学版）2019年第6期。
③ 郎廷建：《生态正义概念考辨》，《中国地质大学学报》（社会科学版）2019年第6期。
④ 郎廷建：《何为生态正义——基于马克思主义哲学的思考》，《上海财经大学学报》2014年第5期。

我们可以反向推论，人类社会只要做到坚持以上三大原则，确保以上三个维度落地，那么生态正义就会成为可能，即便此时不可能但也丝毫不影响生态正义的未来叙事。因为生态正义具有相对性、动态性以及多样性等特征。这大概就是基于"生产关系正义"的生态正义建构逻辑。

应当说，从人类社会物质生产关系的角度来建构生态正义并且提出"生产关系正义"的概念，这在当前学术界确实有一定的突破，但是有些问题仍然值得商榷。

第一，较之于"生产性正义"，"生产关系正义"的特色优势何在？或许就是从某种"关系"的逻辑来思考。然而，无论是"生产性正义"还是"生产关系正义"，其实"人"的能动性问题始终贯穿其中，而人的本质是社会性的存在，是一切社会关系的总和，这就意味着人与人之间的关系是具体的、现实的和普遍存在的，它固然表现在人类作用于大自然的整个生产过程中。既然如此，从人与人之间的"关系"状况来窥探人与大自然之间的矛盾问题，事实上就是常识性问题了。

第二，"生产关系正义"的逻辑起点是"生产关系"，那么与其相对应的"生产力"范畴的决定性作用何以体现？似乎不得而知。生产力决定生产关系是唯物史观的基本原理，人与自然之间的矛盾冲突不仅与生产关系有关，显然也与生产力有关，甚至生产力起着更为关键性的作用。殊不知，人与自然之间的矛盾冲突问题是近代工业文明社会以来的事情，而其中正是生产力的高度发展才从根本意义上引发了社会形态的更替。所以，从"生产关系"层面以"正义"的诉求来建构生态正义显然忽视了生产力的要素。

第三，如果只是从人与人之间的"生产关系正义"角度来建构生态正义，而不兼顾人与自然之间的关系这一维度，就必然会忽视大自然的内在价值，从而淡化甚至掩盖人与自然之间的共生关系。其实，无论是人与人之间还是人与自然之间，都存在着生态正义的话语。例如，在人与人之间该如何按照作为"人种"身份的社会活动规则交往，在人与大自然之间又该如何按照作为"大物种"身份的自然演化规律共生，事实上都与生态正义有着紧密的关联性。因此，生态正义的建构既要有人与人之间的关系维度，也要有人与自然之间的关系维度，二者是有机统一的。

第二节 "生产方式正义"的出场：一个生态叙事理路

既然从"生产性正义"和"生产关系正义"的进路来建构生态正义在一定程度上存在着理论局限，那么在理论上是否还存在第三条更加合理的建构之路呢？答案是肯定的。在此，我们提出一种"生产方式正义"的建构之路，所谓"生产方式正义"其实指的就是以自然资源为中介的生产性正义与生产关系正义的有机统一，无论是人与自然的关系层面还是人与人的关系层面，都应该呈现一种正义的状态，这条建构之路对我们深入把握生态正义更具整体性意义。在此，我们将从以下三个层面来具体探讨为何要回到"生产方式正义"来建构生态正义的理论。

其一，从生产方式的核心内涵来看，其内蕴着生产力与生产关系两个维度。"生产性正义"与"生产关系正义"，其分别侧重的是"人与自然"和"人与人"关系层面的正义诉求，这种正义诉求是有一种"各自为政"的诉求，是一种对生态正义过于单向化的建构。其实，在历史唯物主义的原理当中，完全可以找到一个能够共同反映"人与自然"和"人与人"之间关系的关键词，即生产方式。生产方式是历史唯物主义的一个核心范畴，它是人类社会存在和发展的决定性力量。马克思指出："物质生活的生产方式制约着整个社会生活、政治生活和精神生活的过程。"① 恩格斯也阐明："一切社会变迁和政治变革的终极原因，不应当到人们的头脑中，到人们对永恒的真理和正义的日益增进的认识中去寻找，而应当到生产方式和交换方式的变更中去寻找。"② 应该说，生产方式这个概念在马克思主义理论中处于相当重要的地位，鲍德里亚（Jean Baudrillard）将生产方式评价为"马克思主义分析的基础性概念"③；埃里克·霍布斯鲍姆（Eric Hobsbawm）也指出："生产方式是我们人类社会变化和人类社会相互关系以及理解人类社会历史动力的基础。"④ 那么，何谓生产方式？在马克思的文本中呈现了各种表达形式，这一点学界已有梳理。在此，我们拟阐明的是，无论何种表达形式，一个核心内涵是不变的，那就是内蕴着生产力与生产关系两个维度，分别反映着人与自然和人与人之间的关系。换言之，马克思并没有局限于一个层面去谈论问题，而是将生产力与生产关系有机统一起来分析人类社会的发展过程。生产方式概念是在《德意志意识形态》当中确立的，马克思说："随着新生产力的获得，人们改变自己的生产方式，随着生产方式即谋生的方式的改变，人们也就会改变自己的一切社会关系，手推磨产生的是封建主的社会，蒸汽磨产生的是工业资本家的社会。"⑤ 事实上，马克思一开始就在这里表达出了"生产力—生产方式—社会关系"的三级结构意涵。当然，这里的"社会关系"并不是所有关系，而是作为起基础性作用的经济关系，"随着生产方式的改变，他们便改变所有不过是这一特定生产方式的必然关系的经济关系"⑥。不过，需

---

① 《马克思恩格斯选集》第二卷，人民出版社2012年版，第2页。
② 《马克思恩格斯选集》第三卷，人民出版社2012年版，第797—798页。
③ [法] 鲍德里亚：《生产之镜》，仰海峰译，中央编译出版社2005年版，第14页。
④ [英] 埃里克·霍布斯鲍姆：《史学家：历史神话的终结者》，马俊亚、郭英剑译，上海人民出版社2002年版，第190页。
⑤ 《马克思恩格斯选集》第一卷，人民出版社2012年版，第222页。
⑥ 《马克思恩格斯选集》第四卷，人民出版社2012年版，第410页。

要说明的是,在《德意志意识形态》中,马克思有时还是在一般意义上用"交往形式"这个术语来表达某种"经济关系",而真正意义上从经济关系之中表达"生产关系"这个概念是在《雇佣劳动与资本》中,这一文本的相关阐述更加明确了生产方式包含的生产力与生产关系两个维度,更加凸显了"人与自然"和"人与人"之间的内在统一关系。马克思说:"人们在生产中不仅仅同自然界发生关系。他们如果不以一定方式结合起来共同活动和互相交换其活动,便不能进行生产。为了进行生产,人们便发生一定的联系和关系;只有在这些社会联系和社会关系的范围内,才会有他们对自然界的关系,才会有生产。"① 可见,对于生产方式而言,按照马克思的理解就是一种谋生方式,而这种谋生方式必然离不开生产力与生产关系二重维度,因为前者反映出的正好是人认识和改造自然的过程,后者反映的是这个过程中所必然形成的人与人之间的经济交往关系,这是人类社会发展的客观规律。黄楠森也曾说,马克思所讲的生产方式指的就是"人类社会生活所必需的物质资料的谋得方式,是物质生产过程中形成的人与自然之间和人与人之间的相互关系的体系。生产方式包括生产力和生产关系两个方面,是两者在生产过程中的统一"②。因此,从这个层面来看,较之于单向化建构之路的"生产性正义"和"生产关系正义",从"生产方式"的"正义"诉求建构生态正义显然更具合理性和整体性意义。

其二,从正义的话语表达基础来看,其必然根植于一定社会的生产方式。关于什么是"正义",古今圣贤众说纷纭,柏拉图认为,正义就是"各守本分,各司其职";亚里士多德认为,正义就是善,就是合法和平等;西塞罗认为,正义就是符合自然法的正确的理性;乌尔比安认

---

① 《马克思恩格斯全集》第六卷,人民出版社1961年版,第486页。
② 黄楠森、李宗阳、涂阴森主编:《哲学概念辨析辞典》,中共中央党校出版社1993年版,第69页。

为，正义就是每个人各得其所；罗尔斯则认为，正义就是"在一种平等的原初状态中被一致同意"①；佩雷尔曼反对给正义下具体的定义，一旦下了定义，正义的概念就必然混乱，所以他只强调一种形式正义，认为只要以平等方式和待遇对待人就可以。总的来说，要给正义下定义的确困难，正如博登海默坦言："正义有着普洛透斯似的脸，变幻无常，随时可呈现不同形状并具有极不相同的面貌。当我们仔细查看这张脸并试图解开隐藏其表面背后的秘密时，我们往往会深感迷惑。"② 然而，有一个问题必须要看到，那就是即便正义难以界定，但正义的话语表达基础一定存在且稳定。基于马克思主义的角度，任何一种正义的表达，绝非抽象的思辨或脱离实际的空洞说辞，而必然是根植于一定社会的物质生产方式。马克思说："不是在每个时代中寻找某种范畴，而是始终站在现实历史的基础上，不是从观念出发来解释实践，而是从物质实践出发来解释各种观念形态。"③ 也就是说，要从一定社会的生产方式（物质生产实践方式）来解释某种观念形态，如"正义"。事实上，从马克思对资本主义的批判来看，关于"正义"的话语表达确实也是基于"生产方式"展开的。马克思从来都不从抽象意义上去看生产方式，而是立足于资本主义社会，始终以现实批判的眼光在审视生产方式的正义与否问题。马克思在《资本论》中指出："只要与生产方式相适应，相一致，就是正义的；只要与生产方式相矛盾，就是非正义的。在资本主义生产方式的基础上，奴隶制是非正义的；在商品质量上弄虚作假也是非正义的。"④ 在此，由于马克思将正义的表达与生产方式联结在一

---

① ［美］约翰·罗尔斯：《正义论》，何怀宏、何包钢、廖中白译，中国社会科学出版社1988年版，第18页。
② ［美］E. 博登海默：《法理学：法律哲学与法律方法》，邓正来译，中国政法大学出版社1999年版，第252页。
③ 《马克思恩格斯文集》第一卷，人民出版社2009年版，第544页。
④ 《马克思恩格斯文集》第七卷，人民出版社2009年版，第379页。

起，因此，对于资本主义生产方式来说，它就是非正义的。其实，在马克思主义的思想发展史中，对资本主义生产方式的批判是其一以贯之的逻辑。自《莱茵报》时期，马克思因遭遇物质利益的难题就洞察到了资本主义生产方式的非正义性，例如，马克思通过斗争实践写出《关于林木盗窃法的辩论》，深刻揭露了林木占有者对贫苦群众的残酷剥削；还写了《摩塞尔记者的辩护》，猛烈抨击了普鲁士政府对摩塞尔河沿岸贫苦农民推行的不平等、不公正经济政策。到了《德法年鉴》时期，马克思真正意义上转向政治经济学批判，其对资本主义生产方式的批判也更加深入，特别表现在该时期马克思的《1844年经济学哲学手稿》创立了"异化劳动"学说并在此基础上展开了对资本主义的货币、生产、分工以及交换等经济范畴的批判。到了1849年之后的伦敦时期，被称为工人阶级"圣经"的《资本论》诞生，这部著作是马克思对资本主义生产方式非正义性展开批判的最具代表性、系统性和力量性的著作。基于以上分析，正义的话语表达必须要紧扣"生产方式"这个根基，否则只是一种抽象的意识形态表达或哲学思辨而已。所以我们应整合并超越"生产性正义"与"生产关系正义"的提法，有必要以一种"生产方式正义"的视角来建构生态正义。"生产方式正义"在字面意义上呈现的虽只是简单的"生产方式+正义"的构词逻辑，但在深层次上反映出的是任何正义的话语表达其实都必然根植于这个社会的物质生产方式。马克思在《资本论》中指出："各种经济时代的区别，不在于生产什么，而在于怎样生产，用什么劳动资料生产。"① 马克思的这句话涵括了作为一种生产方式正义的价值逻辑，"生产什么—怎样生产—用什么生产"这个系统链很明确地表达出人与自然之间的正义诉求以及人与人之间的正义诉求，做不到这一点，对资本主义生产方式的批判将苍白无力。

---

① 《马克思恩格斯选集》第二卷，人民出版社2012年版，第172页。

其三，从生态问题的产生根源来看，可归结于某种生产方式的非正义性。以资本主义社会为例，马克思深刻揭露了资本主义生产方式的反生态性，他认为："生产剩余价值或赚钱，是这个生产方式的绝对规律。"① 正是在这个意义上，马克思指出："资本主义的生产方式以人对自然的支配为前提；归于富饶的自然'使人离不开自然就像小孩子离不开引带一样'。它不能使人自身的发展成为一种自然的必然性。"② 所以，生态问题的根源或人与自然的矛盾冲突更应该从资本主义生产方式的非正义性去审视。那么，为何以"资本"为逻辑的资本主义生产方式就是非正义的？马克思认为资本的本质就是增殖，"资本的合乎目的的活动只能是发财致富，也就是使自身变大或增殖"③，而这种资本逻辑最大的非正义性就是对工人"活劳动"的支配控制和无偿占有。在《1844年经济学哲学手稿》中，马克思揭露了国民经济学的二律背反并指出，按照劳动价值论，劳动的全部产品本来属于工人，但工人得到的恰恰只是劳动产品当中最小的且没有就不行的那一小部分即工资，这说明"资本自行增殖的秘密归结为资本对别人的一定数量的无酬劳动的支配权"④。换言之，按照这种资本主义生产方式的规律，工人纯粹只是一种为资本家"卖命"的工具性存在，工人生产的东西越多，资本家就越富有，工人却越贫穷，这显然是非正义的。正如马克思所言："劳动生产了宫殿，但是给工人生产了棚舍。劳动生产了美，但是使工人变成畸形。"⑤ 这是一种劳动的异化，是资本主义生产方式的异化，是非正义的。那么，这种生产方式的非正义性又是如何引起生态问题或生态非正义的呢？原因有三。一是虚假消费刺激的反生态性。马克思说：

---

① 《马克思恩格斯文集》第五卷，人民出版社2009年版，第714页。
② 《马克思恩格斯文集》第五卷，人民出版社2009年版，第587页。
③ 《马克思恩格斯全集》第三十卷，人民出版社1995年版，第228页。
④ 《马克思恩格斯文集》第五卷，人民出版社2009年版，第611页。
⑤ 《马克思恩格斯文集》第一卷，人民出版社2009年版，第158—159页。

"资本家不顾一切'虔诚的'词句,却是寻求一切办法刺激工人的消费,使自己的商品具有新的诱惑力,强使工人有新的需求,等等。"① 资本主义生产方式的"求利"本性促使资本家必将运用各种手段去实现"商品的惊险跳跃",然而资本主义生产方式的非正义性却使得工人本身是贫困的,其购买力是很有限的,所以资本家再怎么刺激工人消费,本质上是在不断制造一种虚假需求的消费而已,其直接后果就是作为满足资本家产品生产和再生产的自然资源就消耗殆尽,地球承载力愈加削弱。二是资本空间殖民的反生态性。马克思说:"资本作为财富一般形式——货币的代表,是力图超越自己界限的一种无止境的和无限制的欲望。"② 因此,"资本的运动是没有限度的"③。以资本逻辑为主宰的资本主义生产方式,其对本国工人的支配、控制和压榨远远不够满足资本家的"胃口",这种非正义性就必然蔓延到其他国家,其本质就是资本的空间殖民或"空间拜物教"④的盛行,其形式表现为对落后国家廉价劳动力以及各种矿产资源以及土地的掠夺、占有和支配,也表现为向这些国家转移大量高度污染的企业工厂,明显把落后国家当作"垃圾回收处",这显然是一种生态帝国主义,是一种生态非正义。三是经济权力支配的反生态性。马克思说:"资本是资产阶级社会的支配一切的经济权力。"⑤ 资本家仰仗资本的优势和力量将资本主义生产方式的非正义性演绎得淋漓尽致,在当代资本主义社会表现尤为明显的就是经济行贿。资本家为了获得更多利润,可以凭借雄厚的经济实力买通政府部门并对土地进行疯狂掠夺与占有,有的资本家借此通过投资房地产获

---

① 《马克思恩格斯全集》第三十卷,人民出版社 1995 年版,第 247 页。
② 《马克思恩格斯全集》第三十卷,人民出版社 1995 年版,第 297 页。
③ 《马克思恩格斯文集》第五卷,人民出版社 2009 年版,第 178 页。
④ 林密、杨丽京:《政治经济学视域中的空间拜物教问题及其批判》,《福建师范大学学报》(哲学社会科学版) 2020 年第 2 期。
⑤ 《马克思恩格斯文集》第八卷,人民出版社 2009 年版,第 31—32 页。

利,有的则圈地建别墅或亭台楼阁,独享生态空间。显然,这恰恰印证了马克思所言"包含土地所有者剥削地球的身体、内脏、空气,从而剥削生命的维持和发展的权利"①的生态非正义性。综合言之,要尽可能化解生态危机,就应该从生产方式的角度去审视,要深刻认知只有确保一种生产方式的正义才能在真正意义上助益实现人与自然和谐共生现代化的正义旨归。

第三节 作为"生产方式正义"的生态正义之理论建构

作为以自然资源为中介的生态正义之理论建构,无论是"生产性正义"还是"生产关系正义",实际上就是同一个问题的两个面而已,与其分开描述不如给予一个更加整体性的概念阐释,即"生产方式正义",因为其主要建立在生产力与生产关系相统一的唯物史观原理的基础上,能够超越或弥补作为单向式的生产性正义与生产关系正义的某些不足。因此,从生产方式正义这条进路来建构生态正义明显更具合理性。当然,需要说明的是,这条建构进路主要是一种方法论的分析,并不是说生产方式正义就是生态正义。换言之,我们不是去论证生产方式正义何以就是生态正义,而是从方法论的角度去阐明作为一种生产方式正义的生态正义之理论建构究竟何以科学把握。

其一,坚持"大自然—人—实践活动"的有机整体性。唯物史观揭示,生产力与生产关系是生产方式的两个方面,是相互统一的,前者反映的是人与自然的关系,后者反映的是人与人的关系,它们的矛盾运动作用共同推动着整个社会的向前发展。因此,对生态正义的理论建构一定是多维演绎而非单一呈现的,其围绕着"大自然—人—实践活动"

---

① 《马克思恩格斯选集》第二卷,人民出版社2012年版,第639页。

的有机统一性而展开。生态正义首先蕴含一个"生态"基因问题,即一定有自然资源的基础性因素。马克思认为先有自然界的存在,后有人的存在,指出人是从自然界演化而来的,人也是自然界的组成部分。因此,"生态正义"的人类理性之思必然是以大自然或自然资源为中介的,所要表达的是"人—物"同源意义上所应该遵循的公平正义理念。然而,生态正义同时蕴含着作为主体意义的"人"的问题。即便说生态正义的基础性话语是以大自然为中介的,但是离开了"人",大自然也必将成为真正的"荒野"而毫无价值。马克思区分了自在的自然和属人的自然,前者即自然的先在性,后者即现实的自然。现实的自然指的是一种作为主体的人的对象性活动作用的自然界,是"通过工业——尽管以异化的形式——形成的自然界"①。很明显,这种属人的自然界凸显了人的主体性实践作用,批判了以往旧唯物主义消极反映论的缺陷,揭示了唯心史观割裂人与自然相互作用的辩证关系的弊病。自然界是进入人类视野的自然界,而人类视野中的自然界则蕴含着人的主体性认识和改造,在这个过程中,无论是作为人的异化还是劳动的异化,在一定意义上都凸显了资本逻辑主宰下对大自然的非正义性干预。所以,生态正义的"生态"问题一定是"人"的问题。当然,需要进一步指出的是,生态正义的"人"的内涵必然指向作为物质生产实践的根本性问题,也即"生态"何以在"人"的意义上发生。无论是作为大自然的客体还是作为人的主体,事实上其表明的仅仅只是一个主客体问题,而架构二者之间的桥梁则应该是实践活动或物质生产实践活动,这才使得主客体之间的关系凸显现实意义,彰显其交错复杂。马克思说:"人们在生产中不仅仅同自然界发生关系。他们如果不以一定方式结合起来共同活动和互相交换其活动,便不能进行生产。为了进行生产,人们便发生一定的联系和关系;只有在这些社会联系和社会关系的范围

---

① 《马克思恩格斯全集》第三卷,人民出版社2002年版,第307页。

内,才会有他们对自然界的关系,才会有生产。"① 这句话表达了物质生产实践与生产关系之于自然界的意义。换言之,在自然界的基础上人的物质生产实践才得以可能,这便孕育出生产力问题;同时,任何物质生产实践活动也都是在"关系"中进行的,且不问这种关系是生产资料公有抑或私有,是劳动产品分配抑或消费等。因此,无论是大自然还是人,生态问题或生态非正义问题都是在物质生产实践中产生的,而这个过程包括了生产力与生产关系这两个维度。那么,从这个意义上看,对生态正义的理论建构也必然应紧紧围绕"大自然—人—实践活动"的有机统一性而展开,如果没有把握住这个逻辑前提则很可能忽视物质生产实践的地位和作用,也很可能会割裂生产力与生产关系的内在关系。

其二,坚持生产性正义与生产关系正义的内在统一性。对生态正义的理论内涵把握,其实就是以生产力与生产关系的内在统一为立足点,将生产性正义与生产关系正义当作一个有机整体来看待。人类物质生产实践活动的直接作用对象是大自然,人类对待大自然能否足够的正义,取决于物质变换的"劳动生产"过程是否异化。马克思揭露了资本主义社会以追求剩余价值为终极目的的物质变换,特别指出社会生产力的大发展催生了物质变换的效率,加速了大自然的恶化。马克思对资本主义大生产的批判一针见血:"劳动本身,不仅在目前的条件下,而且就其一般目的仅仅在于增加财富而言,在我看来是有害的、招致灾难的。"② 基于资本逐利本性的异化原动力使得"劳动生产"过程作用于现实的自然而引起了生态的非正义,这是最为根本性的问题。因此,物质生产实践(劳动)是建构生态正义的根本性问题,实践劳动可以公平地在人与自然之间实现物质变换,也可以不公平甚至残酷地进行物质

---

① 《马克思恩格斯全集》第六卷,人民出版社 1961 年版,第 486 页。
② 《马克思恩格斯全集》第三卷,人民出版社 2002 年版,第 231 页。

变换。所以，生态正义首先应该是一个生产性正义问题。然而，基于生产性正义意义上的生态正义毕竟只是从物质生产实践或劳动生产的"过程净化"来获得"人与自然（物）"之间的公平正义或和谐关系，而问题是其中的"人"如果没有权利和地位、没有生产资料，又如何谈得上"人"对"（自然）物"的正义生产。这就意味着，我们应透过"自然（物）"看到"人与人"之间的关系，从而进一步审视生态正义。生产力决定生产关系，生产关系反作用于生产力的辩证统一原理已然对此有着很好的释证。生产关系是人们在物质生产过程中形成的不以人的意志为转移的经济关系，其表达的是"人与人"之间的经济关系。当且仅当"人与人"之间的经济关系（生产资料所有制关系、劳动产品的分配交换关系等）不适合生产力发展的客观要求时（如生态危机、道德危机、经济危机等的出现）就必然会阻碍生产力的进一步发展，从而导致生产性非正义，这就有必要且应当变更生产关系以适应生产力的发展。在所有生产关系中，生产资料所有制关系是最基本的、决定性的，它构成全部生产关系的基础。资本主义生产资料所有制的性质是"私有制"，简单来说也即劳动者与生产资料相分离，劳动者没有人身自由，更没有劳动"资本"，只能受雇于资本家从事所谓的作用于大自然的"物质生产实践"活动，而这又往往导致了劳动异化。劳动的异化使得劳动者与劳动对象逐渐疏离甚至敌对，人类会因此逐渐丧失自己的生存家园。因此，生产关系正义是生产性正义的进一步延伸，其倡导废除（资本主义）私有制，倡导公有制，劳动者能够公平地拥有生产资料并且可以有尊严地、体面地进行劳动生产，从而公平合理地获得自然资源和社会财富，而不至于因为某种"恶性不对等"的（人与人）生产关系存在而滋生某种"恶性侵袭"的（人与自然）生产性"病毒"。从这个意义上说，生产资料所有制的性质孕育着人与人之间的平等关系，同样影响着人与自然之间的正义关系。因此，综合起来看，无论是生产性正义还是生产关系正义，其实就是同一问题的两个侧面，二者有机统一，共同揭示着生态正义整体性内涵，即以自然资源为中介的物质生产实践正义，其中蕴含着人与自然之间的正义叙事，也延伸着人与人之间的正义叙事。

其三，坚持从"自然的解放"到"人的解放"的目标指向性。马克思说："我们的特点不在于我们一般地要正义——每个人都能宣称自己要正义——，而在于我们向现存的社会制度和私有制进攻，在于我们要财产公有，在于我们是共产主义者。"① 显然，马克思并没抽象和短视地看待正义问题，而是将正义看作每个人的普遍性问题，看作未来共产主义的大问题。按照这种语境，我们认为生态正义必然也是一个普遍性的问题，是一个共产主义的大问题，其目标指向是人的自由全面发展问题，而绝不是仅仅停留在生产性正义和生产关系正义的诉求之上。何以言之？我们可以从马克思关于"自然的解放到人的解放"的阐释中理解。对于"自然的解放"需要明确，这里的"自然"包含着"自在自然"和"人化自然"。解放自然不仅要从"自在自然"中解放出来，也要从"人化自然"中解放出来，前者意蕴是人要从"自然母体"中解放出来而成为一个能动的自觉的社会人；后者意蕴是人要从"自然依赖"中解放出来，其特别指向的是人类应在生产资料的占有形式中解放出来。对物质生产资料的占有或争夺基于资本主义生产方式的影响使得人们深受"自然或物"的奴役而失去了自由，人们越挣扎，其对大自然或物质资料的依赖就越强，环境污染和生态破坏的可能性就越大。对于"人的解放"需要明确，"自然的解放"是"人的解放"的逻辑前提，这里包含两个层面的意思。一是人的"自然体"解放必须以自然解放为前提，否则人类就从根本上失去了生存环境依托而不能展开对象性活动。马克思指出："对象性的存在物进行对象性活动，如果它的本

---

① 《马克思恩格斯全集》第四十二卷，人民出版社1979年版，第431页。

质规定中不包含对象性的东西,它就不进行对象性活动。"① 人类无法进行对象性活动也就意味着人类的死亡,就谈不上自由全面发展了。所以,作为对象性的自然解放包含着保护大自然的意蕴,它是维持人类"自然体"生存的必要条件。二是人的"社会体"解放必须以自然解放为前提,否则人们就无法真正占有物质生产资料而只能沦为资本家操控下的劳动异化体。换言之,资本主义生产资料私有制使得人们无法全面占有自己的本质,异化使人们失去了健康和自由。马克思说:"买者是资本家,卖者是雇佣工人。而这种关系所以会发生,是因为劳动力实现的条件——生活资料和生产资料——已经作为别人的财产而和劳动力的所有者分离了。"② 正是这种分离,人们也就随之沦为奴隶而"自愿"劳动,但这种劳动却是异化的,它使人的处境愈加恶劣,因为其"从人那里夺去了他的生产的对象,也就从人那里夺去了他的类生活"③。所以,没有了自然界的物质资料,人是不可能获得自己真正的类生活的,人的类本质也就当然无法凸显,人的自由全面发展也就难以实现。因此,从"自然的解放"到"人的解放",蕴含着尊重自然→克服异化→本质占有的内在理路,揭示了人的自由全面发展逻辑,反映出生态正义之理论建构的内在本质及其终极目标指向。

综上所述,关于生态正义是什么,学界或许很难有一个确切的界定。但是,关于究竟如何建构生态正义,我们完全可以有着较为清晰和明确的方法论进路。从历史唯物主义的原理出发,当前对生态正义的理论建构交织着两条截然相反的进路,即基于"人与自然"关系层面的"生产性正义"进路和基于"人与人"关系层面的"生产关系正义"进路。然而遗憾的是,这两条进路对生态正义的理论建构其实在某种意义

---

① 《马克思恩格斯全集》第三卷,人民出版社2002年版,第324页。
② 《马克思恩格斯全集》第二十四卷,人民出版社1972年版,第38页。
③ 《马克思恩格斯文集》第一卷,人民出版社2009年版,第163页。

上都模糊了生产力与生产关系互为统一的原理，冲淡了历史唯物主义基本原理的科学性和整体性特质。为了克服这一理论缺陷，我们提出应该沿着生产方式正义的道路去建构生态正义理论，其中最重要的理由是，就生产方式本身来说，其已经内蕴着生产力与生产关系两个维度，前者反映的正好是"人与自然"之间的关系，而后者反映的也正好是"人与人"之间的关系。基于这样一种方法论整体思路去建构生态正义理论，我们进一步提出必须科学把握"大自然—人—实践活动"的有机整体性、生产性正义与生产关系正义的内在统一性以及从"自然的解放"到"人的解放"的目标指向性等理论向度，只有这样才能更好地揭示生态非正义的生产方式根源，才能更好地寻求生态正义的经济发展模式，从而逐步推进人与自然和谐共生的现代化建设。

结语　建设人与自然和谐共生的现代化

建设人与自然和谐共生的现代化是新时代坚持和发展中国特色社会主义的基本方略。在中国共产党的全面领导下，中国人民历经千难万阻、克服重重障碍，走出了一条独具特色的中国式现代化道路，其中的特色之一便是彰显"人与自然和谐共生的现代化"[①]。这已然表明我们对西方资本主义国家现代化道路的深刻反省与生态觉醒，凸显了中国式现代化的生态向度。当前，学界对人与自然和谐共生现代化的研究已取得丰硕成果，但就相关文献来看，宣传阐释型的成果总体偏多，学理深究型的成果则有所欠缺。那么，如何从学理上进一步把握人与自然和谐共生现代化这一重要论断定当是当前理论界应该肩负的学术使命。

基于此，本书坚持以问题为导向，明确了九个专题，即从人与自然和谐共生现代化的核心要义、文明叙事、机理诠释、理念深化、话语考辨、模式探索、动力机制、策略提升和正义之途作了学理化的探察。其中，核心要义和文明叙事是人与自然和谐共生现代化研究起点的反思；机理诠释、理念深化和话语考辨是人与自然和谐共生现代化理论焦点的阐释；模式探索、动力机制和策略提升是人与自然和谐共生现代化现实

---

① 习近平：《论坚持人与自然和谐共生》，中央文献出版社2022年版，第47页。

视点的透析；而正义之途则是从落脚点上揭示人与自然和谐共生现代化的价值旨趣。遵循研究起点反思、理论焦点阐释、现实视点透析以及最终落点揭示的逻辑主线，本书完成了对人与自然和谐共生现代化的专题性学理探察，总体结论如下。

一是从研究起点上探讨了人与自然和谐共生现代化的核心要义和文明叙事问题。就核心要义而言，论述了现代化趋势不可阻挡以及中国式现代化的生态向度。就文明叙事而言，驳斥了资本主义"生态文明"的矛盾修辞，明确了作为社会主义生态文明观意义上的人与自然和谐共生现代化的文明叙事优势。

二是从理论焦点上探讨了人与自然和谐共生现代化的内在机理、理念深化和话语考辨问题。就内在机理而言，通过对"去增长"论绿色神话的批判，明确了建设生态可持续性社会大不必去增长，人与自然和谐共生的现代化就是最生动的诠释。就理念深化而言，从自然资源价值论的视角及其与马克思劳动价值论交汇的场域深度分析了"绿水青山"何以是"金山银山"，何以发挥引领人与自然和谐共生现代化建设的效能。就话语体系而言，通过对新古典环境经济学和生态经济学话语体系的"生态审视"，提出中国应尽所能构建作为"红绿"话语体系的新时代生态经济学，为人与自然和谐共生现代化建设赢得国际话语权。

三是从现实视点上探讨了人与自然和谐共生现代化的主要模式、动力机制和策略提升问题。就主要模式而言，本书作了从 A 模式到 B 模式再到 C 模式的拓展性思考，重点论述了作为"一体三翼四驱动"的升级版 C 模式。就动力机制而言，论述了人民利益诉求的牵引使然、"政—企"内外压力的叠加倒逼以及"党"之势能与"群"之动能的连转发力之于人与自然和谐共生现代化的动力源效能。就策略提升而言，主要立足国家"双碳"目标，驳斥了"双碳"目标与经济发展对立论的观点,并阐明在多重策略联动响应下,"双碳"目标完全能够与经济高质量发展做到协同增效,这对于人与自然和谐共生现代化建设具有重要启发。

四是从最终落点上探讨了人与自然和谐共生现代化的价值旨趣问题。这种价值旨趣,就是基于对"生产性正义"和"生产关系正义"批判性反思所提出的一种作为"生产方式正义"的生态正义,并明确提出必须站在"大自然—人—实践活动"的有机整体性、"生产性正义"与"生产关系正义"的内在统一性以及从"自然的解放"到"人的解放"的目标指向性的高度才能真正把握并逐步实现人与自然和谐共生现代化建设中的生态正义。

综上所述,中国式现代化是人与自然和谐共生的现代化。现代化的必然趋势不可阻挡,人与自然和谐共生的美好愿景不可模糊,站在人与自然和谐共生的高度谋划发展、建设人与自然和谐共生的现代化一直在路上!

参考文献

一 经典文献类

《马克思恩格斯文集》第一—十卷，人民出版社2009年版。
《马克思恩格斯选集》第一—四卷，人民出版社2012年版。
《马克思恩格斯全集》第一卷，人民出版社1995年版。
《马克思恩格斯全集》第二卷，人民出版社2005年版。
《马克思恩格斯全集》第三卷，人民出版社2002年版。
《马克思恩格斯全集》第十六卷，人民出版社2007年版。
《马克思恩格斯全集》第二十五卷，人民出版社2001年版。
《马克思恩格斯全集》第三十卷，人民出版社1995年版。
《马克思恩格斯全集》第三十三卷，人民出版社2004年版。
《马克思恩格斯全集》第三十五卷，人民出版社2013年版。
《列宁选集》第二卷，人民出版社2012年版。
《毛泽东文集》第六—七卷，人民出版社2009年版。
《邓小平文选》第三卷，人民出版社1993年版。
《江泽民文选》第一卷，人民出版社2006年版。
《胡锦涛文选》第二卷，人民出版社2016年版。
《习近平谈治国理政》第一卷，外文出版社2018年版。
《习近平谈治国理政》第二卷，外文出版社2017年版。

《习近平谈治国理政》第三卷，外文出版社 2020 年版。

《习近平谈治国理政》第四卷，外文出版社 2022 年版。

《习近平著作选读》第一卷，人民出版社 2023 年版。

《习近平著作选读》第二卷，人民出版社 2023 年版。

习近平：《高举中国特色社会主义伟大旗帜 为全面建设社会主义现代化国家而团结奋斗——在中国共产党第二十次全国代表大会上的报告》（2022 年 10 月 16 日），人民出版社 2022 年版。

习近平：《论坚持人与自然和谐共生》，中央文献出版社 2022 年版。

《习近平关于社会主义经济建设论述摘编》，中央文献出版社 2017 年版。

《习近平关于社会主义生态文明建设论述摘编》，中央文献出版社 2017 年版。

《习近平关于中国式现代化论述摘编》，中央文献出版社 2023 年版。

《中共中央关于党的百年奋斗重大成就和历史经验的决议》，人民出版社 2021 年版。

二　学术著作类

曹孟勤：《人向自然的生成》，上海三联书店 2012 年版。

陈嘉明：《现代性与后现代性十五讲》，北京大学出版社 2006 年版。

陈永森、蔡华杰：《人的解放与自然的解放：生态社会主义研究》，学习出版社 2015 年版。

邓翠华、陈墀成：《中国工业化进程中的生态文明建设》，社会科学文献出版社 2015 年版。

方世南：《马克思人与自然关系思想研究——方世南自选集》，苏州大学出版社 2021 年版。

郭玲玲：《中国绿色增长程度评价与实现路径研究》，科学出版社 2022 年版。

郭治安、沈小峰编著：《协同论》，山西经济出版社 1991 年版。

国家林业局编：《中国的绿色增长》，中国林业出版社 2012 年版。

洪银兴：《中国式现代化论纲》，江苏人民出版社 2023 年版。

郁庆治等：《绿色变革视角下的当代生态文化理论研究》，北京大学出版社 2019 年版。

黄娟：《生态经济协调发展思想研究》，中国社会科学出版社 2008 年版。

解保军：《生态资本主义批判》，中国环境出版社 2015 年版。

李宏伟：《绿色发展：走向生态环境治理体系现代化》，浙江大学出版社 2022 年版。

李秀林等主编：《中国现代化之哲学探讨》（修订本），人民出版社 2022 年版。

厉以宁主编：《中国道路与经济高质量发展——党的十六大以来中国林业的发展》，商务印书馆 2021 年版。

刘思华：《刘思华可持续经济文集》，中国财政经济出版社 2007 年版。

卢风等：《生态文明：文明的超越》，中国科学技术出版社 2019 年版。

罗荣渠：《现代化新论——中国的现代化之路》（增订本），华东师范大学出版社 2018 年版。

秦书生：《中国共产党生态文明思想的历史演进》，中国社会科学出版社 2019 年版。

荣敬本等：《从压力型体制向民主合作体制的转变：县乡两级政治体制改革》，中央编译出版社 1998 年版。

石敏俊等：《中国经济绿色发展：理念、路径与政策》，中国人民大学出版社 2021 年版。

孙立平：《传统与变迁——国外现代化及中国现代化问题研究》，黑龙江人民出版社 1992 年版。

孙道进:《马克思主义环境哲学研究》,人民出版社2008年版。

孙东平、黄洋编著:《碳中和技术与绿色发展》,科学出版社2023年版。

汪先锋编著:《生态环境大数据》,中国环境出版集团2019年版。

王立胜:《中国式现代化道路与人类文明新形态》,江西高校出版社2022年版。

王灿、张九天编著:《碳达峰碳中和:迈向新发展路径》,中共中央党校出版社2021年版。

王雨辰:《生态文明与文明的转型》,崇文书局2020年版。

辛向阳:《中国式现代化》,江西教育出版社2022年版。

杨通进、高予远编:《现代文明的生态转向》,重庆出版社2007年版。

叶平:《环境科学及其特殊对象的哲学与伦理学问题研究》,中国环境出版社2014年版。

余谋昌:《生态文明:人类社会的全面转型》,中国林业出版社2020年版。

曾贤刚:《中国特色社会主义生态经济体系研究》,中国环境出版社集团2019年版。

张云飞、李娜:《建设人与自然和谐共生的现代化》,中国人民大学出版社2022年版。

郑洪涛:《绿色经济学》,中国财政经济出版社2022年版。

中国科学院中国现代化研究中心编:《生态现代化:原理与方法》,中国环境科学出版社2008年版。

周国文主编:《生态和谐社会伦理范式阐释研究》,中央编译出版社2019年版。

周穗明等:《现代化:历史、理论与反思——兼论西方左翼的现代化批判》,中国广播电视出版社2002年版。

[德国] 于尔根·哈贝马斯:《现代性的哲学话语》,曹卫东等译,译林

出版社 2004 年版。

［荷］阿瑟·莫尔、［美］戴维·索南菲尔德：《世界范围内的生态现代化——观点和关键争论》，张鲲译，商务印书馆 2011 年版。

［加］彼得·G. 布朗、彼得·蒂默曼：《人类世的生态经济学》，夏循祥、张劼颖译，江苏人民出版社 2023 年版。

［美］C. E. 布莱克：《现代化的动力：一个比较史的研究》，段小光译，四川人民出版社 1988 年版。

［美］埃班·古德斯坦、斯蒂芬·波拉斯基：《环境经济学》第 7 版，郎金焕译，中国人民大学出版社 2019 年版。

［美］大卫·W. 奥尔：《危险的年代：气候变化、长期应急以及漫漫前路》，王佳存、王圣远译，江苏人民出版社 2020 年版。

［美］大卫·哈维：《资本之谜：人人需要知道的资本主义真相》，陈静译，电子工业出版社 2011 年版。

［美］德内拉·梅多斯、乔根·兰德斯、丹尼斯·梅多斯：《增长的极限》，李涛、王智勇译，机械工业出版社 2013 年版。

［美］赫尔曼·E. 达利、小约翰·B. 柯布：《21 世纪生态经济学》，王俊、韩冬筠译，中央编译出版社 2015 年版。

［美］赫尔曼·E. 戴利、肯尼思·N. 汤森编：《珍惜地球：经济学、生态学、伦理学》，马杰译，商务印书馆 2001 年版。

［美］赫尔曼·E. 戴利：《超越增长：可持续发展的经济学》，诸大建、胡圣等译，上海世纪出版集团 2006 年版。

［美］霍尔姆斯·罗尔斯顿：《哲学走向荒野》，刘耳、叶平译，吉林人民出版社 2001 年版。

［美］吉尔伯特·罗兹曼主编：《中国的现代化》，国家社会科学基金"比较现代化"课题组译，江苏人民出版社 2010 年版。

［美］杰里米·里夫金：《第三次工业革命：新经济模式如何改变世界》，

张体伟、孙豫宁译，中信出版社2012年版。

[美] 莱斯特·R. 布朗：《B模式4.0：起来，拯救文明》，林自新、胡晓梅、李康民译，上海科技教育出版社2010年版。

[美] 理查德·海因伯格：《当增长停止：直面新的经济现实》，刘寅龙译，机械工业出版社2013年版。

[美] 马尔库塞：《现代文明与人的困境——马尔库塞文集》，李小兵等译，生活·读书·新知三联书店1989年版。

[美] 马立博：《现代世界的起源》第3版，夏继果译，商务印书馆2017年版。

[美] 马立博：《中国环境史：从史前到现代》，关永强、高丽洁译，中国人民大学出版社2015年版。

[美] 马泰·卡林内斯库：《现代性的五副面孔》，顾爱彬、李瑞华译，商务印书馆2002年版。

[美] 乔舒亚·法利、[印] 迪帕克·马尔干编：《超越不经济增长：经济、公平与生态困境》，周冯琦等译，上海科学出版社2018年版。

[美] 斯塔夫里阿诺斯：《全球通史：1500年以后的世界》，吴象婴、梁赤民译，上海社会科学院出版社1992年版。

[美] 威廉·诺德豪斯：《气候赌场：全球变暖的风险、不确定性与经济学》，梁小民译，中国出版集团东方出版中心2019年版。

[美] 约翰·贝拉米·福斯特：《马克思的生态学——唯物主义与自然》，刘仁胜、肖峰译，高等教育出版社2006年版。

[美] 约翰·贝拉米·福斯特：《生态危机与资本主义》，耿建新、宋兴无译，上海译文出版社2006年版。

[美] 詹姆斯·奥康纳：《自然的理由——生态学马克思主义研究》，唐正东、臧佩洪译，南京大学出版社2003年版。

[英] E. J. 米香：《经济增长的代价》，任保平、梁炜译，机械工业出

版社 2011 年版。

[英] E. 库拉：《环境经济学思想史》，谢扬举译，上海人民出版社 2007 年版。

[英] 安东尼·吉登斯、克里斯多弗·皮尔森：《现代性——吉登斯访谈录》，尹宏毅译，新华出版社 2001 年版。

[英] 迪特尔·赫尔姆：《自然资本：为地球估值》，蔡晓璐、黄建华译，中国发展出版社 2017 年版。

[英] 蒂姆·杰克逊：《无增长的繁荣：GDP 增长不代表国民幸福》，乔坤、方俊青译，中国商业出版社 2011 年版。

[英] 康芒、斯塔格尔：《生态经济学引论》，金志农、余发新、吴伟萍译，高等教育出版社 2012 年版。

[英] 克莱夫·庞廷：《绿色世界史：环境与伟大文明的衰落》，王毅译，中国政法大学出版社 2015 年版。

[英] 莱昂内尔·罗宾斯：《经济科学的性质和意义》，朱泱译，商务印书馆 2000 年版。

[英] 尼古拉斯·斯特恩：《地球安全愿景：治理气候变化，创造繁荣进步新时代》，武锡申译，社会科学文献出版社 2011 年版。

三　期刊论文类

习近平：《把握新发展阶段，贯彻新发展理念，构建新发展格局》，《求是》2021 年第 9 期。

习近平：《努力建设人与自然和谐共生的现代化》，《求是》2022 年第 11 期。

习近平：《推进生态文明建设需要处理好几个重大关系》，《求是》2023 年第 22 期。

习近平：《扎实推动共同富裕》，《求是》2021 年第 20 期。

习近平:《推动我国生态文明建设迈上新台阶》,《求是》2019年第3期。

蔡华杰:《恩格斯是反对熵定律,还是批评"热寂说"——生态经济学与生态社会主义的论争及其启示》,《马克思主义研究》2017年第6期。

陈洪波:《构建生态经济体系的理论认知与实践路径》,《中国特色社会主义研究》2019年第4期。

陈学明:《资本逻辑与生态危机》,《中国社会科学》2012年第11期。

陈永森、陈云:《习近平关于应对全球气候变化重要论述的理论意蕴及重大意义》,《马克思主义与现实》2021年第6期。

陈云:《生态文明的哲学基础——阿伦·盖尔的思辨自然主义评析》,《国外社会科学》2018年第5期。

陈云:《生态正义之理论建构——以"生产性正义"和"生产关系正义"为切入点》,《理论探索》2020年第5期。

方世南:《促进人与自然和谐共生的内涵、价值与路径研究》,《南通大学学报》(社会科学版)2021年第5期。

方世南:《深刻领悟"站在人与自然和谐共生的高度谋划发展"的重要意义》,《马克思主义与现实》2023年第3期。

何传启:《现代化概念的三维定义》,《管理评论》2003年第3期。

贺来:《中国式现代化的实践智慧品格》,《哲学研究》2022年第12期。

郇庆治:《环境政治学视角下的国家生态环境治理现代化》,《社会科学辑刊》2021年第1期。

刘思华:《生态文明"价值中立"的神话应击碎》,《毛泽东邓小平理论研究》2016年第9期。

卢风:《"生态文明"概念辨析》,《晋阳学刊》2017年第5期。

罗荣渠:《现代化理论与历史研究》,《历史研究》1986年第3期。

吕景春、韩俊喆:《人与自然和谐共生的中国式现代化——内在逻辑、现实制约与路径选择》,《南开学报》(哲学社会科学版) 2023 年第 6 期。

马艳、李韵:《自然资源虚拟价值的现代释义——基于马克思经济学视角》,《马克思主义研究》2008 年第 10 期。

任保平、李培伟:《中国式现代化进程中着力推进高质量发展的系统逻辑》,《经济理论与经济管理》2022 年第 12 期。

任力、吴骓:《奥地利学派环境经济学研究》,《国外社会科学》2014 年第 3 期。

申曙光:《生态文明:现代社会发展的新文明》,《学术月刊》1994 年第 9 期。

王文轩:《人与自然和谐共生的现代化:历史选择、理论依据与实践路径》,《科学社会主义》2023 年第 3 期。

王雨辰、李芸:《我国学术界对生态文明理论研究的回顾与反思》,《马克思主义与现实》2020 年第 3 期。

王雨辰:《习近平生态文明思想视域下的"人与自然和谐共生的现代化"》,《求是学刊》2022 年第 4 期。

王治河:《第二次启蒙呼唤一种有根的后现代乡村文明》,《苏州大学学报》2014 年第 1 期。

吴忠民:《试析"现代化"概念》,《福建论坛》(经济社会版) 1992 年第 7 期。

许宪春:《GDP:作用与局限》,《求是》2010 年第 9 期。

严金明:《促进人与自然和谐共生的中国式现代化》,《中国人民大学学报》2022 年第 6 期。

晏智杰:《自然资源价值刍议》,《北京大学学报》(哲学社会科学版) 2004 年第 6 期。

杨雪冬:《压力型体制:一个概念的简明史》,《社会科学》2012 年第

11 期。

余谋昌：《生态文明：人类文明的新形态》，《长白学刊》2007 年第 2 期。

张一兵、王浩斌：《马克思真的没有使用过"资本主义"一词吗?》，《南京社会科学》1999 年第 4 期。

张毅、贺桂珍等：《我国生态环境大数据建设方案实施及其公开效果评估》，《生态学报》2019 年第 4 期。

张云飞：《试论生态文明的历史方位》，《教学与研究》2009 年第 8 期。

章少民：《中国生态环境信息化：30 年历程回顾与展望》，《环境保护》2021 年第 2 期。

诸大建、臧漫丹、朱远：《C 模式：中国发展循环经济的战略选择》，《中国人口·资源与环境》2005 年第 6 期。

[美] 小约翰·柯布：《文明与生态文明》，李义天译，《马克思主义与现实》2007 年第 6 期。

[美] 小约翰·柯布：《论生态文明的形式》，董慧译，《马克思主义与现实》2009 年第 1 期。

[德] I. 费切尔：《论人类生存的环境——兼论进步的辩证法》，孟庆时译，《世界哲学》1982 年第 5 期。

[澳] 阿伦·盖尔：《走向生态文明：生态形成的科学、伦理和政治》，武锡申译，《马克思主义与现实》2010 年第 1 期。

[德] F. 泽尔纳：《生态经济学——解决环境问题的新尝试》，逸菡摘译，《国外社会科学》1998 年第 3 期。

[德] R. 基普克：《生活的意义与好生活》，张国良摘译，《国外社会科学》2015 年第 4 期。

四　外文文献类

Arran Gare, *The Philosophical Foundations of Ecological Civilization: A*

Manifesto for The Future, London and New York: Routledge Press, 2017.

Barnett H. and C. Morse, *Scarcity and Growth: The Economics of Natural Resource Availability*, Washington: Johns Hopkins University Press, 1963.

Brian Baxter, *A Theory of Ecological Justice*, Abingdon Oxon: Routledge, 2005.

Clark J. B., *The Distribution of Wealth: A Theory of Wages, Interest and Profits*, New York: The Macmillan Company, 1908.

Daly, H. E., *Steady – State Economics: The Economics of Biophysical Equilibrium and Moral Growth*, San Francisco: W. H. Freeman, 1977.

Dengler Corinna and Lang Miriam, "Commoning Care: Feminist Degrowth Visions for a SocioEcological Transformation", *Feminist Economics*, Vol. 28, No. 1, 2022.

Dennis Eversberg and Matthias Schmelzer, "The Degrowth Spectrum: Convergence and Divergence Within A Diverse and Conflictual Alliance", *Environmental Values*, Vol. 27, No. 3, 2018.

François Schneider, Giorgos Kallis and Joan Martinez – Alier, "Crisis or Opportunity? Economic Degrowth for Social Equity and Ecological Sustainability Introduction to this Special Issue", *Journal of Cleaner Production*, Vol. 18, No. 6, 2010. Fred Magdoff, "Ecological Civilization", *Monthly Review*, Vol. 62, No. 8, 2011.

Iris Borowy and Jean – Louis Aillon, "Sustainable Health and Degrowth: Health, Health Care and Society beyond the Growth Paradigm", *Social Theory & Health*, Vol. 15, No. 3, 2017.

James O'Connor, *Natural Causes: Essays in Ecological Marxsim*, New York: The Guilford Press, 1998.

Joel Kovel, *The Enemy of Nature: The End of Capitalism or the End of the World?* London & New York: Zed Books, 2007.

Kirkpatrick Sale, *The Green Revolution: The American Environmental Movement 1962–1992*, New York: Hill and Wang, 1993.

Odum, E. P., *Ecology: A Bridge Between Science and Society*, Sunderland: Sinauer Associates, 1997.

Paul Taylor, *Respect for Nature: A Theor of Environmental Ethics*, New Jersey: Princeton University Press, 1986.

Robyn Eckersley, *Environmentalism and Political Theory*, Albany: State University of New York Press, 1992.

Sandra Postrl and Lori Heise, *Reforesting the Earth*, Washington, D. C.: Worldwatch Institute, 1998.

See J. R. MeNeill, *Something New under the Sun: An Environmental History of the Twentieth Century World*, New York: WW. Norton, 2000.

William C. Martel, *Grand Strategy in Theory and Practice: The Need for An Effective American Foreign Policy*, New York: Cambridge University Press, 2015.

后　记

　　拙著是在本人主持的国家社会科学基金青年项目"现代化与生态文明建设的协同推进研究"（18CKS033）之最终结项成果的基础上修改调整而成的。任何一项课题的研究都不容易，也不可能尽善尽美，拙著的呈现也概莫能外。

　　一是时间上的仓促。从 2018 年中到 2019 年末，课题组主要集中于做收集和整理文献资料的工作。从 2020 年初到 2022 年末，这三年时间主要是课题的研究和写作过程。这样算起来，一部近 30 万字的著作，用 3 年左右的时间来写作完成，确实显得匆匆忙忙而"草草了事"，其中一些问题难免还没论述清楚甚至也有所忽视，这只能待今后在更加充足的时间内再续系统思考了。

　　二是空间上的阻隔。课题是于 2020 年初开始真正动手写的，而恰恰这个时候遇上了新冠疫情，这给课题组成员外出参加学术会议、进行实地调研、碰头商讨问题等都造成了空间上的不便。所以，论著中涉及的一些观点和数据，绝大多数还是二手引用和对官方数据的现成摘录，确实有愧于课题研究本身。

　　三是知识上的跨界。课题所涉学科知识较为广泛，有马克思主义哲学、马克思主义政治经济学、马克思主义中国化、生态马克思主义、政治学、生态经济学和资源环境经济学等，要把这一课题研究好，课题负责人必然要不断"充电"，充分吸收这些不同学科知识的精髓要义并有效运用于课题研究中，这还是很有挑战性的。

四是理路上的复杂。课题交织的问题确实有些宏大，若边界把握不好，有些问题很不好说清楚。例如，现代化这个范畴本身也蕴含着经济现代化、科技现代化、政治现代化、社会现代化和治理现代化等多重维度，而人与自然和谐共生的外延也是非常广，因此要立足一个恰当的受力支点、理出一条明确的贯穿主线、形成一个清晰的叙事框架其实并非易事，当自己每每回头看看已写好的某些章节总感觉哪里还是不满意。

正因为这些，在完稿提交系统盲审到公布结项结果那段时间里，我心里十分忐忑，生怕结项不合格。然而，意想不到的是，承蒙各位评审专家厚爱，结项等级为"良好"，心里的一块大石头也算是落下。回望这几年的课题研究，从章节写作到成果结项，一路走来虽说不易，但总算交出了一份答卷（尽管还存在很多不足）。这个过程必然离不开大家的大力支持和帮助，借此机会我要向各位表达深深的谢意！

首先，我要感谢福建师范大学马克思主义学院陈永森教授，当时这一申报选题是您点拨我的，在选题为王的"时代"，这一点对课题的成功立项尤为关键；也要感谢厦门大学哲学系徐朝旭教授，当时这一选题的论证活页您来来回回给我提了很多中肯建议；更要感谢学院院长傅慧芳教授，您大力推动学院国家社会科学基金项目申报工作，多次邀请外校知名专家学者为我们指导打磨课题申报书，受益甚多！

其次，我要感谢我的父母，前几年疫情期间帮我带小孩，使我有充足的时间投入课题研究中；也要感谢我的妻子丘清燕博士，在学术层面，你的生态学专业背景为本课题的研究提供了很多指导性意见；

在生活层面，每每晚上我要加班写作时，你总能提前把孩子哄睡以免打扰我。

再次，我要感谢《国外社会科学》、《南京师大学报》（社会科学版）、《福建师范大学学报》（哲学社会科学版）、《南昌大学学报》（人文社会科学版）、《吉首大学学报》（社会科学版）、《理论探索》、《当代经济管理》、《社会科学家》、《北京林业大学学报》（社会科学版）、《南京林业大学学报》（人文社会科学版）、《古田干部学院学报》等期刊对本课题阶段性研究成果的刊发，感谢各位主编和责任编辑的辛苦编校！

最后，我要感谢我的博士生高佳萌，硕士生余思霖、林培荣、吴智敏、刘号和张颖杰等同学，你们在繁忙的学习过程中抽出时间帮我一条一条核对脚注，一遍一遍审读书稿，避免了很多错误。同时，更要感谢学院办公室许珍老师、张烁明老师以及中国社会科学出版社黄晗老师为本书的出版所做的一切工作。

荏苒冬春谢，恩情寄乾坤！——是为后记。

陈　云
福建师范大学乌龙江畔
2024.6